凝固时效组织相场法研究
——合金从材料到铸件相场模拟及EPhase软件设计

Phase-field Modeling and Simulation for Solidification and Precipitation
——PFM and Software for Alloy System from Materials to a Casting

赵宇宏 著

科学出版社

北京

内 容 简 介

本书共分 6 章，内容包括：第 1 章绪论、第 2 章多层级序参量调控相场建模、第 3 章构件级凝固-时效组织相场预测、第 4 章铝硅合金共晶组织相场软件设计、第 5 章铝硅合金时效组织相场软件设计、第 6 章气缸盖铸件相场模拟多尺度信息叠加软件设计。

本书可作为材料类、冶金类、机械类、物理类以及机电类等专业的本科生或研究生学习相场计算模拟和软件开发的参考资料，也可供从事材料研究和生产工作的科学技术人员学习参考。

图书在版编目（CIP）数据

凝固时效组织相场法研究：合金从材料到铸件相场模拟及 EPhase 软件设计 / 赵宇宏著. -- 北京：科学出版社，2025.4. -- ISBN 978-7-03-081937-6
Ⅰ.TB3
中国国家版本馆 CIP 数据核字第 20252C54J4 号

责任编辑：陈艳峰 / 责任校对：彭珍珍
责任印制：张　伟 / 封面设计：无极书装

科学出版社 出版
北京东黄城根北街 16 号
邮政编码：100717
http://www.sciencep.com
北京九州迅驰传媒文化有限公司印刷
科学出版社发行　各地新华书店经销
*
2025 年 4 月第　一　版　开本：720×1000　B5
2025 年 4 月第一次印刷　印张：18
字数：340 000
定价：148.00 元
（如有印装质量问题，我社负责调换）

序 一

相场法主要通过数值求解一系列偏微分方程组来描述所有合理成分范围、工艺条件下的多种类型的组织演化。当前国外已有一些相场模拟相关的开源软件或者商品化软件，国内相场模拟研究虽然已经开展了二十多年，但商品化软件、特别是应用于企业的相场软件还是鲜有报道。

该书内容源自作者为企业用户完成的铝硅合金气缸盖铸件凝固和时效组织的相场模拟和相应软件开发任务，主要阐述了铝硅合金气缸盖铸件从材料级到构件级的相场设计和软件开发。作者将多层级相场统一建模研究结果插值扩展到铸件的宏观尺度部位，预测了气缸盖铸件的构件级共晶相、析出相的组织分布和数量统计。并根据用户要求开发了铝硅合金车辆发动机气缸盖的铸造凝固共晶组织相场模拟软件、热处理时效析出组织相场模拟软件和气缸盖多尺度信息叠加软件，并将软件封装为可执行的集成化实用化 EPhase（EasyPhase）软件。

作者赵宇宏是我的学生，她自 2000 年初攻读博士学位起即从事多元镍基高温合金热处理时效组织的微扩散相场模拟，是当时国内最早开始从事相场研究的博士生之一。她参加工作后组建了自己的研究团队，二十多年来，她的团队立足于自主研发，主要在相场模拟和软件开发、铸造过程数值模拟和软件开发、高模量高强韧轻合金、轻合金挤压铸造/半固态注射+挤压铸造成型、大型镂空薄壁铸件研发方面取得系列优秀成果。其中，在金属材料凝固、时效、变形乃至服役组织的相场建模和自主开发源代码方面做了长期不懈的攻关，自主建立了多层级相场模型，包括连续相场模型、微扩散相场模型和晶体相场模型，可以涵盖凝固相变组织、热处理时效组织、晶粒生长再结晶组织、烧结组织、石墨烯组织等，可以应用于几乎所有的多元多相合金体系，例如轻合金（铝、镁、钛等）、高温合金（镍基、钴基等）、钢铁材料等。

相信随着热力学和动力学、数据库、数值求解技术、计算机软件硬件等相关领域的快速发展，以及人工智能技术的日新月异，该书作者提出的"多层级序参量统一相场建模"的概念和技术也将不断地突破理论和方法界限，获得越来越多的实际应用。希望该书能够在相场建模和从材料到构件的多尺度软件开发方面为材料科学领域和材料加工领域的学生、科技工作者以及仿真用户提供可靠的参考。

陈铮

西北工业大学教授

享受国务院政府特殊津贴

2024 年 11 月 16 日

序　二

　　相场模型基于材料过程的热力学和动力学原理而建立，相场理论涉及材料、物理、数学、热力学、动力学和计算机等多个学科领域。经过四十多年的发展，相场方法已经广泛应用于材料科学与工程中。当今，材料智能设计制造、材料基因工程以及集成计算材料工程迅速发展，传统的相场方法面临的机遇和挑战并存。发展面向工程应用的相场模拟技术及相应软件是工业界的迫切需求，也是相场模拟从理论研究走向实际应用的必由之路。

　　这本书的内容就是作者针对用户企业的应用需求开展的相场研究和软件开发工作。该书的特点是从一个具体的铝硅合金凝固时效组织相场模拟和软件设计的角度，反映了作者提出的"多层级序参量统一相场建模"的观点。书中相场模拟涉及凝固枝晶-凝固共晶、固溶共晶和时效析出过程的组织演化，各个层级组织的相场模型之间通过初始条件参数和模型参数建立关联。之后将多层级相场模拟结果插值扩展到宏观尺度的铸件部位，从而完成了铝硅合金气缸盖铸件从材料级到构件级的相场模拟研究。

　　书中还详细介绍了如何根据用户需求来设计开发铝硅合金发动机气缸盖的凝固共晶组织相场软件、热处理时效组织相场软件和气缸盖多尺度信息叠加软件。相场软件开发包含了功能实现、用户体验、准确性验证、个性化定制、安全和隐私保护设计等。

　　该书作者在她攻读博士学位期间从事高温合金沉淀机制的微观相场研究，彼时曾就如何构造弹性能表达式、如何处理傅里叶空间 K 点等问题和算法与我进行过详细讨论。如今她基于 20 多年的相场工作基础，尝试把相场研究拓展至相场软件的实际应用，应该说是很有意义的。

　　相信该书的出版能为关注材料相场理论及应用的同学们、同行们带来有价值的参考。

美国宾夕法尼亚州立大学 Donald W. Hamer 讲席教授
美国工程院院士、欧洲科学院院士

前　言

作者于 2000 年 3 月起在西北工业大学材料学院攻读博士学位，师从陈铮教授，从事镍基合金沉淀相变微观相场研究。其间及迄今，在相场建模方面也一直接受美国宾夕法尼亚州立大学 Long-Qing Chen 教授的指导。

写这本书，源自 2024 年 7 月某一天出差途中在火车上的闪念，当时刚刚为用户安装好铝硅合金气缸盖铸件的相场模拟软件。

车窗外树木原野疾驰而过。

回顾着从 2023 年 5 月开始，接到完全不相识的用户的电话，了解到用户对铝硅合金相场软件开发的需求，2023 年 11 月签订合同，到 2024 年 6 月底顺利安装测试完成，不禁感慨：在用户的需求和督促下，我们竟然真的在较短时间内完成了这项原本就一直想做、却一直拖着的事情。

突发闪念，何不整理成一本相场模拟和软件开发的书，或许能有一点参考作用。于是，就有了 12 月份交付科学出版社的这本书。

这本书的特点，从铝硅合金凝固时效组织相场模拟软件设计角度，初步反映了作者关于"多层级序参量统一相场建模"的观点。这次相场模拟工作包含凝固枝晶-凝固共晶、固溶共晶和时效析出过程的相场模拟，各个层级相场模型之间通过初始条件参数和模型参数建立了关联。这是多层级序参量统一相场软件设计和应用于企业的一次较为完整的尝试。

为了尊重用户和避免不必要的问题，书中隐去了合作企业名称和相关人员名字。由于任务时间紧迫，书中并没有详细阐述相关的相场热力学动力学理论、凝固理论和固态相变原理，并且也存在不少我们已经认识到、还尚未解决的问题。在接下来的工作中，将会继续攻关、提升和完善。还请各位读者多多包涵和提出宝贵的意见和建议。

赵宇宏

2024 年 12 月 26 日

目 录

序一
序二
前言

第1章 绪论 ··· 1
  1.1 研发背景和意义 ··· 1
  1.2 相场法研究现状 ··· 2
  1.3 相场模拟软件现状 ··· 16
  1.4 本书主要内容 ··· 18
  参考文献 ··· 19

第2章 多层级序参量调控相场建模 ··· 24
  2.1 工程铸件和实验观察 ··· 24
  2.2 凝固时效相场建模 ··· 29
  2.3 相场模拟参数计算 ··· 39
  2.4 相场方程数值求解 ··· 43
  2.5 序参量场模拟结果示例 ··· 58
  2.6 本章小结 ··· 74
  参考文献 ··· 75

第3章 构件级凝固-时效组织相场预测 ··· 77
  3.1 引言 ··· 77
  3.2 宏观微观模型耦合 ··· 77
  3.3 气缸盖构件级凝固共晶相预测 ··· 88
  3.4 气缸盖构件级时效析出相预测 ··· 97
  3.5 讨论：微观非均匀温度场模拟的必要性 ··· 117
  3.6 本章小结 ··· 124
  参考文献 ··· 125

第 4 章 铝硅合金共晶组织相场软件设计 ……127
4.1 引言 ……127
4.2 软件设计需求 ……127
4.3 系统模块与功能需求 ……131
4.4 用户界面设计需求 ……139
4.5 共晶相场软件结构及流程设计 ……140
4.6 软件设计与开发 ……144
4.7 安全性设计 ……163
4.8 部署与运维 ……164
4.9 维护与更新 ……166
4.10 本章小结 ……166
参考文献 ……167

第 5 章 铝硅合金时效组织相场软件设计 ……168
5.1 引言 ……168
5.2 软件设计需求分析 ……168
5.3 软件整体设计 ……170
5.4 时效析出相场软件设计 ……181
5.5 析出相模拟软件页面流程 ……196
5.6 程序报错及解决 ……198
5.7 本章小结 ……200

第 6 章 气缸盖铸件相场模拟多尺度信息叠加软件设计 ……201
6.1 引言 ……201
6.2 设计需求分析 ……201
6.3 软件整体设计 ……203
6.4 软件开发设计 ……206
6.5 软件接口设计 ……215
6.6 集成相场软件输入输出数据类型 ……216
6.7 本章小结 ……217

附录 铝硅合金气缸盖铸件相场模拟多尺度信息叠加软件源代码 ……218

致谢 ……276

作者简介 ……278

第 1 章 绪 论

1.1 研发背景和意义

Al-Si-Cu-Mg 系合金具有比强度高、硬度高、线膨胀系数低、耐磨性好、热稳定性好等优良的物理和化学性能,被广泛应用于制备发动机缸体和气缸盖等结构件。Al-7Si-1.5Cu-0.4Mg 合金气缸盖构件的微观组织主要包含 Al 基体、共晶 Si 相、θ'-Al$_2$Cu 相和 Q'-Al$_5$Cu$_2$Mg$_8$Si$_6$ 相。共晶 Si 相可以显著提高合金的铸造性能和耐热性能,θ'-Al$_2$Cu 相和 Q'-Al$_5$Cu$_2$Mg$_8$Si$_6$ 相主要用于提高合金的硬度和强度。这些组成相的形貌、分布和相分数等对 Al-7Si-1.5Cu-0.4Mg 合金气缸盖构件的力学性能和耐热性能有重要影响。

用户在生产 Al-Si 系合金气缸盖过程中,需要动态掌握构件不同温度、各个位置的凝固和时效组织信息,仅通过实验方法力有不逮,于是寻求相场模拟软件提供辅助解决。本书主要介绍如何实施本次相场建模计算和相应的软件开发任务。

相场法主要通过数值求解序参量演化的偏微分方程组来描述所有合理成分范围、工艺条件下的多层级组织演化。迄今已经发展成为一种多尺度、可集成化的多层级组织模拟技术,可称之为多层级序参量调控的统一的相场模拟方法(unified phase-field modeling, UPFM)[1,2]。也可以说,相场建模具有多重的统一性:热力学和动力学的统一、从微观到介观乃至宏观的多尺度统一、多层级序参量调控组织演化的能量势差驱动力的统一,也是内外多个物理场的统一,从而成就其可以统一地应用于材料的成分设计-工艺优化-组织控制-性能预测方面。正是由于相场模型具有这些多重统一性的特点,经过 40 多年的发展,它在材料科学与工程中的应用越来越广泛。

本次任务采用多层级序参量相场建模来研究 Al-Si 合金气缸盖中凝固和时效过程的组成相形貌和分布,从而达到调控气缸盖微观组织和改善其力学性能的目的。首先,通过建立凝固相场模型研究气缸盖不同位置及不同凝固速度下共晶 Si 的演化,并统计共晶 Si 尺寸、密度、长径比等。然后,通过时效析出相场模拟研究气缸盖不同位置及不同温度下两种不同析出相的演化,统计析出相平均长度等信息。最后,通过坐标节点映射桥接不同尺度的信息,预测构件级气缸盖的微观组织形貌和分布。

这是针对用户 Al-Si 合金气缸盖铸件需求所开发的工作,也是多层级序参量统一相场软件 EasyPhase（EPhase）研发应用的初次尝试，由于交付任务时间紧迫，主要追求模型简单、易于实现，不涉及深入探究凝固时效及相场理论，期待在更多需求和实践中持续改进和完善多层级统一相场理论及其应用。

1.2 相场法研究现状

1.2.1 凝固组织相场法研究

"相场法"一词最早于 1978 年模拟凝固枝晶的自由界面问题时提出，正式发表于 1985 年。序参量调控的相场热力学/动力学和相场方程的相关理论研究可以追溯至构造吉布斯自由能函数、Landau 自由能函数和广义扩散定律等[3]。凝固组织模拟也经历了从纯物质到多元多相合金、从二维到三维、从定性到定量、从简单系统到耦合多场复杂系统、从数理模型到耦合智能技术，以及从纯理论研究走向工业现场的快速发展[4]。

1.2.1.1 凝固共晶组织

共晶组织是一种典型的合金凝固组织，共晶生长本质是两相形貌选择和共生，固-液界面形态演化对共晶组织形貌影响很大。

1988 年，Jackson 和 Hunt[5]建立了经典的二元共晶组织稳态生长模型，简称为 Jackson-Hunt 模型，在近平衡凝固及稳态生长条件下，综合考虑了共晶组织生长过程液相溶质扩散与凝固界面张力共同效应。1994 年，Karma[6]基于单相二元合金相场模型引入守恒序参量区分共晶相，建立了适用于对称相图的二元共晶相场模型。1996 年，Wheeler 等[7]也引入一个新的相场序参量来区分共晶 α 相和 β 相。之后，Steinbach 等[8]采用多个相场序参量来分别定义系统中每一个组成相，并假定多个两相界面可以自适应确定多相节点位置，同时忽略多相之间相互作用对系统总自由能的贡献，建立了多晶粒多相场模型。1998 年，Tiaden 等[9]在多相场模型基础上，耦合描述混合成分的溶质扩散方程，假设相界及三相节点组元成分满足平衡分配关系，建立了适用于共晶、包晶凝固的多相场模型。

2000 年，Nestler 等[10,11]基于纯物质多相场，建立了一个由液相和两种固相组成的二元合金相场模型，可以独立确定每个界面表面能和每个体相物理性质，可以模拟共晶和包晶凝固过程。Drolet 等[12]利用共晶生长相场模型和简化的非平衡生长标准尖锐界面公式，提出了三种共晶相生长机制：扩散限制生长、片层状生长和螺旋生长。2001 年，Elder 等[13]讨论了用连续相场模型来描述有序-无序转变、调幅分解和奥斯特瓦尔德熟化、枝晶生长和共晶凝固等界面现象。2002 年，Apel 等[14]采用三维多相场模拟了合金中棒状共晶生长，如图 1-1 所示，棒状共晶组织生长中固-液界面由波动态转变为光滑态。

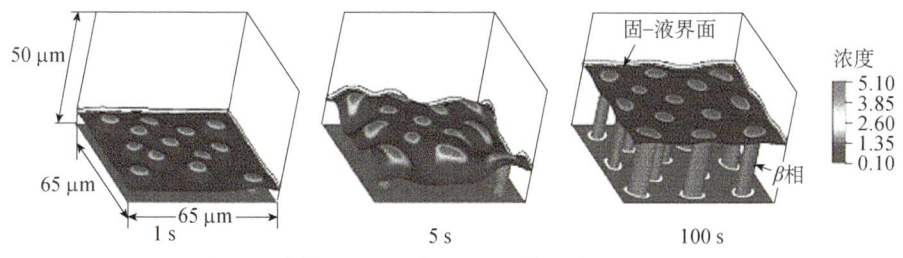

图 1-1 生长 1 s、5 s 和 100 s 后的三维共晶组织[14]

2003 年，Folch 等[15]使用三个相场变量和光滑自由能泛函，描述了平衡状态二元共晶界面。2004 年，Kim 等[16]基于 Kim-Kim-Suzuki（KKS）单相凝固相场模型，假定界面处各点化学势相等，建立了 Kim-Kim-Suzuki-Multiphase（KKSM）共晶多相场模型。2005 年，朱耀产等[17]采用多相场模型研究了二元共晶合金定向凝固共晶组织层片间距调整机制。2009 年，Yang 等[18]采用多相场模型揭示了层片共晶向棒状共晶转变机制。2019 年，朱昶胜等[19]研究了强迫对流下三维共晶多相场模型并行化，较大尺度模拟了凝固微观组织演化。2010 年，Perrut 等[20]考虑了液相中溶质扩散、但固相中无扩散，讨论了横向温度梯度在层片状共晶凝固构型生成中的作用，如图 1-2 所示。

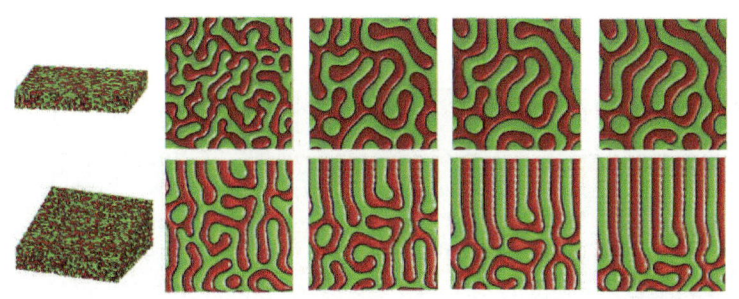

图 1-2 未加载（$\phi=0°$，上一行）和加载（$\phi=12°$，下一行）横向温度梯度的模拟，三维初始构型视图中生长方向为向上，俯视图中模拟时间分别为 5.75、11.5、17.25 和 23.0（以 λ_{JH}/V 为单位）[20]

2012 年，Kundin 等[21]采用相场模拟了 Ti-29.5 at%Fe①合金共晶凝固，化学自由能贡献由不同的相构成，微观组织包含圆形和片状相，各相流动性之间关系影响微结构。2017 年，Steinmetz 等[22]针对现有共晶生长理论在预测复杂界面形态上的局限性，特别是对于非平面界面，对比了三元共晶相场模拟与三维 Jackson-Hunt 解析方法。通过调整相场参数模拟不同共晶生长条件，并与理论解比较分析误差来源，揭示了相场模拟在复杂界面共晶生长预测上的优势，指出了理论解析方法在界面曲率影响上的不足。

模拟含对流的共晶生长具有挑战性，同时所需计算域尺寸远远大于共晶尺度，

---

① 在 Ti-Fe 合金中，铁的原子数占总原子数的 29.5%，at%指原子百分比。

导致巨大的计算需求。2017 年，Zhang 等[23,24]将格子玻尔兹曼方法与共晶相场模型结合模拟自然对流条件下的共晶生长，采用 Para-AMR 算法提高计算效率，求解了固-液界面附近速度场，之后采用相场晶格-玻尔兹曼方法模拟自然对流和强制对流下 Al-Cu 合金共晶生长，发现边界条件和几何约束都会影响共晶固-液界面前方溶质分布和速度，从而改变共晶形貌。2019 年，Yang 等[25]采用多相场模型结合 CALPHAD 计算热力学驱动力分析，研究了镍基合金单晶凝固中出现的 $L\rightarrow\gamma$ 枝晶、$L\rightarrow\gamma+\gamma'$ 共晶和 $L+\gamma\rightarrow\gamma'$ 包晶现象，如图 1-3 所示。

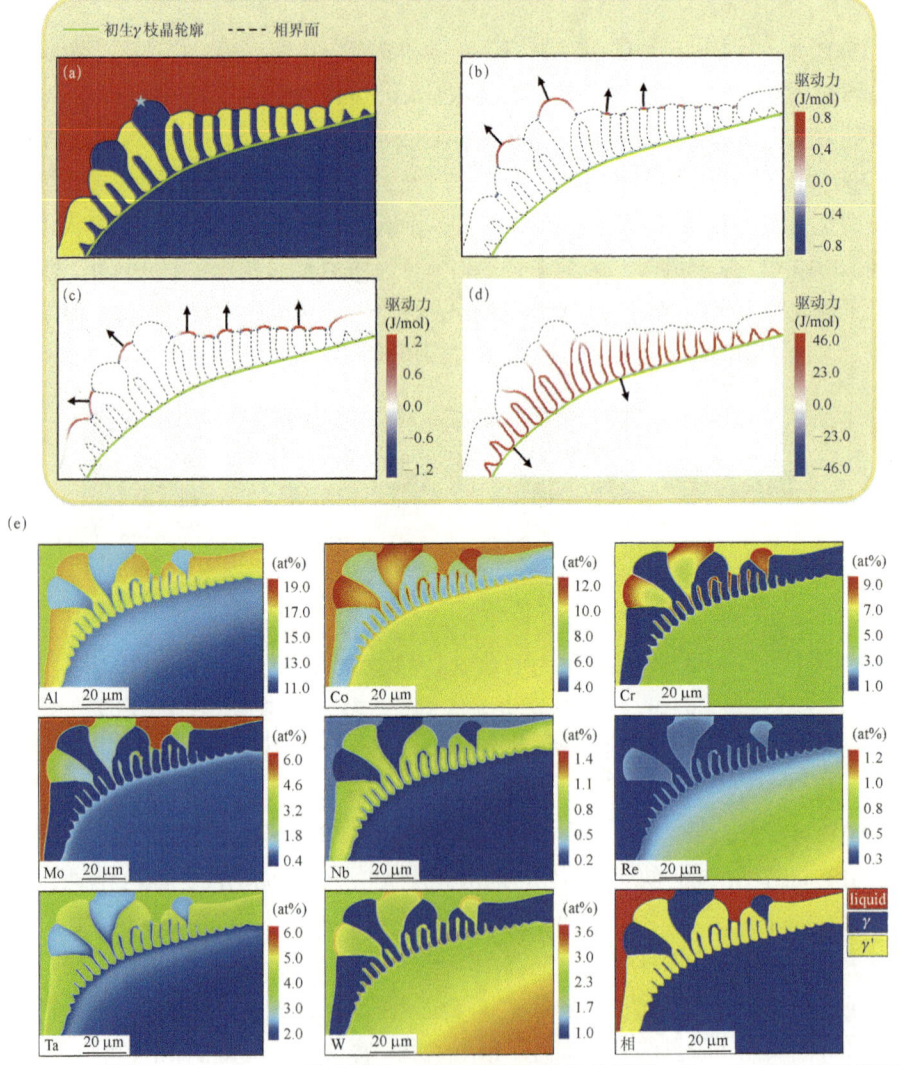

图 1-3 （a）温度 $T=1580.37\,\text{K}$、冷却速率 $-1\,\text{K/s}$ 时放大的共晶区域；（b~d）计算的三类界面（L/γ、γ'/L 和 γ'/γ）处的化学驱动力；（e）放大的共晶区域 Al、Co、Cr、Mo、Nb、Re、Ta 和 W 组元的溶质浓度分布和相分布[25]

2022 年，Jiang 等[26]采用多相场模型研究了固-液和固-固界面能各向异性对共晶倾斜生长的影响，当旋转角度在 30°～60° 范围内时，倾斜共晶生长受固-固和固-液界面能各向异性共同控制；反之，主要受固-固界面能各向异性控制。2023 年，Seiz 等[27]研究了枝晶、共晶及枝晶-共晶混晶三种生长形态与成分和工艺条件的关系，如图 1-4 所示。

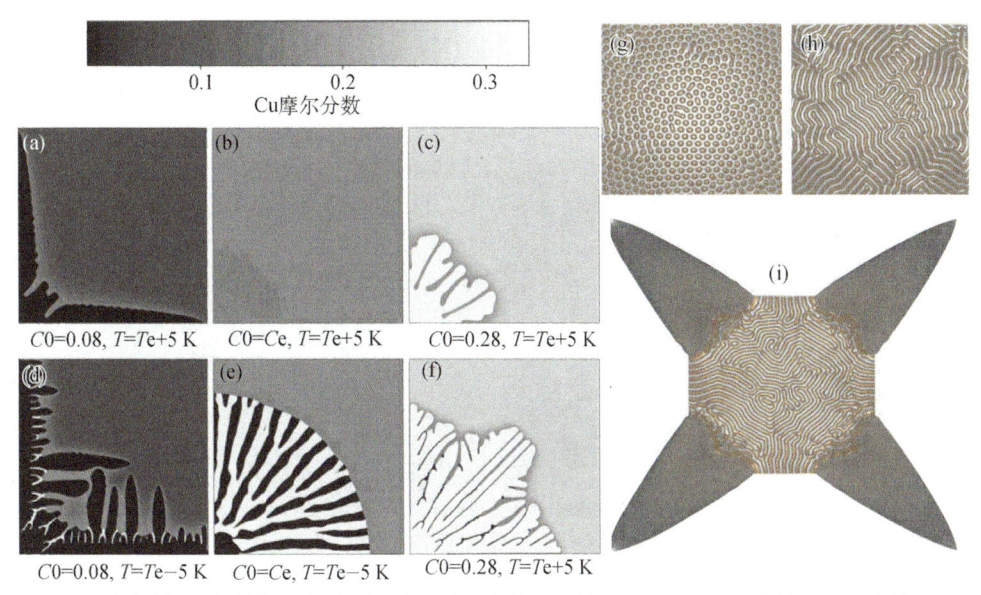

图 1-4　相场模拟的过渡形貌[27]，低于共晶温度出现了枝晶（a，d）、海藻晶（e）、共晶（c，f）以及排布在枝晶间或胞状晶间第二相（g～i），(b) 中的初始晶核在 $t = 843$ ms 时消失，(e) 中从 $t = 37$ ms 时开始共晶形核，所示形貌处于 $t = 938$ ms。(g) 初始晶核为各向同性的共晶偶 α-Al 和 θ，生长成为纤维矩阵组织。(h) 初始设置一个共晶偶晶核（各向异性 α-Al 和各向同性 θ），生长成为层状组织。(f) 初始设置一个枝晶晶核+一个共晶偶晶核（各向同性的 α-Al 和 θ），生长成为枝晶间分布着层状共晶组织

准确的合金体系热力学动力学模拟参数是相场方法有效预测微结构的先决条件。2024 年，Seguchi 等[28]提出了一种基于卡尔曼滤波器的数据同化方法，通过优化数据同化条件来确定共晶合金相场迁移率、溶质迁移率、梯度能系数和各向异性强度等参数。

1.2.1.2　Al-Si 系合金凝固共晶组织

2017 年，Ebrahimi[29]在 Folch-Plapp（FP）相场模型中加入了界面波动作为随机噪声来模拟 Al-Si 合金枝晶-共晶组织，研究了 Al-Si 合金中共晶硅的形核和生长，观察到手指状 α-Al 相，它为 β-Si 颗粒提供成核点，在改性 Al-Si 合金共晶反应实验中已被证实，如图 1-5 所示。

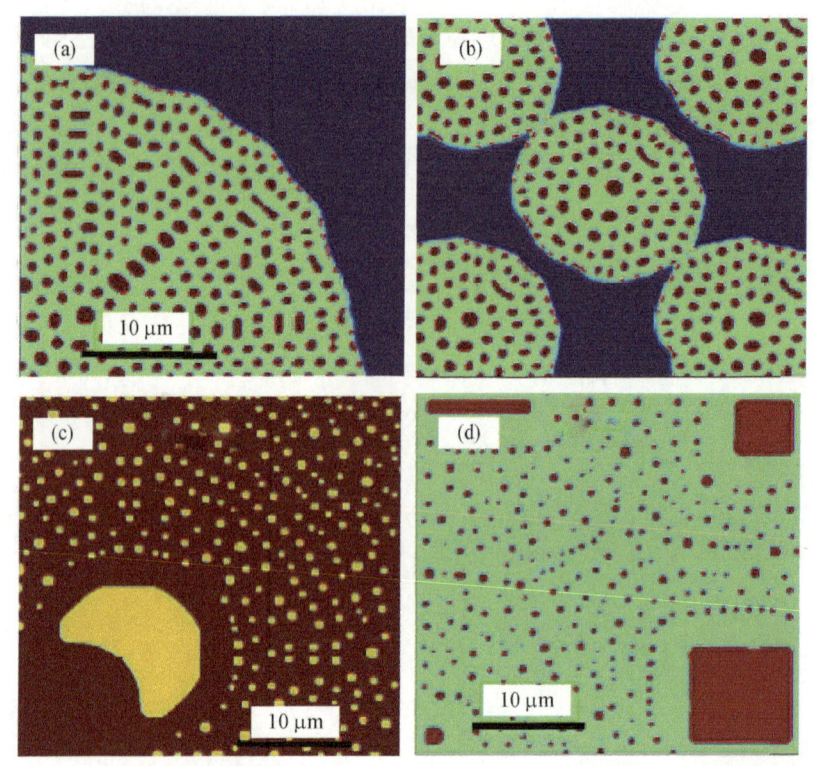

图 1-5 Al-Si 合金共晶组织模拟[29]，（a，b）各向同性的 α-Al 相中生长共晶硅相，蓝色液相，绿色 α-Al 相、红色共晶硅相，（c）手指状 α-Al 相边缘生长共晶 β-Si 相（含鱼骨状硅相），（d）四种类手指状 α-Al 枝晶诱发共晶 β-Si 相

2021 年，Wang 和 Zhang[30]采用多相场模型结合 CALPHAD 热力学数据库，考虑凝固潜热释放，研究了过共晶 Al-16 wt%①Si 合金的凝固顺序、微观结构演变、共晶硅形态和温度场演化。2024 年，Yun 和 Jung[31]建立了一个适用于粉末床熔融-激光束工艺的简单凝固模型，基于罗森塔尔方程计算凝固参数，通过溶质捕获、枝晶尖端过冷和共晶过冷等预测初生枝晶臂间距（primary dendrite arm spacing, PDAS）、初级晶粒分数和溶质分布，预测了 PDAS 随溶质含量和能量密度的变化，与传统模型相比[32,33]，在实验误差范围内准确再现了 PDAS，如图 1-6 所示。

1.2.2 时效组织相场法研究

析出相强化是铝合金最有效的强化方式之一。例如，Al-Cu 合金中的 θ' 析出相[34,35]；Al-Si 合金添加适量 Cu 和 Mg 元素经 T6 热处理后，会析出大量 β''-Mg_2Si[36]和 Q'-$Al_5Cu_2Mg_8Si_6$ 相；7xxx 铝合金（Al-Zn-Cu-Mg）高密度 η 相使其具有

---

① wt%为质量百分比。

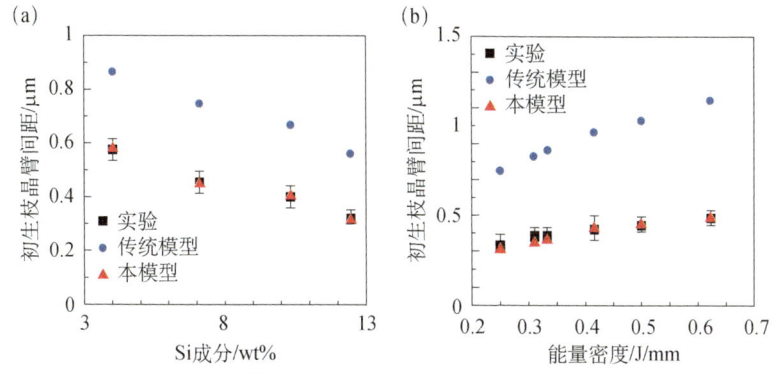

图 1-6 使用本文模型和传统模型预测 PDAS 并与实验数据对比[31-33]，（a）Al-xSi 合金（x=4.07，7.13，10.38，12.47 wt%）[33]，（b）Al-12Si 合金[31]

优异强度，但 η 相易受剪切，于是加入 Mn 元素形成 Al_6Mn 相[37]或加入 Si 和 Fe 形成不可剪切 α-Al(Mn, Fe)Si 相[38]等。建立相场模型来模拟不同析出相形成机制和影响因素，有助于加强对析出强化的理解和有效进行合金设计。

1.2.2.1　Al-Cu 合金 θ' 析出相

1998 年，Li 和 Chen 等[39]采用界面扩散相场动力学模型研究了应力诱发 Al-Cu 合金中共格 θ' 相形核和生长，发现在形核初始阶段加载应力能更有效形成和控制各向异性析出相形貌。如图 1-7 所示，（a）为仅在形核阶段施加竖直方向应力，析出相沿着应力方向生长，（b）和（c）仅在长大过程中施加垂直方向应力，发现只有施加应力值较大时（σ =112 MPa）才会改变析出相形貌，即初始成核阶段施加应力对析出相的取向最为有效。

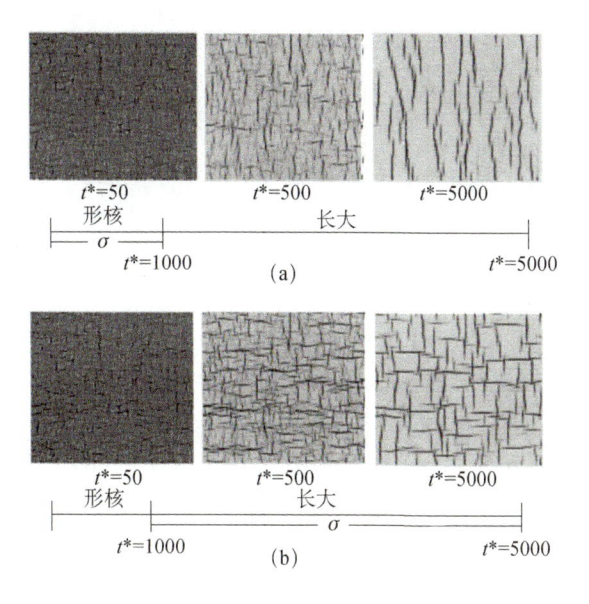

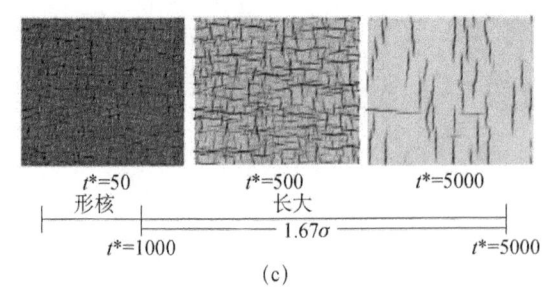

$t^*=50$ 形核　　　$t^*=500$ 长大　　　$t^*=5000$

1.67σ

$t^*=1000$　　　　　　　　　　$t^*=5000$

(c)

图 1-7　不同应力约束诱发的微观组织变化（a）形核期施加垂直方向应力 $\sigma=67$ MPa、
长大期自由；(b) 形核期自由+长大期施加垂直应力 $\sigma=67$ MPa；
(c) 形核期自由，长大期施加大应力 $\sigma=112$ MPa [39]

2004 年，Vaithyanathan 和 Chen 等[34]提出一种研究 Al-Cu 合金 θ' 相生长和粗化的多尺度模型。利用第一性原理预测 Al-Cu 固溶体和 θ' 相的体自由能、θ'/Al 共格和半共格界面能，以及 θ'/Al 系统的无应力错配应变和共格应变能，将上述参数带入相场模型，阐明各种能量对 θ' 析出相平衡形状的贡献，如图 1-8 所示，发现弹性能和界面能各向异性在决定 θ' 析出相长径比中起关键作用。

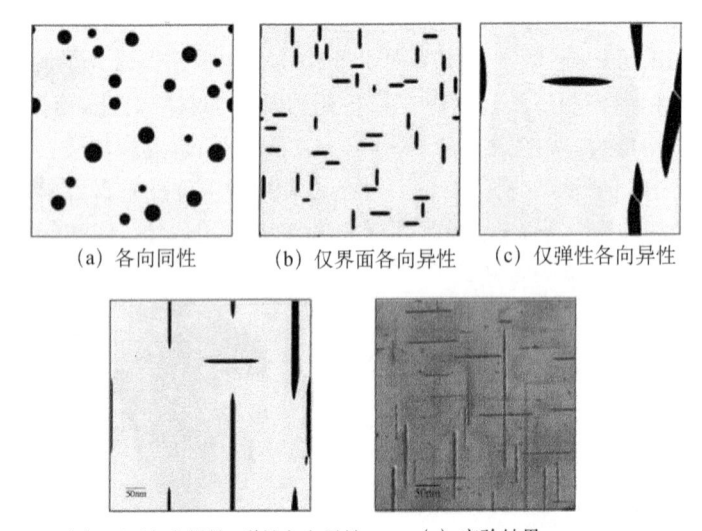

(a) 各向同性　　(b) 仅界面各向异性　　(c) 仅弹性各向异性

(d) 界面各向异性+弹性各向异性　　(e) 实验结果

图 1-8　第一性原理计算热力学参数进行相场模拟，200~250 ℃时效温度下各向异性 θ' 相的形貌[34]

2007 年，Hu 等[35]研究了化学自由能的不同近似对相场模型预测沉淀生长动力学的影响。利用 θ' 和 Al-Cu 固溶体的六组不同近似化学自由能，假设扩散速率和原子迁移率恒定，模拟了 θ' 析出相生长动力学。发现抛物线函数可以很好地描述化学计量比化合物的化学自由能。2017 年 Liu 等[40]采用基于相场模型的多尺度方法模拟 Al-Cu 合金高温时效 θ' 析出相的均匀和非均匀演化。通过热力学数据库、第一性原理和分子动力学计算获取化学自由能、界面能、晶格参数、弹性常数信息,相场法模拟预测 θ' 析出相演化和平衡形态,再现了具有取向关系 $(001)\theta'//(001)_\alpha$ 和 $[100]\theta'//[100]_\alpha$ 的板状 θ' 相在均匀形核和位错非均质形核过程中不同取向变化,如图 1-9 所示,A 为均匀形核,B 为位错诱导形核,明确了析出相形态演变和平衡长径比的控制机理。

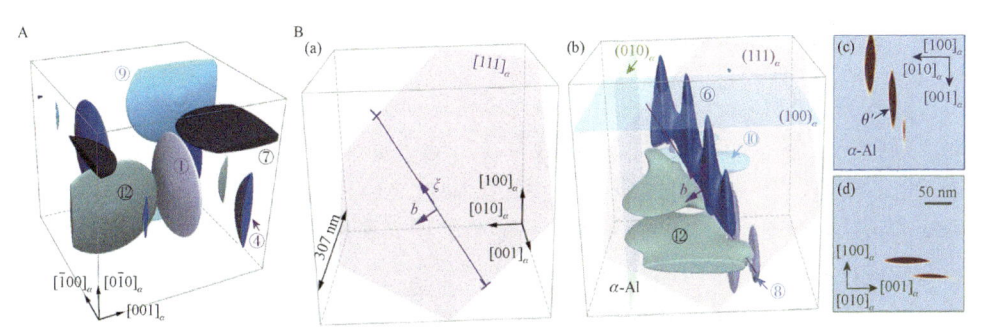

图 1-9 相场模拟 θ' 析出相[40]。A. 均匀形核、随机分布;B. 位错诱导形核,(a) $(111)_\alpha$ 面上的刃型位错柏氏矢量 $b=a/2[\bar{1}10]_\alpha$,ξ 是位错线,(b) ξ 刃位错诱导不同析出相分布,(c, d) $(010)_\alpha$ 和 $(100)_\alpha$ 面上的析出相截面,数字表示析出相不同取向

2017 年,Kim 和 Roy[41]考虑 Al-Cu 合金中 θ'-Al_2Cu 的弹性模量失配诱发弹性各向异性以及四方晶格失配引起的应变各向异性,引入四阶梯度张量,使用第一性原理计算各向异性的界面能和相场模拟预测析出相形貌,发现强各向异性界面能、晶格失配应变各向异性是影响 θ' 形貌的最重要因素。2018 年,Ji 等[42]在三维等温时效相场模型中引入角度相关各向异性动力学系数和薄界面近似,模拟析出相形核-生长动力学,将模拟的 θ' 相直径、厚度和体积分数与实验结果比较,校准相场模型预测析出动力学,如图 1-10 所示。

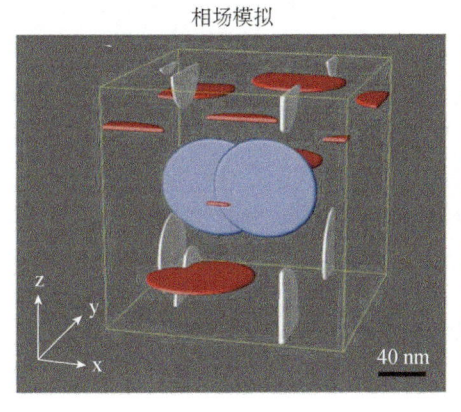

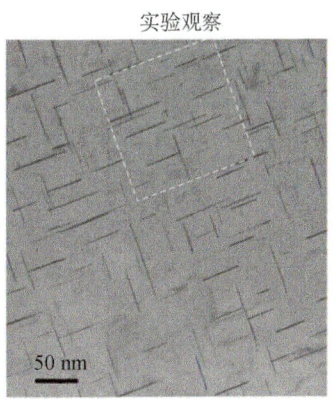

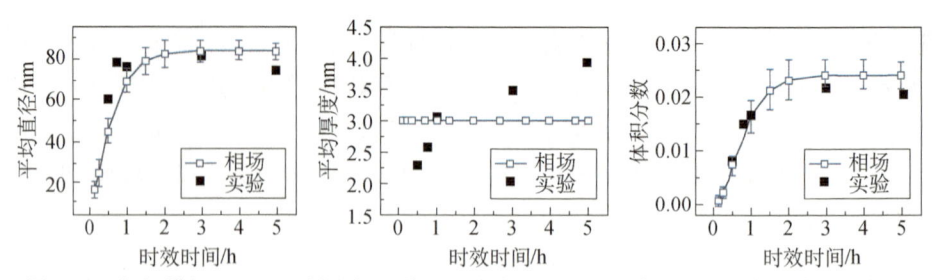

图 1-10　相场模拟 θ'-Al$_2$Cu 析出相形貌、平均直径、平均厚度和体积分数与实验比较[42]

2019 年，Shower 等[43]利用 MOOSE 相场研究了 θ' 析出相的各种温度热稳定性，提出一个临界长径比判据。2019 年 Liu 等[44]基于多尺度分析耦合经典形核理论、相场模拟、第一原理计算和实验表征，研究 Al-Cu 合金高温时效析出，计算亥姆霍兹自由能评估 θ''、θ' 和 θ 沉淀热稳定性，用经典成核理论分析 θ''、θ' 的均匀和非均匀成核，如图 1-11 所示。

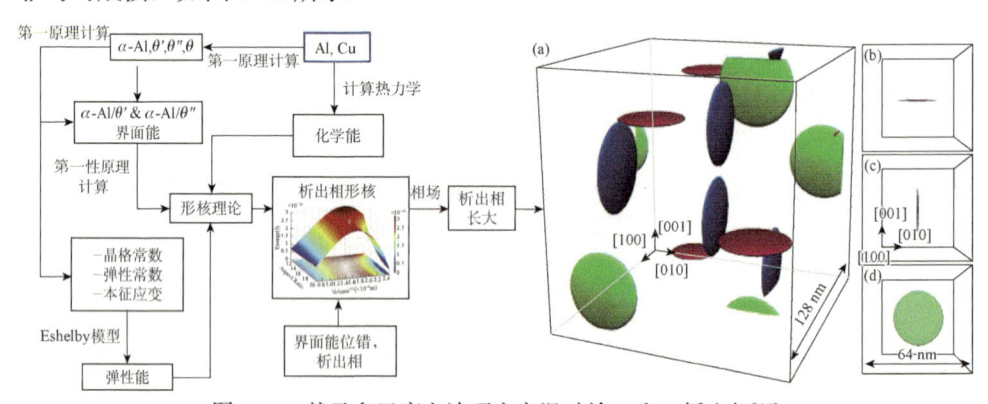

图 1-11　基于多尺度方法研究高温时效 θ'' 和 θ' 析出相[44]

2019 年，Hu 等[45]对 Al-Cu-Cd 合金 θ' 析出过程的相场模拟发现，Cd 原子在 α-Al/θ' 界面偏析降低了 θ' 相界面能，共格和半共格界面能多种组合对 θ' 相生长动力学影响不同，θ' 相径厚比变化主要取决于共格界面能，如图 1-12 所示。

2021 年，Ta 等[46]相场模拟发现 Al-1.69 at%Cu 合金中弹性各向异性与各向异性界面迁移率结合有利于形成更接近实验的大长宽比 θ' 析出相。2021 年，Liu 等[47]采用改进淬火因子分析（quench factor analysis，QFA）模拟淬火和时效过程，利用密度泛函理论计算 θ' 界面能代入相场方程模拟 θ' 相演化，经实验校准后统计析出相平均直径，预测合金屈服强度，最后基于 PFM 结果采用有限元法在宏观尺度计算了大型构件时效过程。

1.2.2.2　Al-Si-Mg 合金 β'' 析出相

2020 年，Kleiven 等[48]基于原子尺度密度泛函理论团簇扩展（cluster expansion，CE）与蒙特卡罗法结合，将计算参数传递到相场模型，多尺度模拟 Al-Si-Mg 合金中 MgSi 析出相，证明了在 Al 基体中针状 MgSi 析出相可作为 β'' 析出相前驱体，把一个 Mg 柱

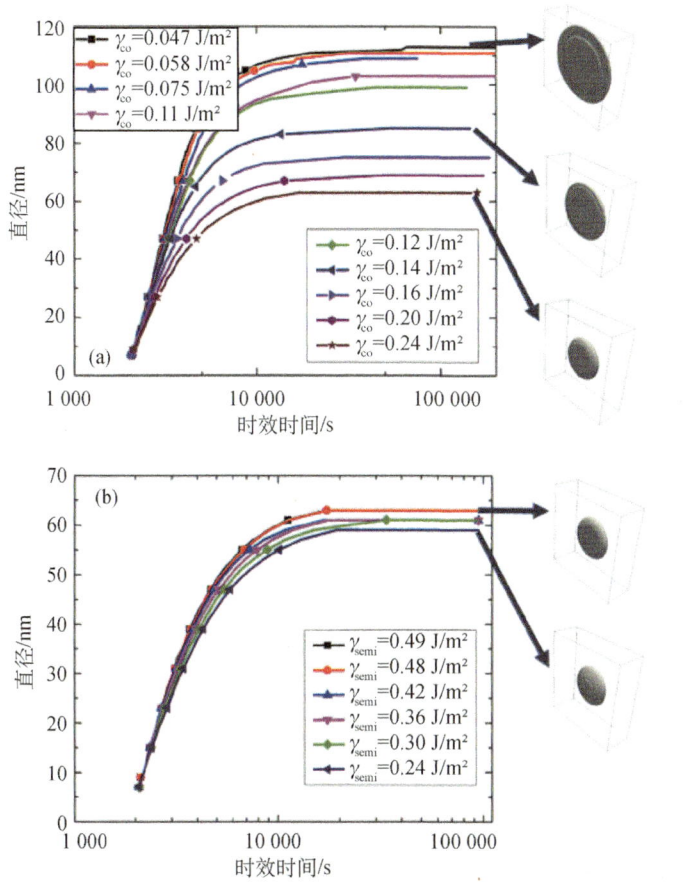

图1-12 (a) 时效过程 θ′ 相直径随共格界面能变化（$\gamma_{scmi} = 0.49\,\text{J}/\text{m}^2$）；
(b) θ′ 相直径随半共格界面能变化（$\gamma_{co} = 0.24\,\text{J}/\text{m}^2$）[45]

体平移 1/2 个晶格矢量可得到 β″，溶质偏聚成针状 MgSi 畴是 Al-Mg-Si 合金固有特性。

2020 年，Mao 和 Du 等[49]采用多相场（multi-phase field，MPF）模型结合 CALPHAD 热-动力学数据库，模拟了界面能各向异性和弹性能作用下 Al-Mg-Si 合金中单斜 β″ 析出相形态演变，如图 1-13 所示，高各向异性应变不能单独解释 β″ 析出相针状，各向异性界面能和弹性相互作用诱发形成针状微结构。

1.2.2.3　Al-Zn-Cu-Mg 合金 η 相

2021 年，Liu 等[50]耦合使用 CALPHAD 和相场建模，研究了近 AA7050 合金成分的 Al-Zn-Mg-Cu 合金的晶界溶质偏析、晶界扩散、析出相数量密度和基体成分对晶界 η 相生长的影响，如图 1-14 所示。发现时效早期晶界（grain boundary，GB）溶质分布主要受 η 相影响高度不均匀，过时效阶段 Mg 和 Cu 保持偏聚，Zn 迅速贫化。这种重要的 GB 偏聚行为显著影响了沉淀相形态，但整体沉淀动力学不受

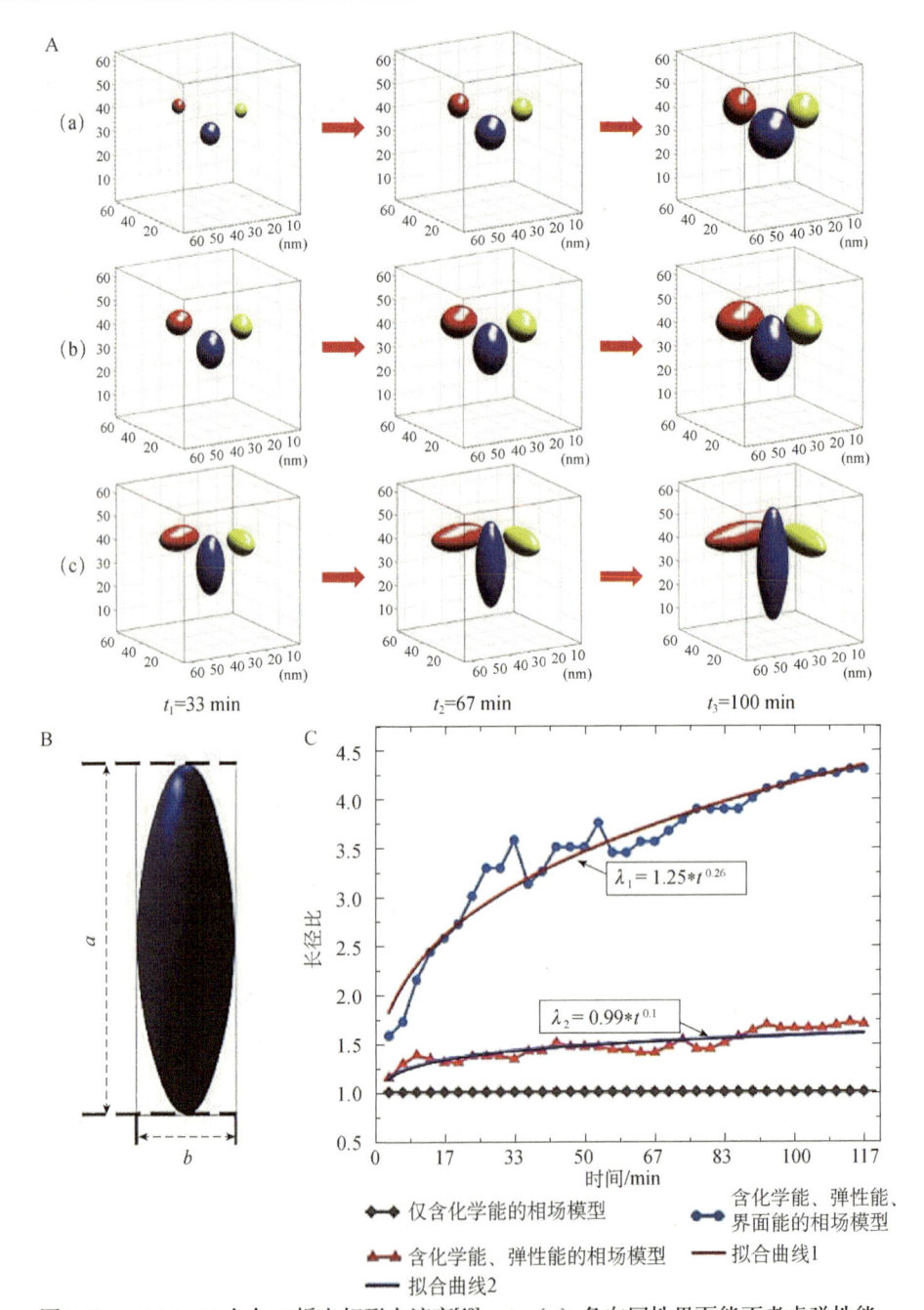

图 1-13 Al-Mg-Si 合金 β'' 析出相形态演变[49]，A.（a）各向同性界面能不考虑弹性能，（b）各向同性界面能+弹性能，（c）各向异性界面能+弹性能；B. 长径比 $\lambda = a/b$ 示意图；C. 长径比随时间变化曲线

影响。GB 附近溶质贫化区域及时效早期无沉淀区域主要取决于 Zn 和 Mg 的扩散。相场模拟与相似合金成分的 TEM 和 APT 结果表征良好吻合。

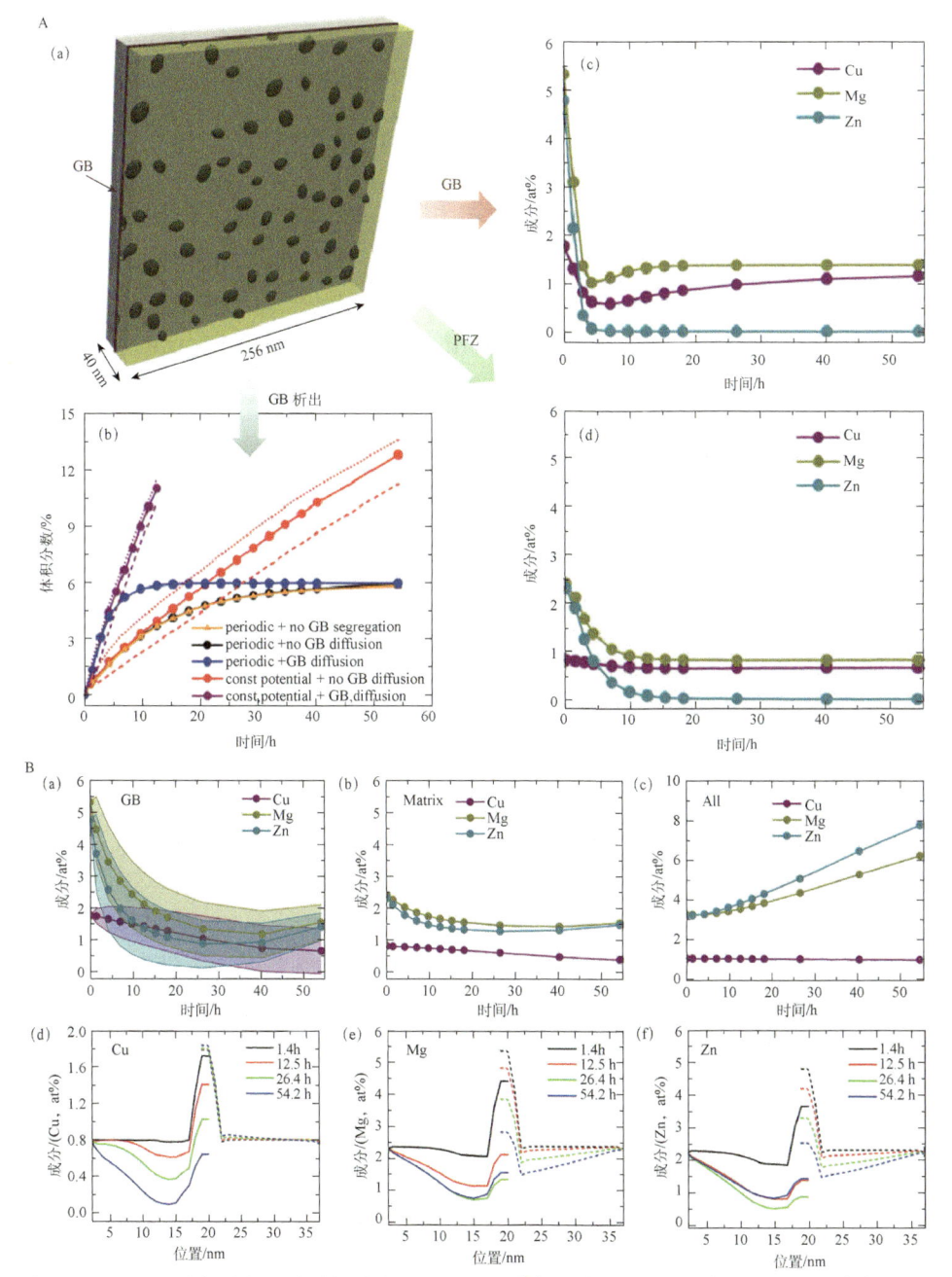

图 1-14 晶界及毗邻基体处溶质场分布[50]。A. GB 偏析影响 GB 面溶质场演化：(a) 根据 APT 设置相场模型，(b) 晶界偏析、晶界扩散和晶界状态对晶界析出转变动力学的影响，(c) 晶界扩散影响晶界溶质浓度分布，(d) 晶界扩散影响基体溶质浓度分布；B. 常化学势边界条件对平均溶质成分的影响：(a) 晶界（阴影区表示标准误差），(b) 毗邻晶界基体处，(c) 整个区域，(d~f) 120 ℃时效跨越晶界时 Cu、Mg 和 Zn 浓度分布，左侧实线表示跨晶界区域平均成分，右侧虚线表示尽量远离析出相的基体相应局域点成分

2022 年，Liu 等[51]基于化学势结合 CALPHAD 进行相场热力学动力学模拟，研究 Al-Zn-Mg-Cu 合金分级时效中 η 相析出机理，如图 1-15 所示。时效早期，Zn 消耗诱发 η 相快速生长，η 相中 Zn 富集，过量 Cu 滞留于基体。Cu 在基体中的扩散相对于 Zn 较慢，时效后期，η 相中 Cu 原子逐步替代 Zn 原子是一个动力学控制的过程。还发现较高标称 Zn 含量可以显著提高 Zn 化学势，但对 Cu 影响较小，导致 η 相中 Zn 含量较高而 Cu 含量较低。研究还发现在 120 ℃时效 24 h 后，AA7050 合金基体中 Zn 大量耗尽，Cu 过饱和，而 180 ℃第二高温时效阶段显著增强了 Cu 从过饱和基体向 η 相的扩散，而基体残余 Zn 含量仅受轻微影响。

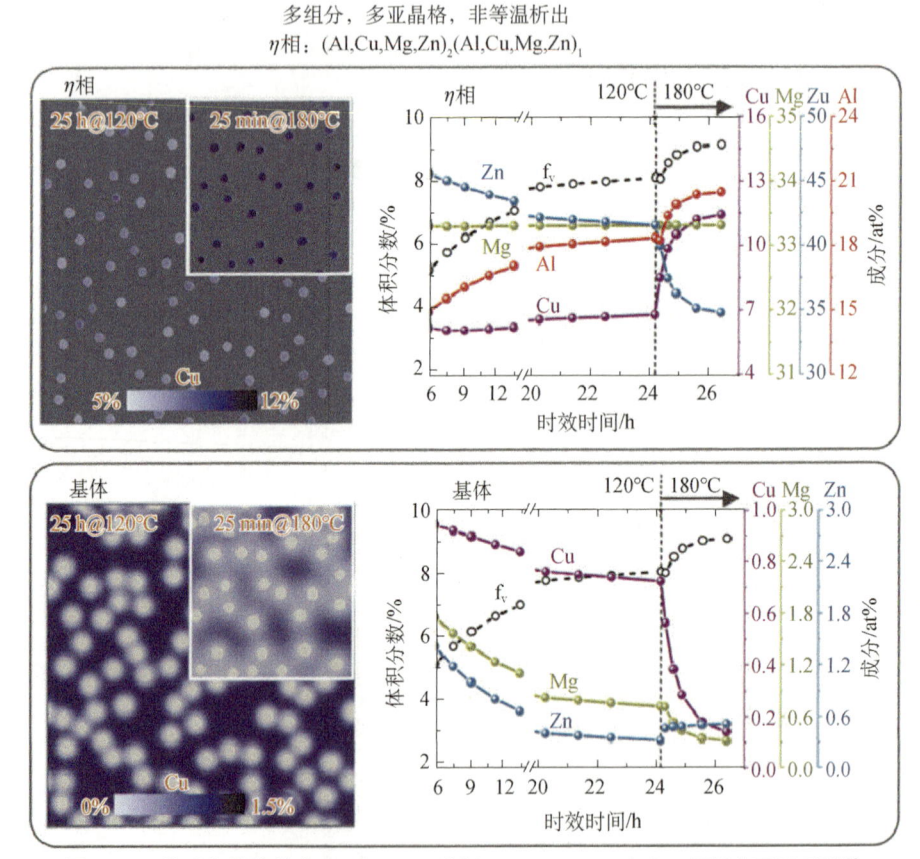

图 1-15　基于化学势结合 CALPHAD 进行 Al-Zn-Mg-Cu 合金 η 相析出两种亚晶格相场模拟[51]：（上左）η 相形貌图，（上右）分级时效中 η 相体积分数及 η 相中各个元素浓度分布，（下左）基体形貌图，（下右）分级时效中 η 相体积分数及基体中各元素浓度分布

1.2.2.4 Al-Mn 合金 Al$_6$Mn 相、α 及 η′相

Al-Zn-Mg-Cu 合金中 η 相在受力过程中容易被剪切，研究人员在铝合金中加入 Mn 元素，形成不可剪切的 α-Al(Mn,Fe)Si 或者 Al$_6$Mn 相。TEM 图像通常显示析出相某些截面，难以获得准确三维信息。2023 年，Wang 等[37]从实验观察到的两相间取向关系和晶体结构中推导出 Al$_6$Mn 和 Al 基体相之间可能的晶格位置对应关系（LCs），之后通过晶体学分析和计算相变应变进一步分析。然后设计了一个三维相场模型来模拟所选 LC 下沉淀相的生长过程、平衡形状和惯习面随尺寸的变化。给出了不同二维横截面上所有变体的沉淀相形状并与 TEM 图像进行比较，以更好地理解合金中三维沉淀相形状，如图 1-16 所示。Wang 等[37]进而用相场模拟了 7xxx 系铝合金中 4 个 η′析出相（Mg$_2$Zn$_{5-x}$Al$_{2+x}$）变体，以及 24 个 α 析出相（Al(Mn,Fe)Si）变体三维结果。

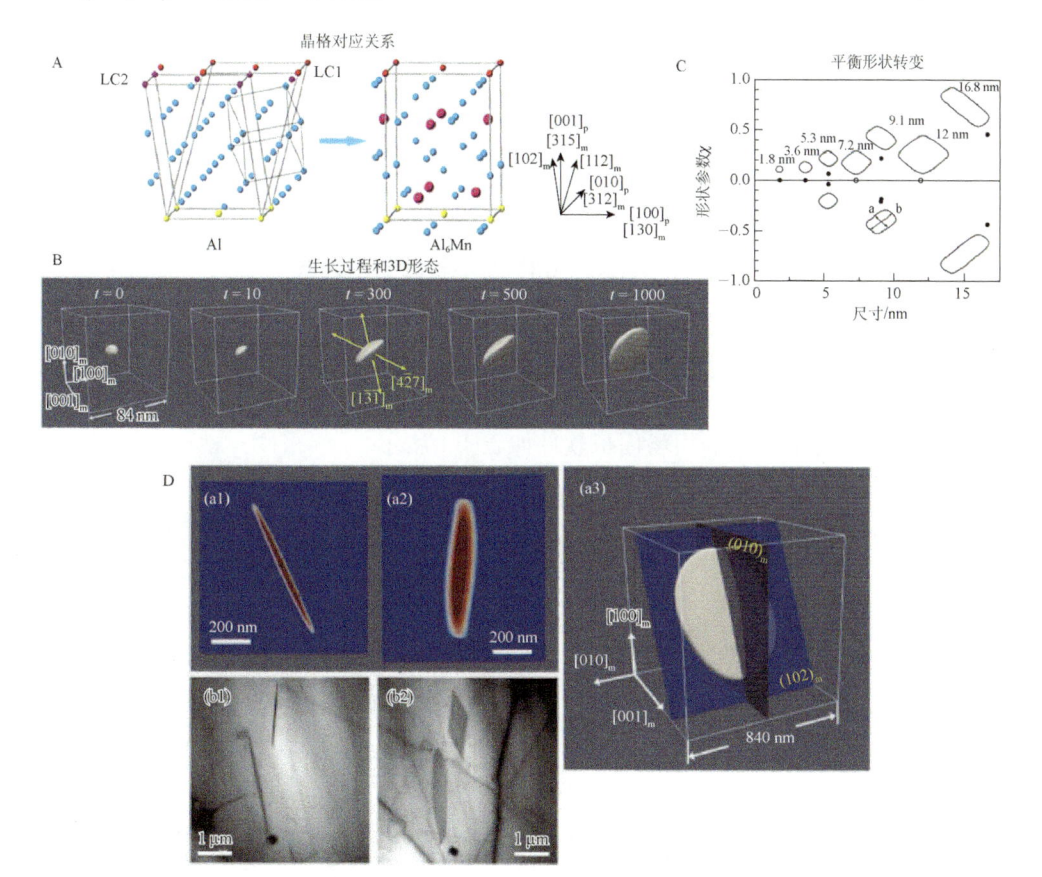

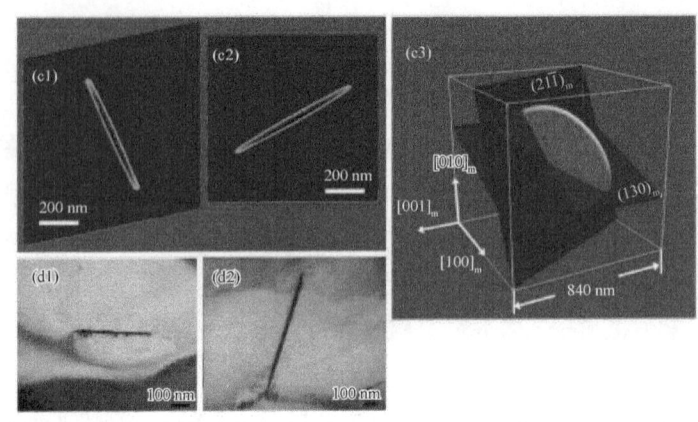

图 1-16 A. 析出相与基体的晶格关系，从 Al 基体的晶格转变为 Al_6Mn 沉淀相晶格，具有两个晶格对应关系，黄色原子代表晶胞底层，红色和粉色原子代表两个 LC 晶胞顶层；B. 一个直径 14 nm 的析出相颗粒生长过程；C. 析出相平衡形状与尺寸关系的分岔图；D. $(010)_m$ 横截面（a1）和 $(102)_m$ 横截面（a2）上 Al_6Mn 二维形貌，（a3）三维形貌，两个半透明蓝色平面为（a1, a2）中对应横截面，（b1, b2）Al_6Mn 析出相 TEM 图，（b2）是经大角度倾斜后在与（b1）相同区域拍摄[52]，（c1）$(21\bar{1})_m$ 截面上和（c2）$(130)_m$ 截面上模拟 Al_6Mn 二维析出形态，（c3）三维形状，两个半透明蓝色平面为（c1, c2）中对应横截面，（d1, d2）沿（d1）$(21\bar{1})_m$ 和（d2）$(130)_m$ [52]拍摄 Al_6Mn 析出相 TEM 图[37]

1.3 相场模拟软件现状

1.3.1 主要相场软件列表

当前，国际上主要的相场模拟软件如表 1-1 所示。

表 1-1 当前主要相场模拟软件

序号	名称/网站	研发机构	编程语言和应用	初创时间
1	COMSOL Multiphysics cn.comsol.com/comsol-multiphysics	COMSOL 集团	**C/C++**（内核）**/Java**（用户接口）/**Python**；（脚本）支持相场法、有限元法、流体动力学、传热、结构力学、电磁学等多种物理场的建模和模拟[53]	1998 年
2	FiPy ctcms.nist.gov/fipy	美国国家标准与技术研究院	**Python**；（有限体积偏微分方程求解器）枝晶生长、电沉积、相分离、失稳分解、电化学模拟[54]	2004 年
3	MatCalc Matcalc - Solid State and Kinetics Precipitation	维也纳理工大学，奥地利	**C++**；适用于钢铁、有色金属相变、析出、晶粒长大、全过程冶金，热机械加工，微观结构稳定性预测	2007 年
4	SfePy sfepy.org	西波希米亚大学，捷克	**Python**；均质材料、弹性大变形、不可压缩体流动	2007 年

续表

序号	名称/网站	研发机构	编程语言和应用	初创时间
5	Micress micress.de	亚琛工业大学，德国	**C++**；金属、陶瓷和复合材料相变、晶粒生长、偏析和析出，凝固，晶粒长大，再结晶[55-57]	2008 年
6	μ-PRO mupro.co	宾夕法尼亚州立大学，美国	**JavaScript**；铁电、铁磁、电介质击穿、有效特性[58,59]	2017 年
7	OpenPhase Academic openphase.rub.de	波鸿鲁尔大学，德国	**C++**；扩散和相变、有限应变弹性和晶体塑性、流体流动求解、柔性成核和微观结构演化[60]	2008 年
8	Pandas pandas.pydata.org	Wes McKinney 开发，NumFOCUS 赞助的 PyData 社区维护和发展	**C++/Fortran**；金属微观组织演化：相变、晶粒长大、析出、偏析	2011 年
9	PRISMS-PF prisms-center.org	密歇根大学，美国	**C++/Python/Fortran**；枝晶生长，镁钕合金沉淀，腐蚀[61,62]	2015 年
10	MMSP github.com/mesoscale/mmsp	美国国家标准与技术研究院	**C++**；Cahn-Hilliard，奥斯瓦尔德熟化，各向异性，晶粒生长、晶体生长和凝固	2017 年
11	MPF github.com/china20/MPFUI	——	**C++, Fortran**；研究相变动力学、晶粒长大、析出、应力效应	2017 年
12	Moose moosetechnology.org	爱达荷州国家实验室，美国	**C++/Python**；多相场、多物理场、裂纹扩展、锂枝晶、多相随机成核[63]	2020 年
13	MEUMAPPS osti.gov/biblio/1645473	橡树岭国家实验室，美国	**Fortran**；应用 Kim-Kim-Suzuki 相场模型，结构合金微观结构演化	2020 年
14	CAPA github.com/mandiant/capa		**C++/Python**；热力学、相变、应力场、电磁场等多场作用	2020 年
15	FEniCS fenicsproject.org	芝加哥大学，美国	**C++/Python**；裂纹，液滴在电场中的聚结和破裂	2021 年
16	AMPE github.com/LLNL/AMPE	劳伦斯利弗莫尔国家实验室，美国	**C/C++**；自适应网格相场演化	2022 年
17	EasyPhase（EPhase）	中北大学/北京科技大学/辽宁材料实验室，中国	**Python**；凝固、固溶、时效、晶粒生长/再结晶、变形、缺陷、烧结、马氏体相变、增材制造、石墨烯生长	2017 年

综上，当前相场模拟软件呈现多样化特点，进入快速发展时期。这些软件支持多种编程语言，如 C++、Python 和 Fortran 等，能够处理复杂多物理场耦合问题，包括电磁场、流体动力学和热传导等，广泛应用于金属、陶瓷和复合材料的相变组织模拟，涵盖了从商业软件（如 COMSOL Multiphysics）到开源工具（如 FiPy 和 SfePy）多种选择。

当前，相场软件开发机构集中于美国，如美国国家标准与技术研究院、密歇根大学、宾夕法尼亚州立大学和劳伦斯利弗莫尔国家实验室等，还有德国、奥地利、捷克等，我国处于起步阶段。

1.3.2　EasyPhase（EPhase）相场软件简介

开发相场软件过程中，针对各类复杂多样的材料-构件及过程、多物理场耦合和不同应用环境的需求，功能模块化自由组合、定制功能和通用功能同时开发是必要的。

EasyPhase是一套基于多层级序参量统一相场建模的集成相场模拟软件包[64-68]，适用于模拟预测相变过程中跨尺度、多组元、多相、多晶粒、多物理场相互交叠的二维和三维多层级组织形成和演化，可以实现铸造凝固、热处理时效、轧制变形以及各类缺陷预测的材料过程的组织特征和内在机理模拟，辅助新材料设计与新工艺研发，可以提供通用模块服务，也可以专属定制。主要功能如下。

（1）铸造凝固：与流场耦合的凝固枝晶生长、柱状晶生长、共晶生长、增材制造。

（2）热处理固溶时效：多组元或高熵合金相分离（调幅分解与形核长大）、有序无序转变、筏化、溶质偏聚、晶粒长大、多相析出、界面效应。

（3）变形过程：弹塑性变形、静态/动态再结晶与回复、LPSO结构演变。

（4）缺陷形成和演化：点缺陷（空位、间隙原子）、线缺陷（位错）与析出相的交互作用、面缺陷（晶界迁移与微裂纹扩展）、裂纹萌生与扩展、晶界与孪晶等。

（5）多颗粒烧结过程。

（6）马氏体相变。

（7）适用于多元多相合金：钢铁材料、镁合金、镍合金、铜合金、钛合金、高熵合金、核材料等。

1.4　本书主要内容

本书主要介绍了作者课题组针对某研究所用户在铝硅合金气缸盖生产项目中遇到的实际需求开展的相场设计工作，主要思路如图1-17所示。主要内容包括：相场模拟铝硅合金气缸盖材料中的共晶相和析出相形成和演化，系统地分析温度、时间和冷却速率等对共晶相和析出相形成与生长的影响规律。通过对凝固、固溶和时效组织的研究，预测气缸盖在不同冷却速度下的共晶相组织以及在不同温度条件下的析出相组织，得到气缸盖构件级共晶相和析出相的分布。基于此，开发凝固共晶组织相场模拟软件、时效析出组织相场模拟软件和气缸盖铸件的多尺度信息叠加软件。

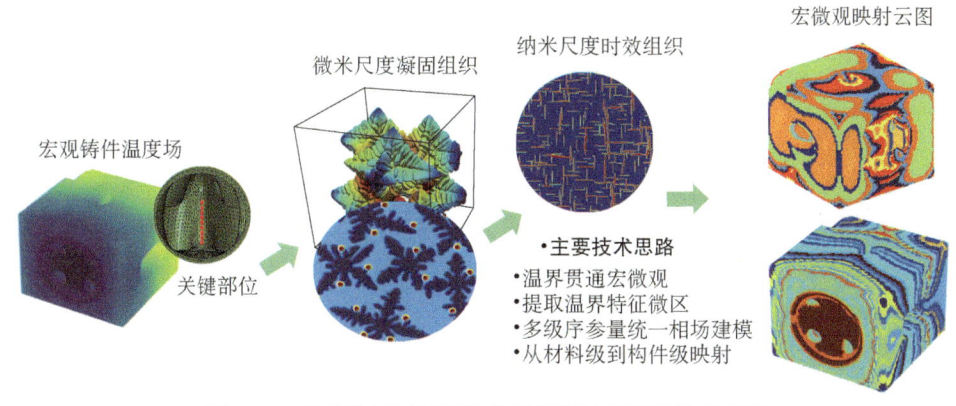

图 1-17　本书从材料级到构件级相场法研究思路示意图

参 考 文 献

[1] Zhao Y H, Xin T Z, Tang S, et al. Applications of unified phase-field methods to designing microstructures and mechanical properties of alloys[J]. MRS Bulletin, 2024, 49: 613-625.

[2] Zhao Y H. Integrated unified phase-field modeling (UPFM)[J]. MGE Advances, 2024, 2: e44.

[3] Chen L Q, Zhao Y H. From classical thermodynamics to phase-field method[J]. Progress in Materials Science, 2022, 124: 100868.

[4] Zhao Y H. Understanding and design of metallic alloys guided by phase-field simulations[J]. npj Computational Materials, 2023, 9: 94.

[5] Jackson K A, Hunt J D. Lamellar and rod eutectic growth[J]. Dynamics of Curved Fronts, 1988, 236: 363-376.

[6] Karma A. Phase-field model of eutectic growth[J]. Physical Review E, 1994, 49: 2245-2250.

[7] Wheeler A A, McFadden G B, Boettinger W J. Phase-field model for solidification of a eutectic alloy[J]. Proceedings: Mathematical, Physical and Engineering Sciences, 1996, 452: 495-525.

[8] Steinbach I, Pezzolla F, Nestler B, et al. A phase field concept for multiphase systems[J]. Physica D: Nonlinear Phenomena, 1996, 94: 135-147.

[9] Tiaden J, Nestler B, Diepers H J, et al. The multiphase-field model with an integrated concept for modelling solute diffusion[J]. Physica D: Nonlinear Phenomena, 1998, 115: 73-86.

[10] Nestler B, Wheeler A A. A multi-phase-field model of eutectic and peritectic alloys: Numerical simulation of growth structures[J]. Physica D: Nonlinear Phenomena, 2000, 138: 114-133.

[11] Nestler B, Wheeler A A. Anisotropic multi-phase-field model: Interfaces and junctions[J]. Physical Review E, 1998, 57: 2602.

[12] Drolet F, Elder K R, Grant M, et al. Phase-field modeling of eutectic growth[J]. Physical Review E, 2000, 61: 6705-20.

[13] Elder K R, Grant M, Provatas N, et al. Sharp interface limits of phase-field models[J]. Physical Review E, 2001, 64: 021604.

[14] Apel M, Boettger B, Diepers H J, et al. 2D and 3D phase-field simulations of lamella and fibrous eutectic growth[J]. Journal of Crystal Growth, 2002, 237: 154-158.

[15] Folch R, Plapp M. Phase-field modeling of eutectic solidification: From oscillations to invasion[J]. Interface and Transport Dynamics, 2003, 32: 182-189.

[16] Kim S G, Kim W T, Suzuki T, et al. Phase-field modeling of eutectic solidification[J]. Journal of Crystal Growth, 2004, 261: 135-158.

[17] 朱耀产, 杨根仓, 王锦程, 等. 二元共晶定向凝固的多相场法数值模拟[J]. 中国有色金属学报, 2005, 7: 1026-1032.

[18] Yang Y J, Wang J C, Zhang Y X, et al. An investigation of the lamellar-rod transition in binary eutectic using multi-phase field model[J]. Acta Physica Sinica, 2009, 58(1): 650-654.

[19] 朱昶胜, 金显, 冯力, 肖荣振. 基于 OpenCL 并行流动影响三维共晶生长多相场模拟[J]. 兰州理工大学学报, 2019, 45: 11-17.

[20] Perrut M, Parisi A, Akamatsu S, et al. Role of transverse temperature gradients in the generation of lamellar eutectic solidification patterns[J]. Acta Materialia, 2010, 58: 1761-1769.

[21] Kundin J, Kumar R, Schlieter A, et al. Phase-field modeling of eutectic Ti-Fe alloy solidification[J]. Computational Materials Science, 2012, 63: 319-328.

[22] Steinmetz P, Kellner M, Hötzer J, et al. Quantitative comparison of ternary eutectic phase-field simulations with analytical 3D Jackson-Hunt approaches[J]. Metallurgical and Materials Transactions B, 2017, 49: 213-224.

[23] Zhang A, Guo Z P, Xiong S M. Phase-field-lattice Boltzmann study for lamellar eutectic growth in a natural convection melt[J]. China Foundry. 2017, 14: 373-378.

[24] Zhang A, Du J L, Guo Z P, et al. Dependence of lamellar eutectic growth with convection on boundary conditions and geometric confinement: A phase-field lattice-Boltzmann study[J]. Metallurgical and Materials Transactions B, 2018, 50: 517-530.

[25] Yang C, Xu Q Y, Su X L, et al. Multiphase-field and experimental study of solidification behavior in a nickel-based single crystal superalloy[J], Acta Materialia, 2019, 175: 286-296.

[26] Jiang M R, Li J J, Wang Z J, et al. Effect of interface anisotropy on tilted growth of eutectics: A phase field study[J]. Chinese Physics B, 2022, 31: 108101.

[27] Seiz M, Kellner M, Nestler B. Simulation of dendritic-eutectic growth with the phase-field method[J]. Acta Materialia, 2023, 254: 118965.

[28] Seguchi Y, Okugawa M, Zhu C, et al. Data assimilation for phase-field simulations of the formation of eutectic alloy microstructures[J]. Computational Materials Science, 2024, 237: 112910.

[29] Ebrahimi Z. Modeling of eutectic formation in Al-Si alloy using a phase-field method[J]. Archives of Metallurgy and Materials, 2017, 62: 1969-1981.

[30] Wang K, Zhang L J. Quantitative phase-field simulation of the entire solidification process in one

hypereutectic Al-Si alloy considering the effect of latent heat[J]. Progress in Natural Science: Materials International, 2021, 31: 428-433.

[31] Yun M H, Jung I H. Development of a rapid solidification model for additive manufacturing process and application to Al-Si alloy[J]. Acta Materialia, 2024, 265: 119638.

[32] Kurz W, Fisher D J. Fundamentals of Solidification[M]. Switzerland: Trans Tech Publications, 1984.

[33] Kimura T, Nakamoto T, Mizuno M, et al. Effect of silicon content on densification, mechanical and thermal properties of Al-xSi binary alloys fabricated using selective laser melting[J]. Materials Science and Engineering: A, 2017, 682: 593-602.

[34] Vaithyanathan V, Wolverton C, Chen L Q. Multiscale modeling of θ' precipitation in Al-Cu binary alloys[J]. Acta Materialia, 2004, 52: 2973-2987.

[35] Hu S Y, Murray J, Weiland H, et al. Thermodynamic description and growth kinetics of stoichiometric precipitates in the phase-field approach[J]. Calphad, 2007, 31: 303-312.

[36] Ding L P, Jia Z H, Nie J F, et al. The structural and compositional evolution of precipitates in Al-Mg-Si-Cu alloy[J]. Acta Materialia, 2018, 145: 437-450.

[37] Wang Y C, Freiberg D, Huo Y, et al. Shapes of nano Al_6Mn precipitates in Mn-containing Al-alloys. Acta Materialia, 2023, 249: 118819.

[38] Wang Y C, Freiberg D, Huo Y, et al. A combined simulation and experimental study of the equilibrium shapes of η′ and α precipitates in Mn-containing 7xxx Al-alloys[J]. Acta Materialia, 2023, 259: 119094.

[39] Li D Y, Chen L Q. Computer simulation of stress-oriented nucleation and growth of θ' precipitates in Al-Cu alloys[J]. Acta Materialia, 1998, 46: 2573-2585.

[40] Liu H, Bellón B, Llorca J. Multiscale modelling of the morphology and spatial distribution of θ' precipitates in Al-Cu alloys[J]. Acta Materialia, 2017, 132: 611-626.

[41] Kim K, Roy A, Gururajan M P, et al. First-principles/phase-field modeling of θ' precipitation in Al-Cu alloys[J]. Acta Materialia, 2017, 140: 344-354.

[42] Ji Y, Ghaffari B, Li M, et al. Phase-field modeling of θ' precipitation kinetics in 319 aluminum alloys[J]. Computational Materials Science, 2018, 151: 84-94.

[43] Shower P, Morris J R, Shin D, et al. Temperature-dependent stability of θ'-Al_2Cu precipitates investigated with phase field simulations and experiments[J]. Materialia, 2019, 5: 100185.

[44] Liu H, Papadimitriou I, Lin F X, et al. Precipitation during high temperature aging of Al − Cu alloys: A multiscale analysis based on first principles calculations[J]. Acta Materialia, 2019, 167: 121-135.

[45] Hu Y, Wang G, Ji Y Z, et al. Study of θ' precipitation behavior in Al-Cu-Cd alloys by phase-field modeling[J]. Materials Science and Engineering: A, 2019, 746: 105-114.

[46] Ta N, Bilal M U, Häusler I, et al. Simulation of the θ' precipitation process with interfacial anisotropy effects in Al-Cu alloys[J]. Materials, 2021, 14: 1280.

[47] Liu X Y, Wang G, Hu Y, et al. Multi-scale simulation of Al-Cu-Cd alloy for yield strength prediction of large components in quenching-aging process[J]. Materials Science and Engineering: A, 2021, 814: 141223.

[48] Kleiven D, Akola J. Precipitate formation in aluminium alloys: Multi-scale modelling approach[J]. Acta Materialia, 2020, 195: 123-131.

[49] Mao H, Kong Y, Cai D, et al. β″ needle-shape precipitate formation in Al-Mg-Si alloy: Phase field simulation and experimental verification[J]. Computational Materials Science, 2020, 184: 109878.

[50] Liu C, Garner A, Zhao H, et al. CALPHAD-informed phase-field modeling of grain boundary microchemistry and precipitation in Al-Zn-Mg-Cu alloys[J]. Acta Materialia, 2021, 214: 116966.

[51] Liu C, Davis A, Fellowes J, et al. CALPHAD-informed phase-field model for two-sublattice phases based on chemical potentials: η-phase precipitation in Al-Zn-Mg-Cu alloys[J]. Acta Materialia, 2022, 226: 117602.

[52] Li Y J, Zhang W Z, Marthinsen K. Precipitation crystallography of plate-shaped Al_6(Mn,Fe) dispersoids in AA5182 alloy[J]. Acta Materialia, 2012, 60: 5963-5974.

[53] Danesh H, Javanbakht M, Mirzakhanl S. Nonlocal integral elasticity based phase field modelling and simulations of nanoscale thermal- and stress-induced martensitic transformations using a boundary effect compensation kernel[J]. Computational Materials Science, 2021, 194: 110429.

[54] Guyer J E, Wheeler D, Warren J A. FiPy: Partial differential equations with python[J]. Computing in Science & Engineering, 2009, 11: 6-15.

[55] Böttger B, Altenfeld R, Laschet G, et al. An ICME process chain for diffusion brazing of alloy 247[J]. Integrating Materials and Manufacturing Innovation, 2018, 7: 70-85.

[56] Berger R, Apel M, Laschet G. An analysis of the melt flow permeability for evolving hypoeutectic Al-Si mushy zone microstructures by phase field simulations[J]. Materialia, 2021, 15: 100966.

[57] Ta N, Zhang L J, Du Y. Design of the precipitation process for Ni-Al alloys with optimal mechanical properties: A phase-field study[J]. Metallurgical and Materials Transactions A, 2014, 45: 1787-1802.

[58] Ji Y, Chen L Q. Phase-field model of stoichiometric compounds and solution phases[J]. Acta Materialia, 2022, 234: 118007.

[59] Huang H, Ma X, Wang J, et al. A phase-field model of phase transitions and domain structures of NiCoMnIn metamagnetic alloys[J]. Acta Materialia, 2015, 83: 333-340.

[60] Tegeler M, Shchyglo O, Kamachali R, et al. Parallel multiphase field simulations with OpenPhase[J]. Computer Physics Communications, 2017, 215: 173-187.

[61] DeWitt S, Rudraraju S, Montiel D, et al. PRISMS-PF: A general framework for phase-field modeling with a matrix-free finite element method[J]. npj Computational Materials, 2020, 6: 29.

[62] Wang T L, Liu F. Multiscale thermo-kinetic characterization for $β′$ and $β_1$ precipitation in Mg-Sm alloys[J]. Acta Materialia, 2023, 254: 119011.

[63] Shin W, Lee J, Chang K. The effects of inhomogeneous elasticity and dislocation on

thermodynamics and the kinetics of the spinodal decomposition of a Fe-Cr system: A phase-field study[J]. Metals, 2020, 10(9).

[64] Zhao Y H, Zhang B, Hou H, et al. Phase-field simulation for the evolution of solid/liquid interface front in directional solidification process[J]. Journal of Materials Science & Technology, 2019, 35: 1044-1052.

[65] Zhao Y H, Liu K X, Hou H, et al. Role of interfacial energy anisotropy in dendrite orientation in Al-Zn alloys: A phase field study[J]. Materials & Design, 2022, 216: 110555.

[66] Xin T Z, Zhao Y H, Mahjoub R, et al. Ultrahigh specific strength in a magnesium alloy strengthened by spinodal decomposition[J]. Science Advances, 2021, 7: eabf3039.

[67] Xin T Z, Tang S, Ji F, et al. Phase transformations in an ultralight BCC Mg alloy during anisothermal aging[J]. Acta Materialia, 2022, 239: 118248.

[68] Zhang S X, Wu L, Gu T, et al. Effect of microstructure on the mechanical properties of ultrafine-grained Cu-Al-Ni alloys processed by deformation and annealing[J]. Journal of Alloys and Compounds, 2022, 923: 166413.

第 2 章　多层级序参量调控相场建模

2.1　工程铸件和实验观察

Al-Si-Cu-Mg 合金具有比强度高、硬度高、线膨胀系数低、耐磨性好、热稳定性好等特点，广泛应用于发动机缸体和气缸盖等部件。如图 2-1 所示为铝硅合金发动机气缸盖铸件的三维实体造型图，其顶部、侧气道和底部鼻梁是用户关注的重点部位。其合金组织通常经历凝固过程、固溶处理过程和时效处理过程。相应地，我们的相场研究重点也就聚焦于凝固组织、固溶组织和时效组织。

图 2-1　铝硅合金发动机气缸盖三维实体图和关键部位

2.1.1　凝固铸态组织

图 2-2 为 Al-7Si-1.5Cu-0.4Mg 合金凝固铸态组织，主要组成为：α-Al 基体（白色枝晶）、共晶 Si（不规则片层或汉字状组织），以及晶界上一些 θ-Cu 颗粒。

2.1.2　固溶处理组织

图 2-3 为 Al-7Si-1.5Cu-0.4Mg 合金的固溶组织金相图。图 2-3（a）是试样在 530 ℃固溶不同时间的组织。固溶 2 h，第二相聚集在晶界，共晶硅相形貌略微改善，从不规则片层逐渐呈现弥散分布。保温 4 h，块状层片硅相破碎变小发生圆整化，硅相晶界上的 Al$_2$Cu 相开始固溶，组织形貌进一步改善。保温 8 h 后，在热应力作用下，硅相长大。硅相粗化会降低材料力学性能，所以在此温度下固溶保温时间应低于 8 h。

如图 2-3（b）所示，当在 520 ℃固溶时，保温时间为 12 h 后，针状、块状硅相破碎变小，呈现弥散分布圆整化，但尚未粗化（比 530 ℃固溶 8 h 的硅相尺寸小）。

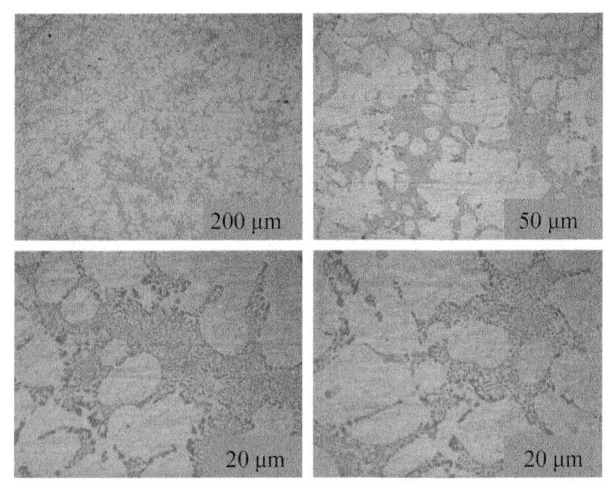

图 2-2 Al-7Si-1.5Cu-0.4Mg 合金凝固铸态共晶组织

当保温时间延长至 16 h，晶界硅相发生长大粗化。所以当固溶温度为 520 ℃时，保温时间应低于 16 h。

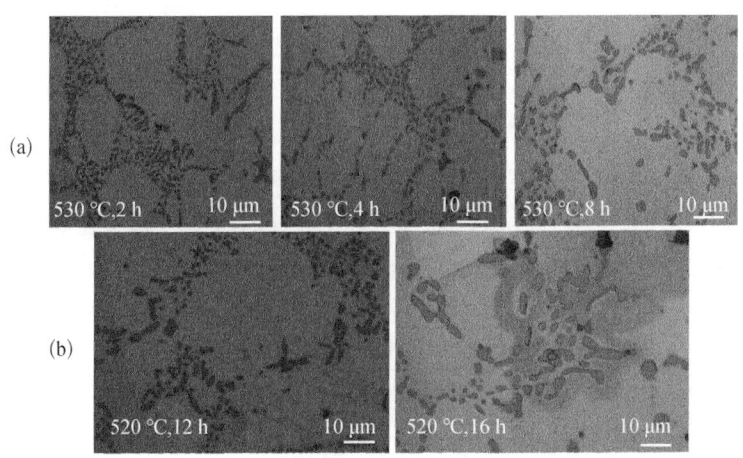

图 2-3 Al-7Si-1.5Cu-0.4Mg 合金固溶不同时间放大 500 倍金相图。
（a）530 ℃固溶；（b）520 ℃固溶

2.1.3 时效析出组织

铸造 Al-7Si-1.5Cu-0.4Mg 合金主要时效强化相是高密度纳米 θ-Al$_2$Cu 相和 Q-Al$_5$Cu$_2$Mg$_8$Si$_6$ 相，沉淀析出温度、时间、形态和分布等不同会影响强化效果。θ-Al$_2$Cu 相中铜元素固溶强化效果好，但 θ-Al$_2$Cu 相在高应变速率或高应力下易于发生剪切变形，导致合金韧性降低。Q-Al$_5$Cu$_2$Mg$_8$Si$_6$ 相可以有效增加 Al-Si-Cu-Mg 合金硬度、强度和耐热性能，Cu 和 Mg 元素负责提高材料强度，Si 元素能提高材料热稳定性。

因此，根据作用效果调控析出相是合金改性的有效手段。Al-7Si-1.5Cu-0.4Mg合金时效硬化曲线和TEM组织形貌如图2-4所示。

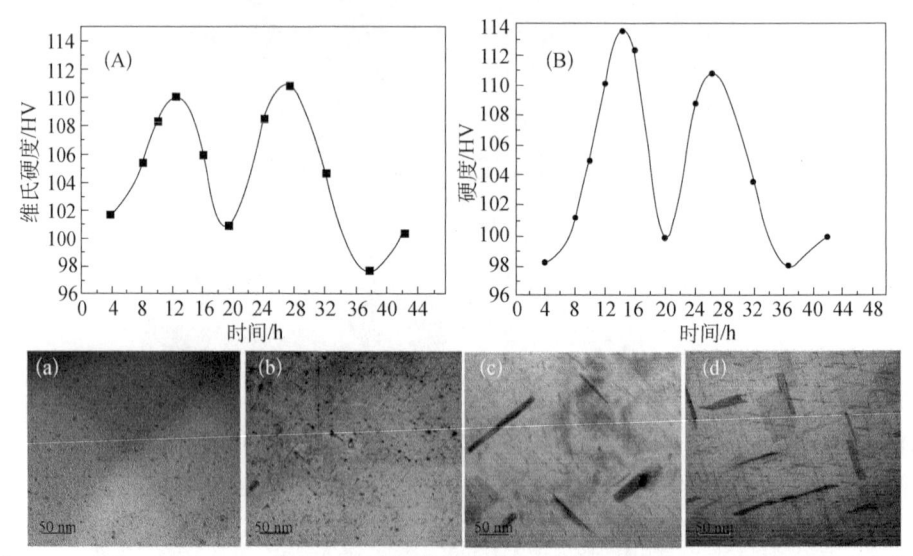

图2-4 Al-7Si-1.5Cu-0.4Mg合金时效硬化曲线和TEM组织形貌。（A）170 ℃时效硬化曲线；（B）160 ℃时效硬化曲线；（a）时效初期TEM组织；（b）第一硬度峰值时期TEM组织；（c）第二硬度峰值时期TEM组织；（d）过时效TEM组织

图2-4（A）所示为时效温度170 ℃时试样的时效硬化曲线。在时效时间4 h到12 h，硬度不断升高，在12 h出现第一个峰值，随着时效时间延长到20 h，硬度下降，而时效时间增加到28 h，硬度值再次增加，且峰值略与12 h峰值接近。时效时间在28 h到36 h时再次下降。在整个时效硬化曲线中，在12 h与28 h时出现了硬度峰值，且较为接近。图2-4（B）所示为时效温度为160 ℃时试样的时效硬化曲线。试样在4 h到12 h时，随着时效时间的增加，硬度不断升高，在12 h达到峰值。随着保温时间增加，硬度下降，在保温时间为20 h时，下降为较低的硬度值。随着时效时间延长到28 h又不断上升，在28到36 h的范围内又不断下降。在此温度下，12 h出现的硬度峰值略高于28 h硬度峰值。

图2-4（a~d）为Al-7Si-1.5Cu-0.4Mg合金相应的时效析出相TEM图。如图2-4（a）所示时效初期，只能观察到少量点状析出，此时析出相尺寸较小。结合接下来的分析，确定这个点状析出为Q'相。此时，析出区域与Al基体完全共格，还不是明显相，只是原子偏析，属于G.P区，还没有形成确定晶体结构，点状Q'析出宽度为2.86 nm。

第一硬度峰值时期点状析出和块状析出的TEM图（a、e）、SAED图（b、f）、逆傅里叶变换图（c、g）及晶格间距图（d、h）如图2-5所示。表2-1是铝硅合金中常见析出相晶格参数。

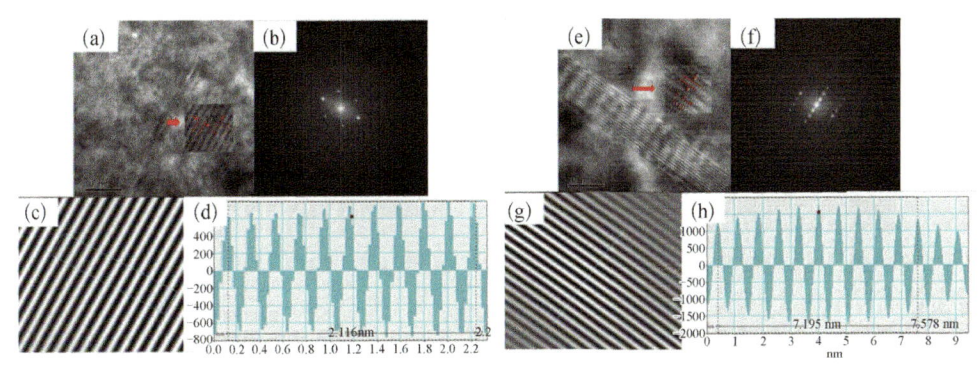

图 2-5 第一硬度峰值时期的点状析出（a～d）和块状析出（e～h）的：TEM 图（a，e），SAED 图（b，f），逆傅里叶变换图（c，g）及晶格间距图（d，h）

对所标记区域采用相应的快速逆傅里叶变换（IFFT）技术，给出标记区域的晶格间距，并实际测量，从而确定析出相。根据图 2-5（d），实测析出相（112）方向晶面间距为 0.21 nm，对应表 2-1 理论晶格常数为 2.12 Å（112），由此确定图 2-5（a）的析出相为 θ 相，其晶格常数为 $a=6.07$，$c=4.87$。根据实测图 2-5（e）在（110）方向晶面间距 0.72 nm，实测晶面间距与 Q' 相接近，参考表 2-1 确定该类型析出相为 Q' 相，其晶格常数 $a=10.32$，$c=4.05$。由此确定，合金中针状析出相为 θ' 相，点块状为 Q' 相。

表 2-1 铝硅合金中常见相的晶格参数

相	理论晶格常数		
	空间点阵	晶格常数/Å	晶面间距/Å
Si	立方	$a=5.43$	5.43（100）
			4.49（110）
			3.67（111）
Al$_2$Cu（θ）	四方	$a=6.07$ $c=4.87$	2.12（112）
			3.22（11$\bar{1}$）
			2.58（02$\bar{1}$）
Al$_5$Cu$_2$Mg$_8$Si$_6$（Q）	密排六方	$a=10.32$ $c=4.05$	8.94（100）
			6.32（110）

图 2-4（b）为第一硬度峰值时期组织的 TEM 图。可以观察出合金组织中除了 Q' 相外，还出现了针状 θ 相。在此阶段中，θ 相析出已具有一定规模，结合该相尺寸、形貌与目前时效状态，确定该析出为 θ 相的亚稳相 θ''。此时，第二相数量增加并长大，析出相对位错运动阻碍作用增加，在硬度曲线上表现为峰值出现。此时 θ'' 相长度为 30.64 nm，宽度为 0.9 nm，Q' 相的宽度为 11.51 nm。

第二硬度峰值时期 TEM 组织形貌如图 2-4（c）所示。随着时效时间延长，基

体中 Q' 析出相呈现点状与块状，条状析出相出现聚集，析出尺寸与数量有所增长，根据时效时间推断条状析出为 θ' 相。θ'' 逐渐转变成 θ' 相，θ' 相未完全形成时，对位错运动阻力较低，因而时效硬化曲线下降。当 θ' 相完全形成，第二相对位错阻碍能力再次增加，从而出现曲线上第二个硬度峰值，而此时与 Q' 相粗化导致析出相对位错钉扎作用降低，使合金硬度值低于第一硬度峰值。

图 2-6 为第二硬度峰值时期和过时效阶段的析出相 HRTEM 图。如图 2-6（a、b）所示，在第二硬度峰值阶段，析出相粗化与聚集，对位错钉扎作用较低，合金硬度值有所下降，此时 θ' 相长度增至 50.27 nm，宽度增至 4.39 nm，Q' 相宽度为 16.03 nm。如图 2-4（d）和图 2-6（a'、b'）所示过时效阶段，析出相尺寸进一步长大和明显粗化，析出相对位错阻碍作用下降，硬度呈下降趋势，此时 θ' 相长度增至 55.13 nm，宽度增至 4.89 nm，Q' 相的宽度增至 25.23 nm。

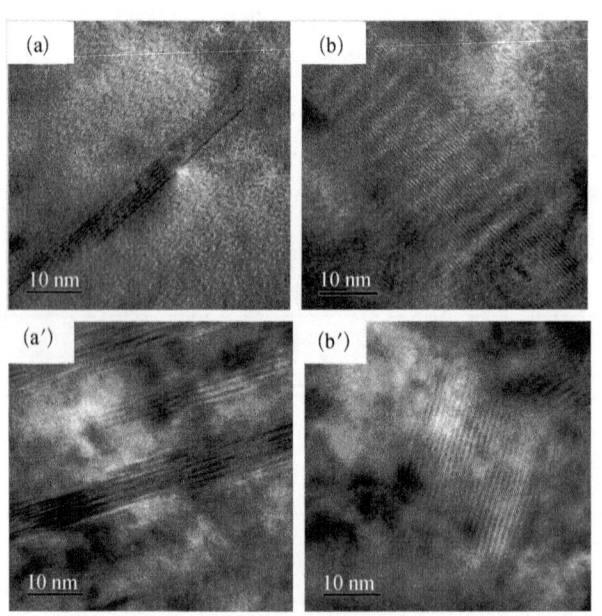

图 2-6 第二硬度峰值（a、b）和过时效（a'、b'）阶段的 HRTEM 图。
(a, a') θ'；(b, b') Q'

综上，如表 2-2 所示的各时效阶段的析出相情况。在 Al-7Si-1.5Cu-0.4Mg 合金时效初期，合金过饱和固溶体（基体）中开始形成 G.P 区，此时基体中只有点状析出相 Q' 相析出；随着时效进程推移，G.P 区逐渐长大形成 θ'' 相，阻碍位错运动，当 θ'' 相完全形成且 Q' 相析出数量达到一定规模时，位错无法绕过析出相，位错运动需要增大作用力，故时效过程出现硬度峰。此后，随着时效时间增加，θ'' 逐渐转变成 θ' 相，此时 θ' 相未完全形成时，对位错运动阻力下降，因而出现时效硬化曲线中下降趋势。当 θ' 相完全形成，第二相对位错阻碍能力再次增加，此时便出现了曲线上的第二个峰值，而此时与 Q' 相产生粗化导致析出相对位错钉扎作用降低，合金硬度值低于第一硬度峰值。当时效时间超过第二硬度峰值的时效时间后，析出相持续粗化，对位错阻碍能力持续下降，硬度呈下降趋势。

表 2-2 时效阶段与相应的析出相

时效阶段	析出相	
时效初期	只有 Q' 相析出，形貌：点状，宽度：2.86 nm	
第一硬度峰值期	Q' 相，点块状，宽度：11.51 nm	θ' 相，针状，长度：30.64 nm，宽度：0.9 nm
第二硬度峰值期	Q' 相，点块状，宽度：16.03 nm	θ' 相，针状，长度：50.27 nm，宽度：4.39 nm
过时效期	Q' 相，聚集块状，宽度：25.23 nm	θ' 相，聚集粗化，长度：55.13 nm，宽度：4.89 nm

相场法源起于对扩散界面模型的数学描述[1-4]，将新相和母相的界面区域从传统的尖锐界面模型处理为扩散界面模型，将自由边界问题的边界运动条件转化为体系自由能的其中一部分，引入控制方程[5]，从而能够跟体相内部的输运方程耦合，如扩散、磁矩、电场极化、应变场等，这样就为求解相变过程中的自由边界问题提供了统一的描述和求解方法[6,7]。

本项目任务的实验难以测得气缸盖不同位置、不同温度下的共晶相、析出相形貌及分布，而相场法对研究合金凝固组织和析出相的界面演化具有独特优势。因此，本书通过相场模拟弥补实验所需的枝晶相、共晶相、固溶相和析出相的界面演化信息，也就是多相组织形态演变过程。通过凝固相场模型研究不同气缸盖位置及不同温度下 Al-7Si-1.5Cu-0.4Mg 合金共晶硅的演化，并统计共晶硅的尺寸、密度、分布等信息。通过时效析出相场模型研究不同气缸盖位置及不同温度下 Al-7Si-1.5Cu-0.4Mg 合金时效组织。相场模拟不仅能够节省实验时间和成本，还能精确控制变量，动态可视化微观结构演化过程，提供实验难以获得的细节信息。

θ'-Al$_2$Cu 是 θ-Al$_2$Cu 相的亚稳相，在粗化过程中，θ' 析出相长径比不断降低，一旦达到临界长径比，就转变为 θ 相。实验发现硬度峰值阶段对应的析出相是 Q' 相和 θ'' 和 θ' 相，表明 Q' 相和 θ' 相是影响材料力学性能的重要组织特征。因此，本章中时效组织相场模拟主要针对点块状 Q' 相和针状 θ' 相的时效析出过程。

2.2 凝固时效相场建模

相场变量控制方程旨在描述各种场变量（也称为序参量）在时间上和空间上的演化，这些场变量包含守恒场变量和非守恒场变量。金属材料相变中主要涉及的相应动力学方程是以诸多标量场为场变量或序参量的 Cahn-Hilliard（C-H）方程和 Allen-Cahn（A-C）方程，这些序参量也可以是矢量、复数等。

2.2.1 序参量 ϕ_α 和 U 调控枝晶生长

2.2.1.1 相场序参量控制方程

采用定量相场模型描述非等温凝固条件下 α-Al 枝晶生长过程[8]。相场序参量用 ϕ_α 表示，在固相中 $\phi_\alpha = +1$，在液相中 $\phi_\alpha = -1$，在扩散界面内 ϕ_α 从 –1 平滑地变化到 +1。相场 ϕ_α 的控制方程为

$$a_s^2(\boldsymbol{n})\left\{\frac{1}{Le}+Mc_0[1+(1-k)U]\right\}\frac{\partial \phi_\alpha}{\partial t}=\nabla\cdot[a_s^2(\boldsymbol{n})\nabla\phi_\alpha]+\sum_{\eta=x,y}\frac{\partial}{\partial \eta}\left[|\nabla\phi_\alpha|^2 \, a_s(\boldsymbol{n})\frac{\partial a_s(\boldsymbol{n})}{\partial(\partial \phi_\alpha/\partial \eta)}\right]$$
$$+(1-\phi_\alpha^2)[\phi_\alpha-\lambda(1-\phi_\alpha^2)(\tilde{T}+Mc_0U)(1+\tilde{\xi})]$$

(2-1)

式中，λ 为时间与空间的耦合参数；M 为液相线斜率，单位为 K/wt%；c_0 为远离固/液界面的初始溶质浓度，单位为 wt%；k 为平衡溶质分配系数；t 为时间；$\xi=0.5\Delta x\beta$ 为噪声项，Δx 为空间步长，β 为在范围 [–0.5,0.5] 内平坦分布的随机数；$Le=D_T/D_l$ 为 Lewis 数，D_T 和 D_l 分别为热扩散系数和液相溶质扩散系数，单位为 m²/s；各向异性函数 $a_s(\boldsymbol{n})=1+\varepsilon_4\cos[4(\varphi-\varphi_0)]$，$\varphi\in[0,2\pi]$ 为球坐标角度，φ_0 为取向差角，ε_4 为晶体各向异性强度，$\boldsymbol{n}=-\nabla\phi_\alpha/|\nabla\phi_\alpha|$ 为垂直于固-液界面的单位矢量。

无量纲温度 $\tilde{T}$ 和浓度 U 的表达式为

$$\tilde{T}=\frac{T-T_m-Mc_0}{\Delta T_0} \tag{2-2}$$

$$U=\frac{1}{1-k}\left[\frac{2c/c_0}{(1+k)-(1-k)\phi_\alpha}-1\right] \tag{2-3}$$

式中，T 为温度，单位为 K；$\Delta T_0=|M|(1-k)c_0/k$ 为依赖于 c_0 的平衡冷却温度范围，单位为 K；T_m 为纯 Al 的熔点，单位为 K；c 为溶质浓度。

无量纲溶质场序参量 U 的演化方程为

$$\left(\frac{1+k}{2}-\frac{1-k}{2}\phi_\alpha\right)\frac{\partial U}{\partial t}=\nabla\cdot[\tilde{D}q(\phi_\alpha)\nabla U-\boldsymbol{J}_{at}]+\frac{1}{2}\nu[1+(1-k)U]\frac{\partial \phi_\alpha}{\partial t} \tag{2-4}$$

式中，矢量 $\boldsymbol{J}_{at}=-1/(2\sqrt{2})(1-kD_s/D_l)[1+(1-k)U](\partial\phi_\alpha/\partial t)(\nabla\phi_\alpha/|\nabla\phi_\alpha|)$ 为反溶质截流项；$q(\phi_\alpha)$ 为插值函数；D_s 为固相溶质扩散系数，单位为 m²/s；$\tilde{D}=D_l\tau_0/W_0^2$ 为无量纲溶质扩散系数；$\tau_0=\alpha_2\lambda W_0^2/D_l$ 为弛豫时间，单位为 s；$W_0=d_0\lambda/\alpha_1$ 为界面厚度，单位为 m；$d_0=\Gamma/\Delta T_0$ 为化学毛细管长度，单位为 m；Γ 为 Gibbs-Thomson 系数，单位为 K·m；常数 $\alpha_1=0.8839$，$\alpha_2=0.6267$；$\nu=V/(W_0/\tau_0)$ 为无量纲熔

体流动速度，V 为熔体的实际流动速度，单位为 m/s。

2.2.1.2 各向异性函数

式（2-1）中的二维各向异性函数可以展开为

$$a_s(\boldsymbol{n}) = 1 + \varepsilon_4 \cos[4(\varphi - \varphi_0)] = 1 + \varepsilon_4[\cos(4\varphi)\cos(4\varphi_0) + \sin(4\varphi)\sin(4\varphi_0)] \quad (2\text{-}5)$$

式中，$\cos(4\varphi)$ 和 $\sin(4\varphi)$ 分别为

$$\cos(4\varphi) = 1 - 8\cos^2\varphi\sin^2\varphi = 1 - 8\frac{(\partial\phi_\alpha/\partial x)^2(\partial\phi_\alpha/\partial y)^2}{|\nabla\phi_\alpha|^4} \quad (2\text{-}6)$$

$$\sin(4\varphi) = 4\sin\varphi\cos\varphi(\cos^2\varphi - \sin^2\varphi)$$
$$= 4\frac{(\partial\phi_\alpha/\partial x)^3(\partial\phi_\alpha/\partial y) - (\partial\phi_\alpha/\partial x)(\partial\phi_\alpha/\partial y)^3}{|\nabla\phi_\alpha|^4} \quad (2\text{-}7)$$

式中，$\cos\varphi = (\partial\phi_\alpha/\partial x)/|\nabla\phi_\alpha|$，$\sin\varphi = (\partial\phi_\alpha/\partial y)/|\nabla\phi_\alpha|$，$|\nabla\phi_\alpha|^2 = (\partial\phi_\alpha/\partial x)^2 + (\partial\phi_\alpha/\partial y)^2$。择优取向角为 θ 的二维枝晶的 $\partial\phi_\alpha/\partial x$ 和 $\partial\phi_\alpha/\partial y$ 为

$$\begin{pmatrix} \partial\phi'_\alpha/\partial x \\ \partial\phi'_\alpha/\partial y \end{pmatrix} = \begin{pmatrix} \cos\theta & -\sin\theta \\ \sin\theta & \cos\theta \end{pmatrix} \begin{pmatrix} \partial\phi_\alpha/\partial x \\ \partial\phi_\alpha/\partial y \end{pmatrix} \quad (2\text{-}8)$$

三维相场方程中的各向异性函数可以表示为

$$a_s(\boldsymbol{n}) = (1 - 3\varepsilon_4)\left[1 + \frac{4\varepsilon_4}{1 - 3\varepsilon_4}\frac{(\partial\phi_\alpha/\partial x)^4 + (\partial\phi_\alpha/\partial y)^4 + (\partial\phi_\alpha/\partial z)^4}{|\nabla\phi|^4}\right] \quad (2\text{-}9)$$

式中，$|\nabla\phi_\alpha|^2 = (\partial\phi_\alpha/\partial x)^2 + (\partial\phi_\alpha/\partial y)^2 + (\partial\phi_\alpha/\partial z)^2$。则对于择优取向角为 ψ_x、ψ_y 和 ψ_z 的枝晶，$\partial\phi_\alpha/\partial x$、$\partial\phi_\alpha/\partial y$ 和 $\partial\phi_\alpha/\partial z$ 分别为

$$\begin{pmatrix} \partial\phi'_\alpha/\partial x \\ \partial\phi'_\alpha/\partial y \\ \partial\phi'_\alpha/\partial z \end{pmatrix} = \begin{pmatrix} \cos\psi_z & -\sin\psi_z & 0 \\ \sin\psi_z & \cos\psi_z & 0 \\ 0 & 0 & 1 \end{pmatrix} \cdot \begin{pmatrix} \cos\psi_y & 0 & \sin\psi_y \\ 0 & 1 & 0 \\ -\sin\psi_y & 0 & \cos\psi_y \end{pmatrix}$$
$$\cdot \begin{pmatrix} 1 & 0 & 0 \\ 0 & \cos\psi_x & -\sin\psi_x \\ 0 & \sin\psi_x & \cos\psi_x \end{pmatrix} \begin{pmatrix} \partial\phi_\alpha/\partial x \\ \partial\phi_\alpha/\partial y \\ \partial\phi_\alpha/\partial z \end{pmatrix} \quad (2\text{-}10)$$

2.2.1.3 考虑流动特性

采用单一弛豫时间框架，即 lattice Bhatnagar-Gross-Krook（LBGK）模型来描述流动特性[9]。格子 Boltzmann 方程可以表示为

$$f_i(\boldsymbol{r} + \boldsymbol{e}_i\Delta t, t + \Delta t) = f_i(\boldsymbol{r}, t) - \frac{1}{\tau_f}[f_i(\boldsymbol{r}, t) - f_i^{eq}(\boldsymbol{r}, t)] + F_i(\boldsymbol{r}, t)\Delta t \quad (2\text{-}11)$$

式中，$f_i(\boldsymbol{r},t)$ 为粒子分布函数；$f_i^{eq}(\boldsymbol{r},t)$ 为平衡分布函数；$\tau_f = 3\nu/(c_s^2\Delta t) + 0.5$ 为单一弛豫时间；ν 为动力学黏度；$c_s = \Delta x/\Delta t$ 为晶格速度；$\boldsymbol{e}_i$ 为离散粒子速度。

密度 ρ_{LB} 和流速 v 分别可以表示为

$$\rho_{LB} = \sum_{i=0}^{Q-1} f_i(\boldsymbol{r},t) \tag{2-12}$$

$$\rho_{LB}\boldsymbol{v} = \sum_{i=0}^{Q-1} \boldsymbol{e}_i f_i(\boldsymbol{r},t) \tag{2-13}$$

式中，Q 为离散速度个数，对于二维模拟，$Q=9$（D2Q9 模型）。

分布函数 $f_i^{eq}(\boldsymbol{r},t)$ 为

$$f_i^{eq}(\boldsymbol{r},t) = w_i \rho_{LB} \left[1 + \frac{3(\boldsymbol{e}_i \cdot \boldsymbol{v})}{c_s^2} + \frac{9(\boldsymbol{e}_i \cdot \boldsymbol{v})^2}{2c_s^4} - \frac{3\boldsymbol{v} \cdot \boldsymbol{v}}{2c_s^2} \right] \tag{2-14}$$

式中，w_i 为权重函数。离散外部驱动力 $F_i(\boldsymbol{r},t)$ 可以表示为

$$F_i(\boldsymbol{r},t) = w_i \rho_{LB} \left[3\frac{\boldsymbol{e}_i - \boldsymbol{v}}{c_s^2} + 9\frac{(\boldsymbol{e}_i \cdot \boldsymbol{v})\boldsymbol{e}_i}{2c_s^4} \right] \cdot F_D(\boldsymbol{r},t) \tag{2-15}$$

式中，耗散拖曳力 $F_D(\boldsymbol{r},t)$ 为

$$F_D(\boldsymbol{r},t) = \left(-\frac{2\rho_{LB} v h}{W_0^2} \right) \left(\frac{1-\phi}{2} \right)^2 \boldsymbol{v} \tag{2-16}$$

式中，h 为常数。

2.2.2 序参量 ϕ_α、ϕ_β、ϕ_L 和 μ 调控多相共晶生长

铝硅合金属于金属-非金属型合金，Al 元素金属性强，Si 元素金属性弱，二者之间界面能各向异性强度差异较大，其共晶组织通常呈现弥散分布的针状或骨骼状形貌。为了准确地描述铝硅合金铸造凝固过程共晶 Si 的生长，我们构建了适用于铝硅合金共晶生长的相场模型。

定义多相场序参量 $\boldsymbol{\phi} = (\phi_\alpha, \phi_\beta, \phi_L)$，$\phi_\alpha$ 为 α-Al 相，ϕ_β 为共晶 Si 相，ϕ_L 为液相，那么合金体系的总自由能表示为[10]

$$F = \int_V f(\boldsymbol{\phi}, \tilde{c}, T) \mathrm{d}V \tag{2-17}$$

式中，自由能密度 $f(\boldsymbol{\phi}, \tilde{c}, T)$ 可以表示为

$$f(\boldsymbol{\phi}, \tilde{c}, T) = K f_{\mathrm{grad}}(\nabla \boldsymbol{\phi}) + H f_p(\boldsymbol{\phi}) + X f_c(\boldsymbol{\phi}, \tilde{c}, T) \tag{2-18}$$

式中，K 为单位长度的能量；H 和 X 为单位体积的能量。

其余函数可以表示为

$$f_{\mathrm{grad}}(\nabla \boldsymbol{\phi}) = \frac{1}{2}(\nabla \boldsymbol{\phi})^2 \tag{2-19}$$

$$f_p(\boldsymbol{\phi}) = \boldsymbol{\phi}^2 (1-\boldsymbol{\phi})^2 \tag{2-20}$$

$$f_c(\boldsymbol{\phi},\tilde{c},T)=\frac{1}{2}\left[\tilde{c}-\sum_i A_i(T)g_i(\boldsymbol{\phi})\right]^2+\sum_i B_i(T)g_i(\boldsymbol{\phi}) \tag{2-21}$$

$$g_i(\boldsymbol{\phi})=\frac{\phi_i^2}{4}\{15(1-\phi_i)[1+\phi_i-(\phi_k-\phi_j)^2]+\phi_i(9\phi_i^2-5)\} \tag{2-22}$$

式中，$i=\alpha$、β 为不同的相；$\tilde{c}=(c-c_E)/\Delta c$ 为无量纲溶质浓度；c 为真实溶质浓度；c_E 为共晶浓度，单位为 mol%；$\Delta c=c_\beta-c_\alpha$ 为两相在 T_E 时的浓度差，单位为 mol%；T_E 为共晶温度，单位为 K；c_β 为 Si 相溶质浓度，单位为 mol%；c_α 为 α-Al 相溶质浓度，单位为 mol%；引入插值函数 $g_i(\boldsymbol{\phi})$ 是为了保证在任何两相界面处不存在第三相。

参数 $A_i(T)$ 和 $B_i(T)$ 分别表示为

$$A_i(T)=\tilde{c}_i+\frac{(k_i-1)(T-T_E)}{|M_i|\Delta c} \tag{2-23}$$

$$B_i(T)=\frac{A_i(T)(T-T_E)}{M_i\Delta c} \tag{2-24}$$

式中，k_i 为平衡溶质分配系数；M_i 为 α 或 β 相的液相线斜率，单位为 K/mol。

依据 Allen-Cahn 方程，ϕ 场演化方程可以表示为

$$\tau(\boldsymbol{\phi})\frac{\partial\phi_i}{\partial t}=W^2\nabla^2\phi_i+\frac{2}{3}\left[-2\phi_i(1-\phi_i)(1-2\phi_i)+\sum_{j\neq i}\phi_j(1-\phi_j)(1-2\phi_j)\right]\\+\tilde{\lambda}\sum_j\left.\frac{\partial g_j}{\partial\phi_i}\right|_{\phi_\alpha+\phi_\beta+\phi_L=1}(\mu A_j-B_j)+\dot{\xi}_i \tag{2-25}$$

式中，$W=\sqrt{K/H}$ 为扩散界面宽度。$\dot{\xi}_i$ 为噪声项

$$\dot{\xi}_i=R_i(t)N_i(1-\phi_i)+R_L(t)N_L\phi_L(1-\phi_L) \tag{2-26}$$

式中，R_i 和 R_L 为 $(0,1)$ 之间的随机数；N_i 和 N_L 为噪声强度。

弛豫时间 $\tau(\boldsymbol{\phi})$ 和耦合系数 $\tilde{\lambda}$ 分别表示为

$$\tau(\boldsymbol{\phi})=\bar{\tau}+\frac{\tau_\beta-\tau_\alpha}{2}\frac{(\phi_\beta-\phi_\alpha)}{(\phi_\beta+\phi_\alpha)} \tag{2-27}$$

$$\tilde{\lambda}=\frac{W}{\bar{d}}\frac{a_1}{2}\left(\frac{1}{|A_\alpha|}+\frac{1}{|A_\beta|}\right) \tag{2-28}$$

$$\tau_i=a_2\tilde{\lambda}|A_i|^2W^2/D \tag{2-29}$$

式中，$\bar{\tau}=(\tau_\beta+\tau_\alpha)/2$ 为平均弛豫时间，单位为 s；$\bar{d}=(d_\beta+d_\alpha)/2$ 为平均毛细管长度，单位为 m；D 为溶质扩散系数，单位为 m^2/s；常数 $a_1=\sqrt{2}/3$，$a_2=0.7464$。

定义化学势

$$\mu=\frac{1}{X}\frac{\delta F}{\delta\tilde{c}}=\tilde{c}-\sum_i A_i(T)g_i(\boldsymbol{\phi}) \tag{2-30}$$

依据 Cahn-Hilliard 方程，溶质场 μ 的演化方程表示为

$$\frac{\partial \mu}{\partial t} = \nabla \cdot [D(\phi)\nabla \mu] - \sum_i A_i(T)\frac{\partial g_i(\phi)}{\partial t} \tag{2-31}$$

式中，$D(\phi) = D\phi_L$。

2.2.3 序参量 ϕ_β 和 c 调控固溶硅相生长

设计使用序参量 ϕ_β 表示固溶热处理过程硅相的相场，根据 Ginzburg-Landau 理论，固溶体系的自由能函数表示为[11]

$$F = \int_V \left(f(\phi_\beta, c, T) + \frac{\varepsilon_{\phi_\beta}^2}{2} |\nabla \phi_\beta|^2 \right) dV \tag{2-32}$$

式中，$f(\phi_\beta, c, T)$、ε_{ϕ_β}、c 分别为自由能密度函数、能量梯度系数、组元浓度；T 为温度，单位为 K。

根据 Allen-Cahn 方程，ϕ_β 的相场控制方程表示为

$$\frac{\partial \phi_\beta}{\partial t} = -M_{\phi_\beta} \frac{\delta F}{\delta \phi_\beta} \tag{2-33}$$

式中，M_{ϕ_β} 为正迁移系数，单位为 m³/(J·s)。

将方程（2-32）代入（2-33）有

$$\frac{\partial \phi_\beta}{\partial t} = -M_{\phi_\beta} \left(\frac{\partial f}{\partial \phi_\beta} - \varepsilon_{\phi_\beta}^2 \nabla^2 \phi_\beta \right) \tag{2-34}$$

体系的自由能密度函数

$$f(\phi_\beta, c, T) = p(\phi_\beta) f_\beta(c_\beta, T) + (1 - p(\phi_\beta)) f_\alpha(c_\alpha, T) + wh(\phi_\beta) \tag{2-35}$$

式中，$f_\beta(c_\beta, T)$ 和 $f_\alpha(c_\alpha, T)$ 分别为 β 和 α 相的自由能密度函数；w 为相变势垒高度，单位为 J/mol。

选取插值函数

$$p(\phi_\beta) = \phi_\beta^3 (6\phi_\beta^2 - 15\phi_\beta + 10) \tag{2-36}$$

$$h(\phi_\beta) = \phi_\beta^2 (1 - \phi_\beta)^2 \tag{2-37}$$

将方程（2-35）和（2-37）代入方程（2-34），可以得到

$$\frac{\partial \phi_\beta}{\partial t} = M_{\phi_\beta} \left[\varepsilon_{\phi_\beta}^2 \nabla^2 \phi_\beta - 2w\phi_\beta(1-\phi_\beta)(1-2\phi_\beta) - 30\phi_\beta^2(1-\phi_\beta)^2 \frac{\Delta g_{\beta\alpha}}{v_m} \right] \tag{2-38}$$

式中，$\Delta g_{\beta\alpha}$ 为相变驱动力；v_m 为摩尔体积，单位为 m³/mol。

关联相场模型参数和材料物性参数有

$$\varepsilon_{\phi_\beta} = \sqrt{\sigma\delta} \tag{2-39}$$

$$w = \frac{18\sigma}{\delta} \quad (2\text{-}40)$$

$$M_{\phi_\beta} = \frac{\mu_k}{\delta} \quad (2\text{-}41)$$

式中，σ 为界面能，单位为 J/m^2；μ_k 为界面动力学系数，单位为 $m^4/(J\cdot s)$；δ 为界面厚度，单位为 m。最后定义混合浓度为

$$c = \phi_\beta c_\beta + (1-\phi_\beta)c_\alpha \quad (2\text{-}42)$$

式中，$c_\beta(c_\alpha)$ 为 $\beta(\alpha)$ 相的浓度，单位为 wt%。

固溶共晶硅体系的浓度场控制方程表示为

$$\frac{\partial c}{\partial t} = -\nabla \cdot [\phi_\beta \boldsymbol{J}_\beta + (1-\phi_\beta)\boldsymbol{J}_\alpha] \quad (2\text{-}43)$$

式中，D_i 为溶质扩散系数（m^2/s）；$\boldsymbol{J}_i(i=\alpha,\beta)$ 为 ϕ_i 相中的溶质浓度通量，表示为

$$\boldsymbol{J}_i = -D_i \nabla c_i \quad (2\text{-}44)$$

凝固枝晶、共晶和固溶相场模型之间通过相场序参量、浓度场序参量和温度场序参量关联，根据实际工艺流程确定具体初始条件和参数传递。

2.2.4 序参量 c_i 和 η_p 调控多变体双相析出

Al-7Si-1.5Cu-0.4Mg 合金的时效沉淀是典型的扩散型固态相变，相变过程可以由成分场变量 $c_i(\boldsymbol{r},t)$ 和结构序参量场变量 $\eta_p(\boldsymbol{r},t)$ 来描述，其 C-H 和 A-C 控制方程[12,13]表示为

$$\frac{\partial c_i(\boldsymbol{r},t)}{\partial t} = \nabla \cdot \left[M_{ij} \nabla \frac{\partial F}{\partial c_i(\boldsymbol{r},t)} \right] + \xi_{c_i}(\boldsymbol{r},t), \quad i=2,3,4 \quad (2\text{-}45)$$

$$\frac{\partial \eta_p(\boldsymbol{r},t)}{\partial t} = -L_\eta \frac{\partial F}{\partial \eta_p(\boldsymbol{r},t)} + \xi_{\eta_p}(\boldsymbol{r},t), \quad p=1,2,3 \quad (2\text{-}46)$$

式中，浓度序参量 $c_i(\boldsymbol{r},t)$（$i=2,3,4$ 分别为 Si、Cu 和 Mg 原子）表示 i 原子在 t 时刻、位置 r 上的瞬时浓度（at%）；$\eta_p(\boldsymbol{r},t)(p=1,2,3)$ 为析出相结构转变的结构序参量。η_1 为 Al 基体到 Q' 相转变的结构序参量，η_1 和 η_2 分别为 Al 基体到 θ' 相在 $[001]_\alpha$ 和 $[010]_\alpha$ 方向生长的结构序参量。当 $\eta_1=\eta_2=\eta_3=0$ 时为 α 铝基体，$\eta_1=1$，$\eta_2=\eta_3=0$ 时为 Q' 相，$\eta_1=0$，$\eta_2=\eta_3=1$ 时为 θ' 相。$\xi_{c_i}(\boldsymbol{r},t)$ 与 $\xi_{\eta_p}(\boldsymbol{r},t)$ 为满足涨落耗散理论的热噪声项；F 为体系总自由能；L_η 为相结构转变动力学系数，单位为 $m^2/(N\cdot s)^{-1}$。

∇ 为哈密顿算符，表示对空间位置的偏导

$$\nabla = \left(\frac{\partial}{\partial x}, \frac{\partial}{\partial y}, \frac{\partial}{\partial z} \right) = \vec{e}_x \frac{\partial}{\partial x} + \vec{e}_y \frac{\partial}{\partial y} + \vec{e}_z \frac{\partial}{\partial z} = \sum_{i=1}^{3} \vec{e}_i \frac{\partial}{\partial x_i} \quad (2\text{-}47)$$

式中，M_{ij} 为体系的化学迁移率[14]，与浓度和原子迁移率有关，对于 Al-7Si-1.5Cu-0.4Mg 合金有[15]

$$M_{ij} = \sum_k (\delta_{ik} - c_i)(\delta_{jk} - c_j) c_k M_k \qquad (2\text{-}48)$$

式中，$i = j = 2, 3$ 和 4，$k = 1, 2, 3$ 和 4，δ_{ik} 和 δ_{jk} 是 Kronecker-Delta 函数，如果 $i = k$，$j = k$，$\delta_{ik} = \delta_{jk} = 1$；$M_k$ 为组元 k 的原子迁移率 $M_k = \dfrac{D_k}{RT}$；D_k 为原子扩散系数，$D_k = D_k^0 \exp\left(\dfrac{-Q_k}{RT}\right)$，单位为 m²/s；$R$ 为气体常数，$R = 8.314472$，单位为 J/(mol·K)；T 为温度；Q_k 为 k 原子的扩散激活能，D_k^0 为频率因子，具体取值如表 2-3 所示。

表 2-3 不同合金元素的频率因子和扩散激活能

元素	相结构	频率因子 D_k^0 / (m²/s)	扩散激活能 Q_k / (J/mol)
Al	α（fcc）	1.76×10^{-5}	1.265×10^5
Si	α（fcc）	0.35×10^{-4}	1.239×10^5
Cu	α（fcc）	0.31×10^{-4}	2.01×10^5
Mg	α（fcc）	1×10^{-4}	1.34×10^5

相场建模的关键在于构造体系的自由能函数。对于 Al-7Si-1.5Cu-0.4Mg 合金的时效双相析出，体系总自由能表示为

$$F = \int_V \left\{ f_{ch}\{c_i(\boldsymbol{r},t), \eta_p, T\} + \sum_{i=2}^{4} \frac{1}{2} \kappa_c (\nabla c_i)^2 + \sum_{p=1}^{3} \frac{1}{2} \kappa_{\eta_p} (\nabla \eta_p)^2 + f_{el} \right\} dV \qquad (2\text{-}49)$$

式中，$f_{ch}\{c_i(\boldsymbol{r},t), \eta_p, T\}$ 为系统的化学自由能密度函数，单位为 J/m³；κ_c、κ_{η_p} 分别为成分梯度能系数和结构梯度能系数；f_{el} 为弹性自由能密度函数；V 为系统体积。

双相共存时体系局域化学自由能密度函数可表示为[16]

$$f_{ch}\{c_i(\boldsymbol{r},t), \eta_p, T\} = \left[1 - \sum_{p=1}^{3} h(\eta_p)\right] G^\alpha\{c_i(\boldsymbol{r},t), T\} + \sum_{p=1}^{3} h(\eta_p) G^\varphi\{c_i(\boldsymbol{r},t), T\} \qquad (2\text{-}50)$$
$$+ g(\eta_p)(\varphi = \theta', Q')$$

式中，$g(\eta_p)$ 为相转变过程的能量势垒

$$g(\eta_p) = W^\varphi \cdot \sum_{p=1}^{2} \eta_p^2 (1 - |\eta_p|)^2 + \gamma \sum_{p \neq q} \eta_p^2 \eta_q^2 \qquad (2\text{-}51)$$

式中，W^φ 为势阱高度，表示相变需要跨越的能垒，单位为 J/m³；γ 为相互作用系数，$\gamma \sum_{p \neq q} \eta_p^2 \eta_q^2$ 是为了保证不同变体析出相形成于不同位置。

插值函数

$$h(\eta_p) = \eta_p^2(3-2\eta_p) \tag{2-52}$$

式中，$h(\eta_p)$ 保证析出相发生从 α 相向 θ' 相和从 α 相向 Q' 相的光滑转变；$h(\eta_p)$ 在 $\eta_p = 0$ 时取 0，在 $\eta_p = 1$ 时取 1，$h(\eta_p)$ 关于 η_p 的导数也是如此。导数越大表示斜率越大，越不稳定，插值函数的作用是根据体系能量越低越稳定，设计序参量向 0 和 1 演化，即形成稳定相。

此外，$G^\alpha\{c_i(\mathbf{r},t),T\}$ 和 $G^\varphi\{c_i(\mathbf{r},t),T\}(\varphi = \theta',Q')$ 分别为基体 α 相、析出相 θ' 相和 Q' 相的吉布斯自由能。采用亚规则溶液模型，在自由能函数中引入相互作用参数 L 体现原子间相互作用，可得[17]

$$G_i^\varphi\{c_i(\mathbf{r},t),T\} = \sum_i G_i^\varphi c_i + RT\sum_i c_i \ln c_i + \sum_i \sum_{j>i} L_{i,j}^\varphi c_i c_j \\ + \sum_i \sum_{j>i} \sum_{k>j} L_{i,j,k}^\varphi c_i c_j c_k \tag{2-53}$$

式中，第一项为构成固溶体的元素单质对吉布斯自由能的贡献，G_i^φ 为纯组元 i 在特定结构 φ 时的吉布斯自由能；第二项为理想溶体混合熵；后两项为实际溶体偏离理想溶体的吉布斯自由能差，为体系过剩自由能，其中 $L_{i,j}^\varphi$ 与 $L_{i,j,k}^\varphi$ 分别为二元及三元相互作用参数。

相场建模的一个特点就是要描述真实扩散界面的非明锐特征，或者说消除明锐界面模型引起的多余能量（势能），基于广义菲克扩散定律，假设两相在界面处局域的化学势相等（成分和化学势梯度都不相等）或平衡

$$\frac{\partial f^\alpha}{\partial c_i^\alpha} = \frac{\partial f^{Q'}}{\partial c_i^{Q'}} = \frac{\partial f^{\theta'}}{\partial c_i^{\theta'}}, \quad i = \mathrm{Si,Cu,Mg} \tag{2-54a}$$

式中，各个析出相的浓度场表示为

$$c_i = \left[1 - \sum_{p=1}^3 h(\eta_p)\right] \cdot c_i^\alpha + \sum_{p=1}^3 h(\eta_p) \cdot c_i^\varphi, \quad i = \mathrm{Si,Cu,Mg}, \varphi = \theta', Q' \tag{2-54b}$$

根据 Khachaturyan 理论[18]，弹性应变能密度表示为

$$f_{el} = \frac{1}{2}\sigma_{ij}^{el}(\mathbf{r})\varepsilon_{ij}^{el}(\mathbf{r}) \tag{2-55}$$

在外载荷作用下，体系的弹性应变 ε_{ij}^{el} 定义为总应变 ε_{ij}^{tot} 与本征应变 ε_{ij}^0 之差

$$\varepsilon_{ij}^{el}(\mathbf{r}) = \varepsilon_{ij}^{tot}(\mathbf{r}) - \varepsilon_{ij}^0(\mathbf{r}) \tag{2-56}$$

总应变 ε_{ij}^{tot} 表述为均匀应变 $\bar{\varepsilon}_{ij}$ 与非均匀应变 $\delta\varepsilon_{ij}$ 之和

$$\varepsilon_{ij}^{tot}(\mathbf{r}) = \bar{\varepsilon}_{ij}(\mathbf{r}) + \delta\varepsilon_{ij}(\mathbf{r}) \tag{2-57}$$

均匀应变值取决于初始条件。刚性边界不允许有任何均匀变形，此时 $\bar{\varepsilon}_{ij}(\mathbf{r}) = 0$。若系统受外加应变加载而固定，外加应变即为均匀应变，此时弹性应变能表示为

$$\varepsilon_{ij}^{el}(\mathbf{r}) = \varepsilon_{ij}^a(\mathbf{r}) + \delta\varepsilon_{ij}(\mathbf{r}) - \varepsilon_{ij}^0(\mathbf{r}) \tag{2-58}$$

式中，$\varepsilon_{ij}^a(\mathbf{r})$ 为外加应变；$\delta\varepsilon_{ij}(\mathbf{r})$ 为内部非均匀应变。$\varepsilon_{ij}^0(\mathbf{r})$ 为由于成分和结构不均匀所引起的本征应变[19]

$$\varepsilon_{ij}^0(\mathbf{r}) = \delta_{ij}\varepsilon_0^i(c_i - c_i^0) + \sum_{p=1}^{3} h(\eta_p)\varepsilon_{ij}^0(p) \qquad (2\text{-}59)$$

式中，ε_0^i 为元素 i 对于基体元素的晶格膨胀系数 $\varepsilon_0^i = \dfrac{1}{a}\left(\dfrac{\mathrm{d}a}{\mathrm{d}c_i}\right)$；$\delta_{ij}$ 为 Kronecker-Delta 函数；c_i^0 为组元 i 的初始成分；$\varepsilon_{ij}^0(\mathbf{r})$ 为本征应变强弱的二阶张量。这里，插值函数取

$$h(\eta_p) = \eta_p^3(10 - 15\eta_p + 6\eta_p^2) \qquad (2\text{-}60)$$

例如，θ' 相-Al_2Cu 第一个变体的本征应变表示为

$$\varepsilon_{ij}^0(2) = \begin{pmatrix} \varepsilon_{11} & 0 \\ 0 & \varepsilon_{22} \end{pmatrix} \qquad (2\text{-}61)$$

$$\varepsilon_{11} = \frac{a_{\theta'} - a_\alpha}{a_\alpha}, \quad \varepsilon_{22} = \frac{c_{\theta'} - a_\alpha}{a_\alpha} \qquad (2\text{-}62)$$

式中，$a_{\theta'}$、$c_{\theta'}$ 为 θ' 相的晶格常数。

第二个变体的本征应变，通过旋转矩阵 P 对 Al_2Cu 的本征应变 $\varepsilon_{ij}^0(1)$ 进行旋转得到

$$\varepsilon_{ij}^0(3) = P\varepsilon_{ij}^0(2)P^{\mathrm{T}}, \quad P = \begin{bmatrix} \cos\theta & \sin\theta & 0 \\ -\sin\theta & \cos\theta & 0 \\ 0 & 0 & 1 \end{bmatrix} \qquad (2\text{-}63)$$

Q' 相本征应变表示为

$$\varepsilon_{ij}^0(1) = \begin{pmatrix} \varepsilon_{11} & 0 \\ 0 & \varepsilon_{22} \end{pmatrix} \qquad (2\text{-}64)$$

$$\varepsilon_{11} = \frac{a_{Q'} - a_\alpha}{a_\alpha}, \quad \varepsilon_{22} = \frac{c_{Q'} - a_\alpha}{a_\alpha} \qquad (2\text{-}65)$$

式中，$a_{Q'}$ 和 $c_{Q'}$ 为 Q' 相的晶格常数。

根据线性胡克定律

$$\sigma_{ij}^{el} = [C_{ijkl}^0 + \Delta C_{ijkl}\Delta c](\varepsilon_{ij}^a + \delta\varepsilon_{ij} - \varepsilon_{ij}^0) \qquad (2\text{-}66)$$

式中，$C_{ijkl}^0(\mathbf{r})$ 为基体相与析出相间的平均弹性模量，即 $\dfrac{1}{2}(C_{ijkl}^m(\mathbf{r}) + C_{ijkl}^p(\mathbf{r}))$；$C_{ijkl}^m(\mathbf{r})$ 为基体相的弹性模量；$C_{ijkl}^p(\mathbf{r})$ 为沉淀相的弹性模量；$\Delta C_{ijkl}(\mathbf{r})$ 为沉淀相与基体相间的弹性模量差值，弹性模量单位为 GPa。

弹性自由能密度函数表示为

$$f^{el} = \frac{1}{2}(C_{ijkl}^0 + \Delta C_{ijkl}\Delta c)(\varepsilon_{ij}^a + \delta\varepsilon_{ij} - \varepsilon_{ij}^0)\varepsilon_{kl}^{el}(\boldsymbol{r}) \tag{2-67}$$

2.3 相场模拟参数计算

2.3.1 凝固相场参数

2.3.1.1 相图

Al-Si 合金凝固共晶相场模型中的关键参数，依据由 Pandat 软件计算得到的 Al-Si 相图确定。例如，液相线斜率 $M = (T_m - T_0)/(0 - c_l^0) = -6.63\,\text{K/wt\%}$，平衡溶质分配系数 $k = c_s^0/c_l^0 = 0.13$。相图计算主要包含三个步骤，首先将 Al 合金热力学和动力学数据导入 Pandat 软件，并依据合金体系选择计算所需元素。之后，设定计算条件并开始计算。最后，计算完毕后得到 Al-Si 合金平衡相图，如图 2-7 所示。

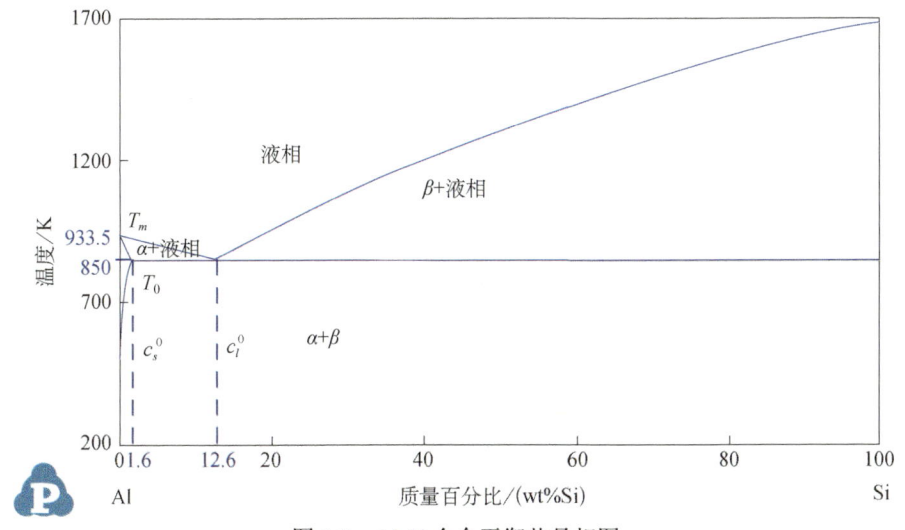

图 2-7 Al-Si 合金平衡共晶相图

2.3.1.2 凝固参数

凝固过程中溶质在液相和固相中的扩散系数可分别表示为

$$D_l = \frac{k_B T^{1/2}}{4\pi} \frac{(\rho_{\text{solute}}^m)^{1/3}}{0.644 \times 10^{-8} (M_{\text{solute}})^{1/3} \left(1 - 0.112\sqrt{T/T_{\text{solute}}^m}\right)}$$
$$\cdot \frac{(V_{\text{solvent}})^{2/3}}{A(M_{\text{solvent}})^{1/2}} \cdot T \exp\left(-B\frac{T_{\text{solvent}}^m}{T}\right) \tag{2-68}$$

$$D_s = D_0 \exp\left(-\frac{Q}{RT}\right) \quad (2\text{-}69)$$

式中，A 和 B 为调整常数，k_B 为玻尔兹曼常数，T_{solute}^m 为熔点温度，ρ_{solute}^m 为溶质在 T_{solute}^m 时的密度，单位为 kg/m³；M_{solute} 为溶质 Si 的相对原子质量，V_{solvent} 为溶剂 Al 的绝对摩尔体积，M_{solvent} 为相对原子质量，T_{solvent}^m 为熔点温度，D_0 为指前因子，单位为 cm²/s，Q 为扩散激活能，单位为 KJ/mol，R 为气体常数。

在铝硅合金枝晶生长相场模型中，Al 基体作为溶剂，合金元素 Si 作为溶质。其中，指前因子 $D_0 = 2.48\,\text{cm}^2/\text{s}$，扩散能 $Q = 137\,\text{KJ/mol}$，气体常数 $R = 8.314\,\text{J/(mol·K)}$，计算得到 $D_l = 3 \times 10^{-9}\,\text{m}^2/\text{s}$，$D_s = 1 \times 10^{-12}\,\text{m}^2/\text{s}$。根据凝固枝晶相场模型的收敛性条件 $W_0/d_0 \leq 10$，界面厚度 $W_0 = 9.0 d_0 = 9.0 \times \left(\dfrac{\Gamma}{\Delta T_0}\right) = 2.9772 \times 10^{-7}\,\text{m}$，耦合常数 $\lambda = 7.9551$，弛豫时间 $\tau_0 = \dfrac{d_0^2 a_2 \lambda^3}{D a_1^2} = 9.4497 \times 10^{-5}\,\text{s}$，时间迭代尺度 $\Delta t = 0.01\tau_0 = 9.4497 \times 10^{-7}\,\text{s}$。

在共晶生长相场模型中，根据 Al-Si 合金共晶相图，设置 α 相的平衡分配系数为 $k_\alpha = 0.127$，β 相的平衡分配系数为 $k_\beta = 7.9246$，α 相的液相线斜率为 $m_\alpha = -163\,\text{K/mol}$，$\beta$ 相的液相线斜率为 $m_\beta = 183\,\text{K/mol}$，$\alpha$ 相浓度为 $c_\alpha = 1.6\,\text{mol}\%$，$\beta$ 相浓度为 $c_\beta = 99.85\,\text{mol}\%$，共晶浓度为 $c_E = 11.571\,\text{mol}\%$。

在固溶处理相场模型中，设置界面能 $\sigma = 1.0\,\text{J/m}^2$，界面动力学系数 $\mu_k = 5.0 \times 10^{-17}\,\text{m}^4/(\text{J·s})$，界面厚度 $\delta = 0.1 \times 10^{-6}\,\text{m}$。

最后，相关物性参数如表 2-4 所示。

表 2-4 铝硅合金相关凝固计算参数

物理量	参数值
模拟网格	$350\Delta x \times 350\Delta y$
液相线斜率，m(K/wt%)	-6.63
平衡分配系数，k	0.13
液相溶质扩散系数，D_l(m²/s)	3×10^{-9}
固相溶质扩散系数，D_s(m²/s)	1×10^{-12}
热扩散系数，D_T(m²/s)	3.63×10^{-5}
熔点，T_m(K)	933
共晶温度，T_E(K)	850
α 相的平衡分配系数，k_α	0.127
β 相的平衡分配系数，k_β	7.9246

续表

物理量	参数值
α 相的液相线斜率，m_α(K/mol)	−163
β 相的液相线斜率，m_β(K/mol)	183

2.3.2 时效相场参数

2.3.2.1 合金成分

ZL118 合金的实际成分如表 2-5 所示，但由于用户研究所提供的实验结果成分主要为 Al-Si-Cu-Mg 四元合金，研究组从而确定相场模拟也采用 Al-Si-Cu-Mg 四元合金。时效相场模拟所需要的合金成分和两个析出相的实际成分如表 2-6 所示，这里浓度采用原子百分比含量表示。

表 2-5　ZL118 合金成分含量（wt%）

合金元素	Si	Cu	Mg	Mn	Ti	Al
成分范围	6.0～8.0	1.3～1.8	0.2～0.5	0.1～0.3	0.1～0.25	Bal.
合金成分	7.0	1.5	0.35	0.2	0.15	Bal.

表 2-6　相场模拟需要的 ZL118 合金及其析出相的成分含量

元素	Si	Cu	Mg	Al
质量百分比（wt%）	7.0	1.5	0.4	91.1
原子百分比（at%）	6.8	0.64	0.45	92.11
θ'-Al$_2$Cu（wt%）	0	54.04	0	45.96
θ'-Al$_2$Cu（at%）	0	33.3	0	66.7
Q'-Al$_5$Cu$_2$Mg$_8$Si$_6$（wt%）	42.41	25.61	6.8	25.18
Q'-Al$_5$Cu$_2$Mg$_8$Si$_6$（at%）	48.30	12.89	8.95	29.85

2.3.2.2 梯度能系数

将浓度梯度能系数与析出相中不同原子间相互作用参数关联[20]

$$k_c = \left| \frac{1}{2} \Omega d^2 \right| \tag{2-70}$$

式中，相互作用参数 $\Omega = L_{\text{Al,Si}}^{Q'} = -3143.78 + 0.39T$，$d$ 为析出相与基体相之间的有效界面距离，这里取 1.5 nm，$k_c = 3.53 \times 10^{-15}$ J·m^2/mol。

采用界面厚度[21]计算 Al$_2$Cu 相界面梯度能系数 κ_{η_p}

$$2\lambda = \alpha\sqrt{2}\frac{\kappa_{\eta_p}}{\sqrt{\dfrac{w}{\Omega_0}}} \tag{2-71}$$

式中，界面厚度 $2\lambda = 6dx = 12$ nm，$\alpha = 2.2$，摩尔体积分数 $\Omega_0 = 7.09 \times 10^{-6}$ m³/mol，势阱高度 $w = 5 \times 10^3$ J/mol，梯度系数 $\kappa_{\eta_p} = 4.097 \times 10^{-4}$ J·m²/mol。

2.3.2.3 弹性能参数

公式（2-59）是弹性能中的本征应变计算公式，其中与材料相关的主要参数是晶格错配度 ε_0^i。根据 Vergards 定律，浓度场演化需要考虑不同合金元素对本征应变的影响

$$\varepsilon_0^i = \frac{1}{a}\left(\frac{da}{dc_i}\right) = \left|\frac{a_i - a_0}{a_0}\right| \tag{2-72}$$

式中，a_i 为元素 i 的晶格常数，Al 基体的晶格常数 $a_0 = 0.405$ nm，$a_{Si} = 0.543$ nm，$a_{Cu} = 0.361$ nm，$a_{Mg} = 0.321$ nm。本文模拟只考虑 xy 平面，不考虑 z 方向晶格错配，故合金中的晶格错配度计算如下

$$\varepsilon_0^{Si} = \left|\frac{a_{Si} - a_0}{a_0}\right| \times c_{Si} = \left|\frac{0.543 - 0.405}{0.405}\right| \times 0.068 = 0.02317 \tag{2-73}$$

$$\varepsilon_0^{Cu} = \left|\frac{a_{Cu} - a_0}{a_0}\right| \times c_{Cu} = \left|\frac{0.361 - 0.405}{0.405}\right| \times 0.0064 = 0.00070 \tag{2-74}$$

$$\varepsilon_0^{Mg} = \left|\frac{a_{Mg} - a_0}{a_0}\right| \times c_{Mg} = \left|\frac{0.321 - 0.405}{0.405}\right| \times 0.0045 = 0.00093 \tag{2-75}$$

Q' 相和 θ' 相的本征应变中晶格错配为

$$\varepsilon_{ij}^T = \begin{pmatrix} \varepsilon_{11} & 0 \\ 0 & \varepsilon_{22} \end{pmatrix} \tag{2-76}$$

根据 Q' 相和 θ' 相的晶格常数，计算可得

$$\varepsilon_{11}^{\theta'} = \frac{a_{\theta'} - a_0}{a_\alpha} = \frac{0.607 - 0.405}{0.405} = 0.4988 \tag{2-77}$$

$$\varepsilon_{22}^{\theta'} = \frac{c_{\theta'} - a_0}{a_0} = \frac{0.487 - 0.405}{0.405} = 0.2025 \tag{2-78}$$

$$\varepsilon_{11}^{Q'} = \frac{a_{Q'} - a_0}{a_\alpha} = \frac{1.032 - 0.405}{0.405} = 1.5481 \tag{2-79}$$

$$\varepsilon_{22}^{Q'} = \frac{c_{Q'} - a_0}{a_0} = \frac{0.405 - 0.405}{0.405} = 0 \tag{2-80}$$

2.3.2.4 模型参数

根据上述计算，相关的时效析出相场模拟参数如表 2-7 所示。

表 2-7 时效析出相场模拟基本参数

参数种类	参数	数值	单位
C-H 和 A-C 模型	κ_c	3.53×10^{-15}	$\text{J}\cdot\text{m}^2\cdot\text{mol}^{-1}$
	$\kappa_{\eta_p}(p=3)$	3.41×10^{-4}	$\text{J}\cdot\text{m}^2\cdot\text{mol}^{-1}$
	$\kappa_{\eta_p}(p=1,2)$	4.097×10^{-4}	$\text{J}\cdot\text{m}^2\cdot\text{mol}^{-1}$
	V_m	7.09×10^{-5}	$\text{m}^3\cdot\text{mol}^{-1}$
	W	5.0×10^3	J/mol
	T	443	K
基体相的弹性常数	C_{11}^m	133.2	GPa
	C_{12}^m	62.6	GPa
	C_{44}^m	22.5	GPa
θ' 相的弹性常数	$C_{11}^{\theta'}$	169.25	GPa
	$C_{12}^{\theta'}$	76.59	GPa
	$C_{44}^{\theta'}$	31.45	GPa
Q' 相的弹性常数	$C_{11}^{Q'}$	150.94	GPa
	$C_{12}^{Q'}$	41.08	GPa
	$C_{44}^{Q'}$	36.84	GPa
模拟参数	dx	2	nm
	dy	2	nm
	Δt	0.1	
	Nx	128	
	Ny	128	

2.4 相场方程数值求解

根据用户需求，选择气缸盖铸件的关键部位进行研究：底板鼻梁区、顶板位置和气道壁位置，每个部位再选择有限个具体位置进行相场模拟，如图 2-8 所示。

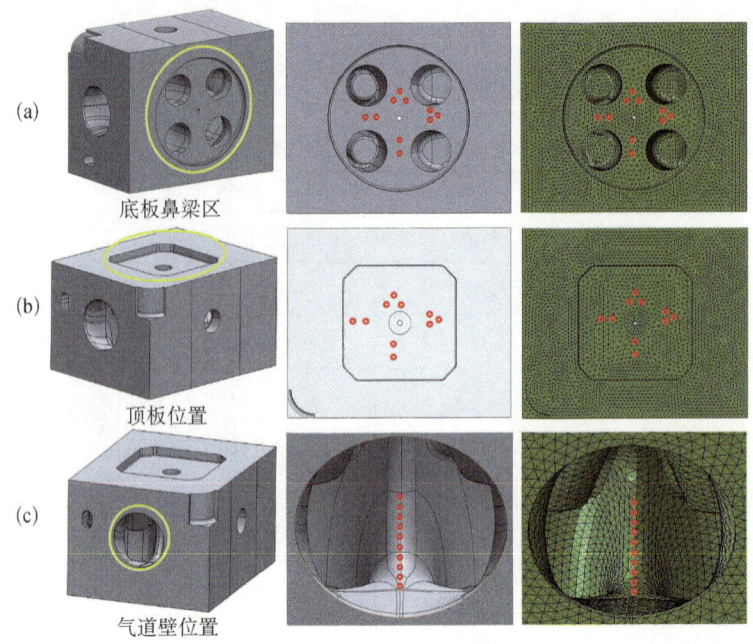

图 2-8　气缸盖铸件关键位置示意图。（a）底板鼻梁区位置、二维视图和网格剖分图；（b）顶板位置、二维视图和网格剖分图；（c）气道壁位置、二维视图和网格剖分图

本书凝固共晶相场模型由枝晶生长相场模型、共晶生长相场模型和固溶热处理相场模型三个子模型组成。其中，枝晶生长相场方程（枝晶相场序参量公式（2-1）、枝晶溶质场序参量公式（2-4））包含界面能各向异性函数，采用有限体积法可以在保证计算精度的条件下，简化相场方程求解过程，加快计算速度。共晶生长相场模型（共晶相场序参量公式（2-25）、共晶溶质场公式（2-31））和固溶热处理相场模型（相场序参量公式（2-38）、浓度序参量公式（2-43））中不包含界面能各向异性函数，仅存在拉普拉斯算子，采用有限差分法进行求解，可以获得更高计算精度。同时，为了实现不同求解方法之间网格点数据的传递，在有限体积法和有限差分法求解过程中使用了相同的网格和时间步长。

本书时效析出相场方程（浓度场序参量式（2-45）和结构场序参量式（2-46））采用半隐式傅里叶谱方法求解。

2.4.1　有限体积法求解

采用有限体积法离散求解方程（2-1）和方程（2-4），对于一个由 4 个面组成的网格单元，如果各个面的通量分别为 J_{x+}、J_{x-}、J_{y+} 和 J_{y-}，则散度算子可以表示为

$$\nabla \cdot J = \sum_{i=x,y} \frac{J_{i+} - J_{i-}}{\Delta x} \tag{2-81}$$

依据上式，方程（2-1）等号右侧第一项和第二项沿 $x+$ 方向的通量可以表示为

$$J_{x+} = a_s(x+)\left\{ a_s(x+)\frac{\partial \phi_\alpha}{\partial x} + |\nabla \phi_\alpha|^2 \frac{\partial(a_s(x+))}{\partial \phi_\alpha / \partial x} \right\} \tag{2-82}$$

式中，$a_s(x+)$ 为沿 $x+$ 方向计算的各向异性函数

$$a_s(x+) = 1 + \varepsilon_4 \left\{ \begin{bmatrix} 1 - 8\dfrac{(\partial \phi_\alpha / \partial x)^2 (\partial \phi_\alpha / \partial y)^2}{|\nabla \phi_\alpha|^4} \end{bmatrix} \cos(4\varphi_0) \\ + \begin{bmatrix} (\partial \phi_\alpha / \partial x)^3 (\partial \phi_\alpha / \partial y) - \\ 4\dfrac{(\partial \phi_\alpha / \partial x)(\partial \phi_\alpha / \partial y)^3}{|\nabla \phi_\alpha|^4} \end{bmatrix} \sin(4\varphi_0) \right\} \tag{2-83}$$

$$|\nabla \phi_\alpha|^2 \frac{\partial(a_s(x+))}{\partial \phi_\alpha / \partial x} = -4\varepsilon_4 \left\{ \begin{bmatrix} 4\dfrac{(\partial \phi_\alpha / \partial x)^3 (\partial \phi_\alpha / \partial y)}{|\nabla \phi_\alpha|^4} \\ -(\partial \phi_\alpha / \partial x)(\partial \phi_\alpha / \partial y)^3 \end{bmatrix} \cos(4\varphi_0) \\ - \begin{bmatrix} 1 - 8\dfrac{(\partial \phi_\alpha / \partial x)^2 (\partial \phi_\alpha / \partial y)^2}{|\nabla \phi_\alpha|^4} \end{bmatrix} \sin(4\varphi_0) \right\} \partial \phi_\alpha / \partial y \tag{2-84}$$

其中

$$\partial \phi_\alpha / \partial x = [\phi_\alpha(i+1,j) - \phi_\alpha(i,j)] / \Delta x \tag{2-85}$$

$$\partial \phi_\alpha / \partial y = [\phi_\alpha(i+1,j+1) - \phi_\alpha(i+1,j-1) + \phi_\alpha(i,j+1) - \phi_\alpha(i,j-1)] / 4\Delta x \tag{2-86}$$

则沿其他方向的通量可以此类推。因此，方程（2-1）的右侧可以表示为

$$\nabla \cdot J + (1-\phi_\alpha^2)[\phi_\alpha - \lambda(1-\phi_\alpha^2)(\tilde{T} + Mc_0 U)(1+\xi)] \tag{2-87}$$

同时，采用一阶导数对时间进行离散

$$\frac{\partial \phi_\alpha}{\partial t} = \frac{\phi_\alpha^{n+1} - \phi_\alpha^n}{\Delta t} \tag{2-88}$$

通过方程（2-85）～（2-88），即可对方程（2-1）进行离散求解。

依据方程（2-85），方程（2-4）右侧第一项沿 $x+$ 方向的通量可以表示为

$$J_{x+} = \tilde{D}q(\phi_\alpha(x+))\frac{\partial U}{\partial x} - J_{at}(x+) \tag{2-89}$$

则沿其他方向的通量可以此类推。因此，方程（2-4）的右侧可以表示为

$$\nabla \cdot J + \frac{1}{2}[1+(1-k)U]\frac{\partial \phi_\alpha}{\partial t} - \frac{1}{2}v\{[1+k-(1-k)\phi_\alpha]\nabla U - [1+(1-k)U]\nabla \phi_\alpha\} \tag{2-90}$$

同时，采用一阶导数对时间尺度进行离散

$$\frac{\partial U}{\partial t} = \frac{U^{n+1} - U^n}{\Delta t} \tag{2-91}$$

这样，通过方程（2-85）和（2-88）～（2-91），即可对方程（2-4）进行有限体积法离散求解。

2.4.2 有限差分法求解

有限差分法（Finite Difference Method，FDM）的核心思想是通过将偏微分方程或常微分方程离散化成节点，使用差分近似代替微分，将求解对象在空间和时间上离散，将其转化为可以使用计算机求解的代数方程。然后汇总各单元计算结果，得到整个求解对象在不同时间的变化，并对变化趋势做出预测。有限差分法不仅可以近似一阶导数，还可以扩展用于近似高阶导数。有限差分法原理简单、网格划分容易、易于建立离散方程和编辑程序。对于二阶导数近似，最常用的方法是中心差分法，因为它相对于前向差分和后向差分能提供更高精度。

（1）前向差分：用函数在 x 点及其右侧相邻点值的差来近似 x 处的导数

$$f'(x) = \frac{f(x+h) - f(x)}{h} \tag{2-92}$$

式中，h 为相邻节点间的距离。

（2）后向差分：用函数在 x 点及其左侧相邻点值的差来近似 x 处的导数

$$f'(x) = \frac{f(h) - f(x-h)}{h} \tag{2-93}$$

（3）中心差分：结合前向差分和后向差分，用函数在 x 右侧与左侧相邻点值的差来近似 x 处的导数

$$f'(x) = \frac{f(x+h) - f(x-h)}{2h} \tag{2-94}$$

共晶生长的相场方程（2-25）和溶质场方程（2-31）、固溶热处理相场方程（2-38）和溶质场方程（2-43），均采用中心有限差分法进行求解。

为了尽可能消除网格各向异性，采用九点差分格式计算拉普拉斯算子

$$\nabla^2 \phi_{i,j} = 2[\phi_{i+1,j} + \phi_{i-1,j} + \phi_{i,j+1} + \phi_{i,j-1} + 0.25(\phi_{i+1,j+1} + \phi_{i+1,j-1} + \phi_{i-1,j+1} + \phi_{i-1,j-1}) - 5\phi_{i,j}]/3\Delta x^2 \tag{2-95}$$

方程（2-25）右侧第三项中的偏导数可以表示为

$$\left.\frac{\partial g_j}{\partial \phi_i}\right|_{\phi_\alpha + \phi_\beta + \phi_L = 1} = -\frac{1}{2}\left.\frac{\partial g_i}{\partial \phi_i}\right|_{\phi_\alpha + \phi_\beta + \phi_L = 1} + \frac{15}{2}\phi_j^2(1-\phi_j)(\phi_k - \phi_i) \tag{2-96}$$

式中，

$$\left.\frac{\partial g_i}{\partial \phi_i}\right|_{\phi_\alpha + \phi_\beta + \phi_L = 1} = \frac{5}{2}\phi_i(\phi_k - \phi_j)^2[(3\phi_i - 2) + (1-\phi_i)^2(3\phi_i + 2)] \tag{2-97}$$

同时采用一阶导数对时间尺度进行离散

$$\frac{\partial \phi}{\partial t} = \frac{\phi^{n+1} - \phi^n}{\Delta t} \tag{2-98}$$

也就是通过公式（2-95）～（2-98）实现对方程（2-25）进行有限差分离散求解。对于方程（2-31），右侧第一项可以离散为

$$\nabla \cdot (D\phi_L \nabla \mu) = D \begin{cases} [(\phi_L)_{i+1,j} + (\phi_L)_{i,j}](\mu_{i+1,j} - \mu_{i,j}) - \\ [(\phi_L)_{i,j} + (\phi_L)_{i-1,j}](\mu_{i,j} - \mu_{i-1,j}) \end{cases} / 2\Delta x^2$$
$$+ D \begin{cases} [(\phi_L)_{i,j+1} + (\phi_L)_{i,j}](\mu_{i,j+1} - \mu_{i,j}) - \\ [(\phi_L)_{i,j} + (\phi_L)_{i,j-1}](\mu_{i,j} - \mu_{i,j-1}) \end{cases} / 2\Delta x^2$$
(2-99)

此外，采用一阶导数对时间尺度进行离散

$$\frac{\partial \mu}{\partial t} = \frac{\mu^{n+1} - \mu^n}{\Delta t} \tag{2-100}$$

也就是通过公式（2-99）和（2-100），即可对方程（2-31）进行离散求解。

对于方程（2-38），拉普拉斯算子这项可以离散为

$$\nabla^2 (\phi_\beta)_{i,j} = 2[(\phi_\beta)_{i+1,j} + (\phi_\beta)_{i-1,j} + (\phi_\beta)_{i,j+1} + (\phi_\beta)_{i,j-1} + 0.25((\phi_\beta)_{i+1,j+1} \\ + (\phi_\beta)_{i+1,j-1} + (\phi_\beta)_{i-1,j+1} + (\phi_\beta)_{i-1,j-1}) - 5(\phi_\beta)_{i,j}]/3\Delta x^2 \tag{2-101}$$

对时间离散

$$\frac{\partial \phi_\beta}{\partial t} = \frac{\phi_\beta^{n+1} - \phi_\beta^n}{\Delta t} \tag{2-102}$$

亦即采用公式（2-101）和（2-102），即可对方程（2-38）进行离散求解。

对于方程（2-43），右侧第一项和第二项可以分别离散为

$$\nabla \cdot (D_\beta \phi_\beta \nabla c_\beta) = D_\beta \begin{cases} [(\phi_\beta)_{i+1,j} + (\phi_\beta)_{i,j}][(c_\beta)_{i+1,j} - (c_\beta)_{i,j}] \\ -[(\phi_\beta)_{i,j} + (\phi_\beta)_{i-1,j}][(c_\beta)_{i,j} - (c_\beta)_{i-1,j}] \end{cases} / 2\Delta x^2$$
$$+ D_\beta \begin{cases} [(\phi_\beta)_{i,j+1} + (\phi_\beta)_{i,j}][(c_\beta)_{i,j+1} - (c_\beta)_{i,j}] \\ -[(\phi_\beta)_{i,j} + (\phi_\beta)_{i,j-1}][(c_\beta)_{i,j} - (c_\beta)_{i,j-1}] \end{cases} / 2\Delta x^2$$
(2-103)

$$\nabla \cdot (D_\alpha (1-\phi_\beta) \nabla c_\alpha) = D_\alpha \begin{cases} [(1-\phi_\beta)_{i+1,j} + (1-\phi_\beta)_{i,j}][(c_\alpha)_{i+1,j} - (c_\alpha)_{i,j}] \\ -[(1-\phi_\beta)_{i,j} + (1-\phi_\beta)_{i-1,j}][(c_\alpha)_{i,j} - (c_\alpha)_{i-1,j}] \end{cases} / 2\Delta x^2$$
$$+ D_\alpha \begin{cases} [(1-\phi_\beta)_{i,j+1} + (1-\phi_\beta)_{i,j}][(c_\alpha)_{i,j+1} - (c_\alpha)_{i,j}] \\ -[(1-\phi_\beta)_{i,j} + (1-\phi_\beta)_{i,j-1}][(c_\alpha)_{i,j} - (c_\alpha)_{i,j-1}] \end{cases} 2\Delta x^2$$
(2-104)

此外，采用一阶导数对时间尺度进行离散

$$\frac{\partial c}{\partial t} = \frac{c^{n+1} - c^n}{\Delta t} \tag{2-105}$$

亦即采用公式（2-103）～（2-105）对方程（2-43）进行离散求解。

2.4.3 初始条件和边界条件

2.4.3.1 初始条件

1）枝晶序参量场

枝晶相场序参量 ϕ_α 初始条件

$$\phi_\alpha(\boldsymbol{r},0) = -\tanh\left[(\boldsymbol{r}-\boldsymbol{r}_0)/\sqrt{2}\right] \quad (2\text{-}106)$$

浓度场序参量 U 初始条件

$$U(\boldsymbol{r},0) = -0.58 \quad (2\text{-}107)$$

2）共晶序参量场

两相序参量 ϕ_α、ϕ_β 初始条件

$$\phi_\alpha(\boldsymbol{r},0) = 0.5\times[1+\phi_\alpha(\boldsymbol{r},4000\Delta t)] \quad (2\text{-}108)$$

$$\phi_\beta(\boldsymbol{r},0) = 0.5\times\left\{1-\tanh\left[(\boldsymbol{r}-\boldsymbol{r}_0)/\sqrt{2}\right]\right\} \quad (2\text{-}109)$$

$$\phi_L + \phi_\alpha + \phi_\beta = 1 \quad (2\text{-}110)$$

化学势场序参量 μ 初始条件

$$\mu(\boldsymbol{r},0) = c_\alpha\phi_\alpha(\boldsymbol{r},0) + c_\beta\phi_\beta(\boldsymbol{r},0) - \sum_i A_i(T)g_i(\boldsymbol{\phi}) \quad (2\text{-}111)$$

3）固溶硅相序参量场

固溶硅相场序参量 ϕ_β 初始条件

$$\phi_\beta(\boldsymbol{r},0) = \phi_\beta(\boldsymbol{r},20\,000\Delta t) \quad (2\text{-}112)$$

浓度场序参量 c 初始条件

$$c(\boldsymbol{r},0) = c_\beta\phi_\beta(\boldsymbol{r},0) + [1-\phi_\beta(\boldsymbol{r},0)]c_\alpha \quad (2\text{-}113)$$

2.4.3.2　边界条件

凝固相场方程（枝晶、共晶和固溶）求解采用 Zero-Neumann 边界条件，各个相场序参量场沿边界法线方向的导数为零。

$$\frac{\partial A}{\partial \boldsymbol{n}} = 0 \quad (2\text{-}114)$$

式中，$A = \phi_\alpha, \phi_\beta, \phi_L, U, \mu, c$，$\boldsymbol{n}$ 为 x、y、z 的法向。

图 2-9 所示为多层级相场模拟的初始条件和边界条件示意图。

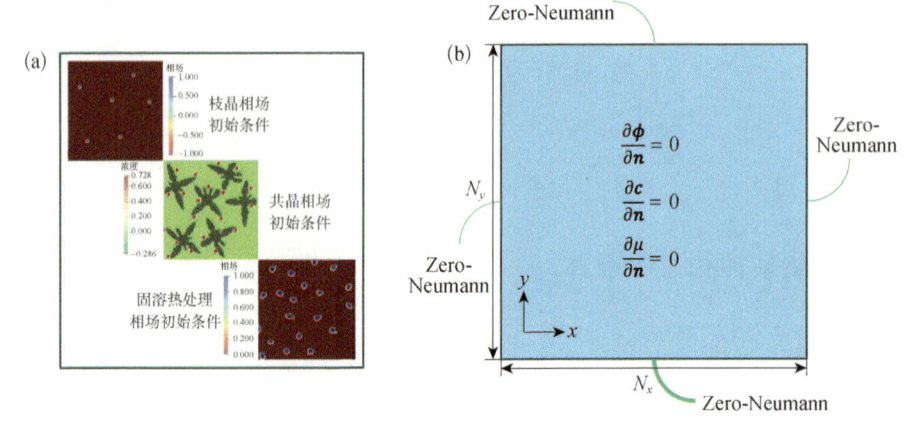

图 2-9　(a) 多层级相场模拟的初始条件；(b) Zero-Neumann 边界条件

2.4.3.3 稳定性条件

凝固相场模型收敛条件

$$\frac{W_0}{d_0} \leq 10 \tag{2-115}$$

因此，设置界面厚度 $W_0 = 9.0d_0 = 2.9772\times10^{-7}$ m，耦合常数 $\lambda = 7.9551$，弛豫时间 $\tau_0 = 9.4497\times10^{-5}$ s。

为了准确地描述固-液界面演化，空间迭代尺度需要小于界面厚度，设置空间步长 $\Delta x = 0.8W_0 = 2.3818\times10^{-7}$ m。

为了同时满足有限体积法和有限差分法的收敛性条件，时间迭代尺度需要满足

$$\Delta t < (\Delta x)^2 / (4D_l) \tag{2-116}$$

因此，设置时间步长 $\Delta t = 0.01\tau_0 = 9.4497\times10^{-7}$ s。

2.4.4 傅里叶谱方法求解

傅里叶谱方法不需要计算九点差分格式算子，对于周期性边界条件，傅里叶级数计算更为便捷，谱方法精度更高。

2.4.4.1 傅里叶变换及谱方法

对于在 $(-\infty,\infty)$ 有定义且绝对可积、并在有限区间上满足狄里克莱条件的函数 $u(x)$，傅里叶变换（Fourier Transform）及其逆变换（Inverse Fourier Transform）定义为一个傅里叶变换对（Fourier Transform Pair）

$$\{u(k)\}_k = \int_{-\infty}^{\infty} u(x)\mathrm{e}^{-\mathrm{i}kx}\mathrm{d}x \tag{2-117}$$

$$u(x) = \frac{1}{2\pi}\int_{-\infty}^{\infty} \{u(k)\}_k \mathrm{e}^{\mathrm{i}kx}\mathrm{d}k \tag{2-118}$$

即 $\{u(k)\}_k = F[u(x)]$ 和 $u(x) = F^{-1}[\{u(k)\}_k]$。这里设研究对象为空间信号分布函数 $u(x)$，x 为空间坐标，那么 k 为波数（2π 长度上波长个数，代表函数信号在空间上的变化速度），$\{u(k)\}_k$ 称为波数谱。类似的，如果将坐标 x 和波数 k 换为时间 t 和角频率 ω，研究对象就成了时间上的信号 $u(t)$，其傅里叶变换就是频谱 $\{u(\omega)\}_k$。通过类比可见波数 k 就是一种空间频率，傅里叶变换及其逆变换是空域（或时域）与频域之间的转换工具。

$u'(x)$ 是 $u(x)$ 的一阶导数，由傅里叶变换定义和分部积分法，有

$$F[u'(x)] = \int_{-\infty}^{\infty} u'(x)\mathrm{e}^{-\mathrm{i}kx}\mathrm{d}x = u(x)\mathrm{e}^{-\mathrm{i}kx}\big|_{-\infty}^{\infty} - \int_{-\infty}^{\infty} u(x)(-\mathrm{i}k)\mathrm{e}^{-\mathrm{i}kx}\mathrm{d}x \tag{2-119}$$

当 $|x|\to\infty$ 时，$u(x)\to 0$，则

$$F[u'(x)] = \mathrm{i}k\int_{-\infty}^{\infty} u(x)\mathrm{e}^{-\mathrm{i}kx}\mathrm{d}x = \mathrm{i}kF[u(x)] \qquad (2\text{-}120)$$

可见，函数的求导运算在傅里叶变换作用下，可转化为相对简单的代数运算，即 $u^{(n)}(x) = F^{-1}\{(\mathrm{i}k)^n F[u(x)]\}$。因此，傅里叶谱方法（Fourier Spectral Method）是利用傅里叶变换将偏微分方程中的空域（Space Domain）或时域（Time Domain）上求导运算简化为频域（Spectral Domain）上的代数运算，求解后再通过傅里叶逆变换得到空域或者时域上的结果。"谱"指的是频率域中频率 k 的集合。

2.4.4.2 傅里叶谱方法求解

在傅里叶空间，函数 $u(x)$ 的 n 阶导数可写为[22]

$$\left\{\frac{\partial^n u}{\partial x^n}\right\}_k = (\mathrm{i}k)^n \{u\}_k \qquad (2\text{-}121)$$

式中，$\{\}_k$ 为傅里叶变换；k 为傅里叶系数。

当 $n=1$ 时

$$\frac{\partial u}{\partial x} = F^{-1}(\mathrm{i}k_x \cdot \{u\}_k), \quad \frac{\partial u}{\partial y} = F^{-1}(\mathrm{i}k_y \cdot \{u\}_k) \qquad (2\text{-}122)$$

式中，傅里叶变换 $F(A) = \mathrm{fft}(A)$；傅里叶逆变换 $F^{-1}(A) = \mathrm{ifft}(A)$。

那么，在傅里叶空间关于空间变量的一阶偏导数为

$$\left\{\frac{\partial u}{\partial x}\right\}_k = \mathrm{i}k_x \cdot \{u\}_k, \quad \left\{\frac{\partial u}{\partial y}\right\}_k = \mathrm{i}k_y \cdot \{u\}_k \qquad (2\text{-}123)$$

在傅里叶空间关于时间变量的一阶偏导数为

$$F\left(\frac{\partial u}{\partial t}\right) = \frac{\partial \{u\}_k}{\partial t} \qquad (2\text{-}124)$$

拉普拉斯算子的傅里叶变换

$$F(\nabla^2 u) = -k^2 \{u\}_k \qquad (2\text{-}125)$$

设待求解的 n 阶偏微分方程为

$$\frac{\partial^n u}{\partial t^n} = Lu + N(u) \qquad (2\text{-}126)$$

式中，$u(x,t)$ 为 x、t 的函数；L 为线性算符（Linear Operator）；$N(u)$ 为非线性项（Nonlinear Terms）。已知初始条件为 $u(x,t_0)$，在周期性边界条件下求某一时刻的 $u(x,t)$。对于 n 阶导数问题，可以通过变量代换法将等号左边对 t 的 n 阶导数降为 1 阶

$$\frac{\partial u}{\partial t} = Lu + N(u) \qquad (2\text{-}127)$$

这里，以等号左边为1阶进行讨论，在 x 域上对该方程做傅里叶变换，得到

$$\frac{\partial \{u\}_k}{\partial t} = \alpha(k)\{u\}_k + F[N(u)] \quad (2\text{-}128)$$

$\{u\}_k$ 为 $u(x,t)$ 在 x 域上的傅里叶变换，这里设

$$L = a \cdot \frac{\partial^2}{\partial x^2} + b \cdot \frac{\partial}{\partial x} + c \quad (2\text{-}129)$$

$$N(u) = u^3 + u^3 \cdot \frac{\partial^2 u}{\partial x^2} + f(x) \cdot \frac{\partial u}{\partial x} \quad (2\text{-}130)$$

式中，a、b、c 分别为常数。

对线性部分，有

$$F[Lu] = [a(ik)^2 + b(ik) + c]\{u\}_k \quad (2\text{-}131)$$

$$\alpha(k) = a(ik)^2 + b(ik) + c = -ak^2 + ibk + c \quad (2\text{-}132)$$

对于非线性部分，需要将 u、$\partial u/\partial x$ 和 $\partial^2 u/\partial x^2$ 写为 $F^{-1}[\{u\}_k]$、$F^{-1}[ik\{u\}_k]$ 和 $F^{-1}[(ik)^2\{u\}_k]$，则有

$$\begin{aligned} F[N(u)] &= F\left[u^3 + u^3 \cdot \frac{\partial^2 u}{\partial x^2} + f(x) \cdot \frac{\partial u}{\partial x}\right] \\ &= F\{F^{-1}[\{u\}_k]^3 + F^{-1}[\{u\}_k]^3 \cdot F^{-1}[(ik)^2\{u\}_k] + f(x) \cdot F^{-1}[ik\{u\}_k]\} \end{aligned} \quad (2\text{-}133)$$

这样，$u(x,t)$ 对 x 的偏导数通过傅里叶变换及逆变换简化为 $\{u(k,t)\}_k$ 和 k 的代数运算，然后将 $u(k,t)$ 和 k 离散化，偏微分方程就简化为常微分方程。

具体步骤如下：

（1）通过变量代换将偏微分方程 $\frac{\partial^n u}{\partial t^n}$ 降为1阶导数，若 $n=1$，略。

（2）在 x 域对偏微分方程做傅里叶变换，则线性项中的 $\frac{\partial^n u}{\partial t^n}$ 直接变为 $(ik)^n\{u\}_k$，并利用 $u = F^{-1}[\{u\}_k]$、$\partial^n u/\partial x^n = F^{-1}[(ik)^n\{u\}_k]$ 代换非线性项中的 u、$\partial^n u/\partial x^n$，得到关于 $\{u(k,t)\}_k$ 的微分方程。

（3）用时间步进法数值计算离散化关于 $\{u(k,t)\}_k$ 的微分方程组，默认边界条件为周期性边界条件，初始条件 $\{u(k,t_0)\}_k = F[u(x,t_0)]$。

（4）将上一步结果从频域转换回空域。即 $u(x,t) = F^{-1}[\{u(k,t)\}_k]$。离散傅里叶变换及逆变换有 fft 和 ifft 函数实现。

2.4.4.3 半隐式傅里叶谱方法求解

将体系的自由能表达式代入时效析出相场模型的 C-H（式（2-45））和 A-C

(式（2-46））方程

$$\frac{\partial c_i(\boldsymbol{r},t)}{\partial t} = \nabla \cdot M_{ij} \nabla \left[\frac{\partial f_{ch}}{\partial c_i(\boldsymbol{r},t)} + \frac{\partial F_{el}}{\partial c_i(\boldsymbol{r},t)} - \sum_{i=2}^{4} \kappa_c \nabla^2 c_i(\boldsymbol{r},t) \right] + \xi_{c_i}(\boldsymbol{r},t) \quad (2\text{-}134)$$

$$\frac{\partial \eta_p(\boldsymbol{r},t)}{\partial t} = -L_\eta \left[\frac{\partial f_{ch}}{\partial \eta_p(\boldsymbol{r},t)} + \frac{\partial F_{el}}{\partial \eta_p(\boldsymbol{r},t)} - \sum_{p=1}^{3} \kappa_{\eta_p} \nabla^2 \eta_p(\boldsymbol{r},t) \right] + \xi_{\eta_p}(\boldsymbol{r},t) \quad (2\text{-}135)$$

进行傅里叶变换

$$\frac{\partial \{c_i(\boldsymbol{k},t)\}_k}{\partial t} = -k^2 M_{ij} \left\{ \left\{ \frac{\partial f_{ch}}{\partial c_i(\boldsymbol{k},t)} \right\}_k + \left\{ \frac{\partial F_{el}}{\partial c_i(\boldsymbol{k},t)} \right\}_k - k^4 M_{ij} \kappa_c \{c_i(\boldsymbol{k},t)\}_k \right\} \quad (2\text{-}136)$$
$$+ \{\xi_{c_i}(\boldsymbol{k},t)\}_k$$

$$\frac{\partial \{\eta_p(\boldsymbol{k},t)\}_k}{\partial t} = -L_\eta \left\{ \frac{\partial f_{ch}}{\partial \eta_p(\boldsymbol{k},t)} \right\}_k - L_\eta \left\{ \frac{\partial F_{el}}{\partial \eta_p(\boldsymbol{k},t)} \right\}_k \quad (2\text{-}137)$$
$$- \kappa_{\eta_p} L_\eta k^2 \{\eta_p(\boldsymbol{k},t)\}_k + \{\xi_{\eta_p}(\boldsymbol{k},t)\}_k$$

式中，M_{ij} 为扩散迁移率；$\{\ \}_k$ 为傅里叶变换；k 为傅里叶空间向量。

这里采用半隐式方法，半隐式既有显式又有隐式，对偏微分方程进行时间离散时，对线性算子和四阶算子进行隐式处理，非线性项进行显式处理。例如，对于相场方程的离散过程如下

$$\frac{c_{ij}^{n+1} - c_{ij}^n}{\Delta t} = \nabla^2 M \left(\frac{\delta F}{\delta c} \right)^{n+1} \quad (2\text{-}138)$$

$$\left(\frac{\delta F}{\delta c} \right)^{n+1} = \mu(c_{ij}^n) - \kappa \nabla^2 c_{ij}^{n+1} \quad (2\text{-}139)$$

式中，n 为当前时刻；$n+1$ 为下一时刻；Δt 为从 n 到 $n+1$ 时刻的时间增量；$\mu(c_{ij}^n)$ 为显式（当前步数）；$\nabla^2 c_{ij}^{n+1}$ 为隐式（下一步数）。

将公式（2-138）和式（2-139）进行半隐式处理，有

$$\frac{\{c_i(\boldsymbol{k},t)\}_k^{n+1} - \{c_i(\boldsymbol{k},t)\}_k^n}{\Delta t} = -k^2 M_{ij} \left\{ \left\{ \frac{\partial f_{ch}}{\partial c_i(\boldsymbol{k},t)} \right\}_k^n + \left\{ \frac{\partial F_{el}}{\partial c_i(\boldsymbol{k},t)} \right\}_k^n \right\} \quad (2\text{-}140)$$
$$- k^4 M_{ij} \kappa_c \{c_i(\boldsymbol{k},t)\}_k^{n+1}$$

$$\frac{\{\eta_p(\boldsymbol{k},t)\}_k^{n+1} - \{\eta_p(\boldsymbol{k},t)\}_k^n}{\Delta t} = -L_\eta \left\{ \left\{ \frac{\partial f_{ch}}{\partial \eta_p(\boldsymbol{k},t)} \right\}_k^n + \left\{ \frac{\partial F_{el}}{\partial \eta_p(\boldsymbol{k},t)} \right\}_k^n \right\} \quad (2\text{-}141)$$
$$- \kappa_{\eta_p} L_\eta k^2 \{\eta_p(\boldsymbol{k},t)\}_k^{n+1}$$

式中，Δt 为时间增量；n 为当前时刻。移项得

$$\{c_i(\boldsymbol{k},t)\}_k^{n+1} = \frac{\{c_i(\boldsymbol{k},t)\}_k^n - \Delta t \kappa_{c_i}^{\ 2} M_{ij} \left\{ \left\{\frac{\partial f_{ch}}{\partial c_i(\boldsymbol{k},t)}\right\}_k^n + \left\{\frac{\partial F_{el}}{\partial c_i(\boldsymbol{k},t)}\right\}_k^n \right\}}{1 + \Delta t k^4 M_{ij} \kappa_c} \quad (2\text{-}142)$$

$$\{\eta_p(\boldsymbol{k},t)\}_k^{n+1} = \frac{\{\eta_p(\boldsymbol{k},t)\}_k^n - \Delta t L_\eta \left\{ \left\{\frac{\partial f_{ch}}{\partial \eta_p(\boldsymbol{k},t)}\right\}_k^n + \left\{\frac{\partial F_{el}}{\partial \eta_p(\boldsymbol{k},t)}\right\}_k^n \right\}}{1 + \Delta t \kappa_{\eta_p} L_\eta k^2} \quad (2\text{-}143)$$

迭代求解浓度场序参量 c_i 和结构场序参量 η_p。

2.4.4.4 求解双相析出浓度场序参量

在双相析出模型中，利用矩阵反演解析求解公式（2-54a）和（2-54b）中的边界条件[23]，这里用 $X_i^\phi (i = \text{Si}, \text{Cu}, \text{Mg}, \phi = \alpha, Q', \theta')$ 为每个相的浓度。$f^\phi(X_{\text{Si}}^\phi, X_{\text{Cu}}^\phi, X_{\text{Mg}}^\phi, T)(\phi = \alpha, Q', \theta')$ 的二阶泰勒级数展开为

$$f_{\text{para}}^\phi(X_{\text{Si}}^\phi, X_{\text{Cu}}^\phi, X_{\text{Mg}}^\phi, T) = \begin{pmatrix} A^\phi + B_{\text{Si}}^\phi(X_{\text{Si}}^\phi - X_{\text{Si}}^{\phi,\text{eq}}) + B_{\text{Cu}}^\phi(X_{\text{Cu}}^\phi - X_{\text{Cu}}^{\phi,\text{eq}}) + B_{\text{Mg}}^\phi(X_{\text{Mg}}^\phi - X_{\text{Mg}}^{\phi,\text{eq}}) \\ + \frac{1}{2} C_{\text{SiSi}}^\phi(X_{\text{Si}}^\phi - X_{\text{Si}}^{\phi,\text{eq}})^2 + C_{\text{SiCu}}^\phi(X_{\text{Si}}^\phi - X_{\text{Si}}^{\phi,\text{eq}})(X_{\text{Si}}^\phi - X_{\text{Cu}}^{\phi,\text{eq}}) \\ + C_{\text{SiMg}}^\phi(X_{\text{Si}}^\phi - X_{\text{Si}}^{\phi,\text{eq}})(X_{\text{Si}}^\phi - X_{\text{Mg}}^{\phi,\text{eq}}) + \frac{1}{2} C_{\text{CuCu}}^\phi(X_{\text{Cu}}^\phi - X_{\text{Cu}}^{\phi,\text{eq}})^2 \\ + C_{\text{CuMg}}^\phi(X_{\text{Cu}}^\phi - X_{\text{Cu}}^{\phi,\text{eq}})(X_{\text{Cu}}^\phi - X_{\text{Mg}}^{\phi,\text{eq}}) + \frac{1}{2} C_{\text{MgMg}}^\phi(X_{\text{Mg}}^\phi - X_{\text{Mg}}^{\phi,\text{eq}})^2 \\ \phi = \alpha, Q', \theta' \end{pmatrix}$$

（2-144）

式中，$f_{\text{para}}^\phi(X_{\text{Si}}^\phi, X_{\text{Cu}}^\phi, X_{\text{Mg}}^\phi, T)$ 为 $f^\phi(X_{\text{Si}}^\phi, X_{\text{Cu}}^\phi, X_{\text{Mg}}^\phi, T)$ 的抛物线近似，$X_{\text{Si}}^{\phi,\text{eq}}$、$X_{\text{Cu}}^{\phi,\text{eq}}$、$X_{\text{Mg}}^{\phi,\text{eq}}$ 为在时效温度 $T = 443 \text{ K}$ 下 ϕ 相的平衡成分。A^ϕ、B_{Si}^ϕ、B_{Cu}^ϕ、B_{Mg}^ϕ、C_{SiSi}^ϕ、C_{SiCu}^ϕ、C_{SiMg}^ϕ、C_{CuCu}^ϕ、C_{CuMg}^ϕ 和 C_{MgMg}^ϕ 是泰勒展开系数，其中

$$A^\phi = f^\phi(X_{\text{Si}}^{\phi,\text{eq}}, X_{\text{Cu}}^{\phi,\text{eq}}, X_{\text{Mg}}^{\phi,\text{eq}}, T) \quad (2\text{-}145\text{a})$$

$$B_i^\phi = \left.\frac{\partial f^\phi}{\partial X_i^\phi}\right|_{X_i^\phi = X_i^{\phi,\text{eq}}} \quad (i = \text{Si}, \text{Cu}, \text{Mg}) \quad (2\text{-}145\text{b})$$

$$C_{ij}^\phi = \left.\frac{\partial^2 f^\phi}{\partial X_i^\phi \partial X_j^\phi}\right|_{X_i^\phi = X_i^{\phi,\text{eq}}, X_j^\phi = X_j^{\phi,\text{eq}}} \quad (i, j = \text{Si}, \text{Cu}, \text{Mg}) \quad (2\text{-}145\text{c})$$

因此，公式（2-54a）和（2-54b）可以合并为一组线性方程

$$\boldsymbol{Ax} = \boldsymbol{f} \quad (2\text{-}146)$$

式中，$\boldsymbol{f}$ 为已知参数的向量，$\boldsymbol{x}$ 为每个相中未知组分的浓度场向量

$$\boldsymbol{x} = (X_{\text{Si}}^\alpha, X_{\text{Si}}^{Q'}, X_{\text{Si}}^{\theta'}, X_{\text{Cu}}^\alpha, X_{\text{Cu}}^{Q'}, X_{\text{Cu}}^{\theta'}, X_{\text{Mg}}^\alpha, X_{\text{Mg}}^{Q'}, X_{\text{Mg}}^{\theta'})^T$$

$$f = \begin{pmatrix} X_{\text{Si}} \\ X_{\text{Cu}} \\ X_{\text{Mg}} \\ (B_{\text{Si}}^{Q'} - B_{\text{Si}}^{\alpha}) + (C_{\text{SiSi}}^{\alpha} X_{\text{Si}}^{\alpha,\text{eq}} - C_{\text{SiSi}}^{Q'} X_{\text{Si}}^{Q',\text{eq}}) + (C_{\text{SiCu}}^{\alpha} X_{\text{Cu}}^{\alpha,\text{eq}} - C_{\text{SiCu}}^{Q'} X_{\text{Cu}}^{Q',\text{eq}}) + (C_{\text{SiMg}}^{\alpha} X_{\text{Mg}}^{\alpha,\text{eq}} - C_{\text{SiMg}}^{Q'} X_{\text{Mg}}^{Q',\text{eq}}) \\ (B_{\text{Si}}^{\theta'} - B_{\text{Si}}^{Q'}) + (C_{\text{SiSi}}^{Q'} X_{\text{Si}}^{Q',\text{eq}} - C_{\text{SiSi}}^{\theta'} X_{\text{Si}}^{\theta',\text{eq}}) + (C_{\text{SiCu}}^{Q'} X_{\text{Cu}}^{Q',\text{eq}} - C_{\text{SiCu}}^{\theta'} X_{\text{Cu}}^{\theta',\text{eq}}) + (C_{\text{SiMg}}^{Q'} X_{\text{Mg}}^{Q',\text{eq}} - C_{\text{SiMg}}^{\theta'} X_{\text{Mg}}^{\theta',\text{eq}}) \\ (B_{\text{Cu}}^{\alpha} - B_{\text{Cu}}^{\alpha}) + (C_{\text{SiCu}}^{\alpha} X_{\text{Si}}^{\alpha,\text{eq}} - C_{\text{SiCu}}^{Q'} X_{\text{Si}}^{Q',\text{eq}}) + (C_{\text{CuCu}}^{\alpha} X_{\text{Cu}}^{\alpha,\text{eq}} - C_{\text{CuCu}}^{Q'} X_{\text{Cu}}^{Q',\text{eq}}) + (C_{\text{CuMg}}^{\alpha} X_{\text{Mg}}^{\alpha,\text{eq}} - C_{\text{CuMg}}^{Q'} X_{\text{Mg}}^{Q',\text{eq}}) \\ (B_{\text{Cu}}^{\theta'} - B_{\text{Cu}}^{Q'}) + (C_{\text{SiCu}}^{Q'} X_{\text{Si}}^{Q',\text{eq}} - C_{\text{SiCu}}^{\theta'} X_{\text{Si}}^{\theta',\text{eq}}) + (C_{\text{CuCu}}^{Q'} X_{\text{Cu}}^{Q',\text{eq}} - C_{\text{CuCu}}^{\theta'} X_{\text{Cu}}^{\theta',\text{eq}}) + (C_{\text{CuMg}}^{Q'} X_{\text{Mg}}^{Q',\text{eq}} - C_{\text{CuMg}}^{\theta'} X_{\text{Mg}}^{\theta',\text{eq}}) \\ (B_{\text{Mg}}^{Q'} - B_{\text{Mg}}^{\alpha}) + (C_{\text{SiMg}}^{\alpha} X_{\text{Si}}^{\alpha,\text{eq}} - C_{\text{SiMg}}^{Q'} X_{\text{Si}}^{Q',\text{eq}}) + (C_{\text{CuMg}}^{\alpha} X_{\text{Cu}}^{\alpha,\text{eq}} - C_{\text{CuMg}}^{Q'} X_{\text{Cu}}^{Q',\text{eq}}) + (C_{\text{MgMg}}^{\alpha} X_{\text{Mg}}^{\alpha,\text{eq}} - C_{\text{MgMg}}^{Q'} X_{\text{Mg}}^{Q',\text{eq}}) \\ (B_{\text{Mg}}^{\theta'} - B_{\text{Mg}}^{Q'}) + (C_{\text{SiMg}}^{Q'} X_{\text{Si}}^{Q',\text{eq}} - C_{\text{SiMg}}^{\theta'} X_{\text{Si}}^{\theta',\text{eq}}) + (C_{\text{CuMg}}^{Q'} X_{\text{Cu}}^{Q',\text{eq}} - C_{\text{CuMg}}^{\theta'} X_{\text{Cu}}^{\theta',\text{eq}}) + (C_{\text{MgMg}}^{Q'} X_{\text{Mg}}^{Q',\text{eq}} - C_{\text{MgMg}}^{\theta'} X_{\text{Mg}}^{\theta',\text{eq}}) \end{pmatrix}$$

(2-147)

$$A = \begin{pmatrix} 1-\sum_{p=1}^{3}h(\eta_p) & h(\eta_1) & \sum_{p=1}^{3}h(\eta_p) & 0 & 0 & 0 & 0 & 0 & 0 \\ 0 & 0 & 0 & 1-\sum_{p=1}^{3}h(\eta_p) & h(\eta_1) & \sum_{p=1}^{3}h(\eta_p) & 0 & 0 & 0 \\ 0 & 0 & 0 & 0 & 0 & 0 & 1-\sum_{p=1}^{3}h(\eta_p) & h(\eta_1) & \sum_{p=1}^{3}h(\eta_p) \\ C_{\text{SiSi}}^{\alpha} & -C_{\text{SiSi}}^{Q'} & 0 & C_{\text{SiCu}}^{\alpha} & -C_{\text{SiCu}}^{Q'} & 0 & C_{\text{SiMg}}^{\alpha} & -C_{\text{SiMg}}^{Q'} & 0 \\ 0 & C_{\text{SiSi}}^{Q'} & -C_{\text{SiSi}}^{\theta'} & 0 & C_{\text{SiCu}}^{Q'} & -C_{\text{SiCu}}^{\theta'} & 0 & C_{\text{SiMg}}^{Q'} & -C_{\text{SiMg}}^{\theta'} \\ C_{\text{SiCu}}^{\alpha} & -C_{\text{SiCu}}^{Q'} & 0 & C_{\text{CuCu}}^{\alpha} & -C_{\text{CuCu}}^{Q'} & 0 & C_{\text{CuMg}}^{\alpha} & -C_{\text{CuMg}}^{Q'} & 0 \\ 0 & C_{\text{SiCu}}^{Q'} & -C_{\text{SiCu}}^{\theta'} & 0 & C_{\text{CuCu}}^{Q'} & -C_{\text{CuCu}}^{\theta'} & 0 & C_{\text{CuMg}}^{Q'} & -C_{\text{CuMg}}^{\theta'} \\ C_{\text{SiMg}}^{\alpha} & -C_{\text{SiMg}}^{Q'} & 0 & C_{\text{CuMg}}^{\alpha} & -C_{\text{CuMg}}^{Q'} & 0 & C_{\text{MgMg}}^{\alpha} & -C_{\text{MgMg}}^{Q'} & 0 \\ 0 & C_{\text{SiMg}}^{Q'} & -C_{\text{SiMg}}^{\theta'} & 0 & C_{\text{CuMg}}^{Q'} & -C_{\text{CuMg}}^{\theta'} & 0 & C_{\text{MgMg}}^{Q'} & -C_{\text{MgMg}}^{\theta'} \end{pmatrix}$$

(2-148)

最后，各相中未知组分的浓度序参量场由公式 $x = A^{-1}f$ 求解。

2.4.4.5 倒易空间的弹性应变能

本征应变 $\varepsilon_{ij}^0(r)$ 和弹性模量张量 C_{ijkl} 可以写为

$$\varepsilon_{ij}^0(r) = \delta_{ij}\varepsilon_0^i \Delta c + \sum_{p=1}^{3} h(\eta_p)\varepsilon_{ij}^0(p) \qquad (2\text{-}149)$$

$$C_{ijkl} = \left(1 - \sum_{p=1}^{3} h(\eta_p)\right)C_{ijkl}^{\alpha} + \left(\sum_{p=1}^{3} h(\eta_p)C_{ijkl}^{p}\right) \qquad (2\text{-}150)$$

式中，$\Delta c = c_i - c_i^0$；$h(\eta_p)$ 为插值函数；$\varepsilon_{ij}^0(p)$ 为不同析出相的本征应变；C_{ijkl}^{α} 为基体相的弹性常数；C_{ijkl}^{p} 为析出相的弹性常数，$p=1$ 为 Q' 相，$p=2$、3 为 θ' 相。

这里假设本征应变与浓度不均匀性无关，也可称之为无应力应变，根据 Khachaturyan[18]，无应力应变可写为

$$\varepsilon_{ij}^0(r) = \sum_{p=1}^{v} \tilde{\theta}_p(r)\varepsilon_{ij}^0(p) \qquad (2\text{-}151)$$

式中，$\tilde{\theta}_p(r)$ 是位置函数，也叫"形状函数（Shape Function）"，在第二相粒子内部

为 1，外部为 0；$\varepsilon_{ij}^0(p)$ 为第 p 个析出相的无应力应变。

1995 年，Wang 等[24]将结构序参量的平方项引入无应力应变来描述 Mg 合金中不同变体的氧化锆析出

$$\varepsilon_{ij}^0(\boldsymbol{r}) = \eta_\alpha^2(\boldsymbol{r})\varepsilon(\alpha)_{ij}^0 \tag{2-152}$$

式中，$\varepsilon(\alpha)_{ij}^0$ 为晶格错配度；η_α 为第 α 个变体。

2016 年，Ji 等[23]将形状函数写为插值函数的形式，即

$$\varepsilon_{ij}^0(\boldsymbol{r}) = \sum_{p=1}^{v} h(\eta_p)\varepsilon_{ij}^0(p) \tag{2-153}$$

式中，$h(\eta_p) = \eta_p^2(3-2\eta_p)$。

无论是结构序参量平方 η^2 还是插值函数 $h(\eta_p)$，在本征应变表达式中的作用都是保证满足在第二相内部为 1 和在第二相之外为 0。图 2-10 是上述两种方法的曲线图，可以看出，插值函数曲线在 $\eta = 0.5$ 时斜率最大，序参量平方曲线斜率一直在增大。位置函数与析出相本征应变相乘，旨在描述不同的析出相本征应变所占"比例"。两个函数从 0 到 1 变化增速不同，即相同大小的序参量所体现的析出相本征应变的权重不同。插值函数的特点是在靠近基体和析出相的区域增速最小，在界面处增速较大。

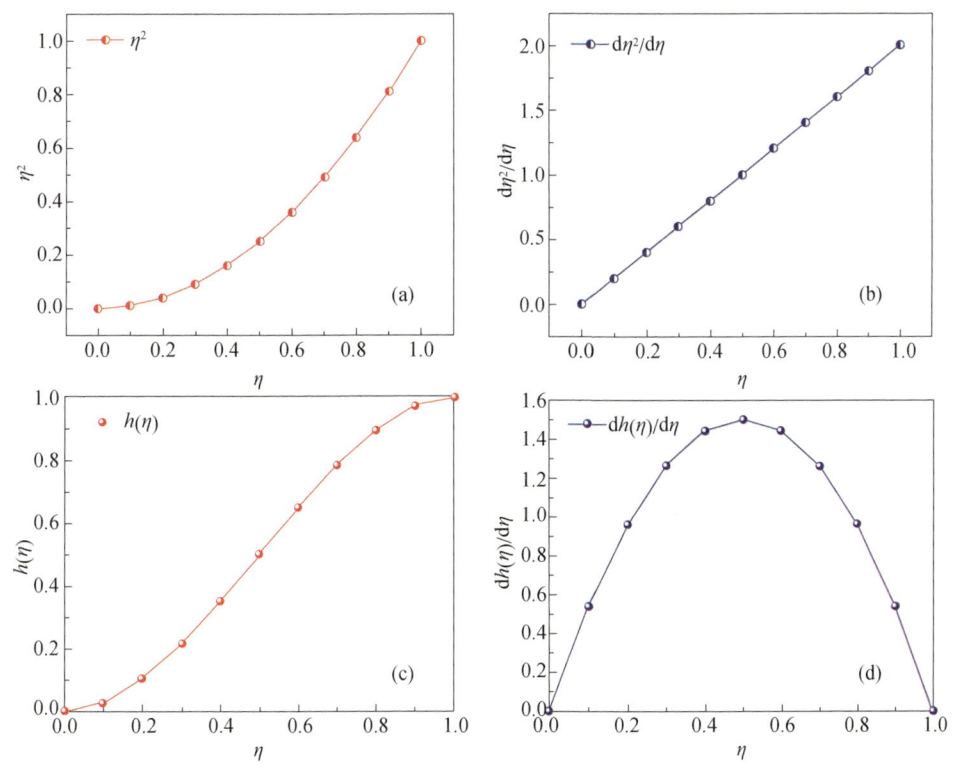

图 2-10 两相析出控制函数比较。(a) 结构序参量平方函数随结构序参量变化 $\eta^2 - \eta$；(b) $d\eta^2/d\eta - \eta$；(c) 插值函数 $h(\eta)$ 随序参数 η 变化；(d) $dh(\eta)/d\eta - \eta$

弹性应力 $\sigma_{ij}^{el}(r)$ 为

$$\sigma_{ij}^{el}(r) = C_{ijkl}\varepsilon_{kl}^{el}(r) = C_{ijkl}\left[\varepsilon_{ij}^{tot}(r) - \delta_{ij}\varepsilon_0^i \Delta c - \sum_{p=1}^{3} h(\eta_p)\varepsilon_{ij}^0(p)\right] \qquad (2\text{-}154)$$

根据 K-S 理论可知，总应变 $\varepsilon_{ij}^{tot}(r)$ 为均匀应变 $\bar{\varepsilon}_{ij}(r)$ 与非均匀应变 $\delta\varepsilon_{ij}(r)$ 之和为

$$\varepsilon_{ij}^{tot}(r) = \bar{\varepsilon}_{ij}(r) + \delta\varepsilon_{ij}(r) \qquad (2\text{-}155)$$

式中，均匀应变 $\bar{\varepsilon}_{ij}(r)$ 为宏观应变。非均匀应变 $\delta\varepsilon_{ij}(r)$ 可以表示局部应变偏离宏观应变的程度，但它无宏观效应，分别定义为

$$\int_V \varepsilon_{ij}(r)\mathrm{d}V = \bar{\varepsilon}_{ij}(r)V \qquad (2\text{-}156)$$

$$\int_V \delta\varepsilon_{ij}(r)\mathrm{d}V = 0 \qquad (2\text{-}157)$$

非均匀应变还可以通过局部位移 $u(r)$ 表示

$$\delta\varepsilon_{ij}(r) = \frac{1}{2}\left[\frac{\partial u_i(r)}{\partial r_j} + \frac{\partial u_j(r)}{\partial r_i}\right] \qquad (2\text{-}158)$$

在体系无外加应力的情况下，平衡条件表示为

$$\frac{\partial \sigma_{ij}^{el}(r)}{\partial r_j} = 0 \qquad (2\text{-}159)$$

将公式（2-154）、（2-155）、（2-158）代入公式（2-159），得

$$C_{ijkl}\frac{\partial^2 u_k(r)}{\partial r_j \partial r_l} = \sum_p C_{ijkl}\varepsilon_{kl}^0(p)\frac{\partial}{\partial r_j}[h(\eta_p)] + C_{ijkl}\frac{\partial}{\partial r_j}\varepsilon_0^i \Delta c \qquad (2\text{-}160)$$

将上式进行傅里叶变换，进入傅里叶空间求解

$$-C_{ijkl}k_j k_l \int_V \mathrm{d}V u_k(r)\mathrm{e}^{-ikr} = i\sum_p C_{ijkl}\varepsilon_{kl}^0(p)k_j \int_V \mathrm{d}V h(\eta_p)\mathrm{e}^{-ikr}$$
$$+ iC_{ijkl}\varepsilon_0^i k_j \int_V \mathrm{d}V \Delta c\mathrm{e}^{-ikr} \qquad (2\text{-}161)$$

式中，k 为倒易空间矢量；k_j 为倒易空间中第 j 个分量。令

$$\tilde{u}_k(k) = \int_V \mathrm{d}V u_k(r)\mathrm{e}^{-ikr} \qquad (2\text{-}162)$$

$$\{h(\eta_p)\}_k = \int_V \mathrm{d}V h(\eta_p)\mathrm{e}^{-ikr} \qquad (2\text{-}163)$$

$$\Delta\{c(r)\}_k = \int_V \mathrm{d}V \Delta c(r)\mathrm{e}^{-ikr} \qquad (2\text{-}164)$$

$$G_{ik}^{-1}(k) = C_{ijkl}k_j k_l = k^2 C_{ijkl}n_j n_l = k^2 \Omega_{jk}^{-1}(n) \qquad (2\text{-}165)$$

式中，$G_{ik}(k)$ 和 $G_{ik}^{-1}(k)$ 互为逆矩阵；$\Omega_{jk}^{-1}(n)$ 和 $\Omega_{jk}(n)$ 互为逆矩阵；$n = k/k$ 是单位向量。则上式（2-161）可改写为

$$\tilde{u}_k(k) = -iG_{ik}(k)\sum_p C_{ijkl}\varepsilon_{kl}^0(p)k_j\{h(\eta_p)\}_k - iG_{ik}(k)C_{ijkl}\varepsilon_0^i k_j \Delta\{c(r)\}_k \qquad (2\text{-}166)$$

式中，$\tilde{u}_k(\mathbf{k})$ 为 $u_k(\mathbf{r})$ 的傅里叶形式。

非均匀应变场的傅里叶变换

$$\delta\varepsilon_{ij}(\mathbf{r}) = \frac{1}{(2\pi)^3}\int \frac{i}{2}[\tilde{u}_k(\mathbf{k})k_j + \tilde{u}_k(\mathbf{k})k_i]e^{i\mathbf{k}\mathbf{r}}d^3k \quad (2\text{-}167)$$

系统的总弹性能自由能

$$F_{el} = \frac{1}{2}\int_V C_{ijkl}(\varepsilon_{ij} - \varepsilon_{ij}^0)(\varepsilon_{kl} - \varepsilon_{kl}^0)d^3\mathbf{r} \quad (2\text{-}168)$$

傅里叶变换得到

$$F_{el} = \left\{\begin{array}{l} \dfrac{V}{2}C_{ijkl}\overline{\varepsilon}_{ij}\overline{\varepsilon}_{kl} - V\sum_p \overline{\varepsilon}_{ij}\sigma_{kl}^0(p)\overline{h(\eta_p)} - V\sum_p C_{ijkl}\overline{\varepsilon}_{ij}\varepsilon_0^i \Delta c + \\[6pt] \dfrac{1}{2}\sum_p C_{ijkl}\varepsilon_{ij}^0\varepsilon_{kl}^0 \overline{h(\eta_p)h(\eta_q)} + V\sum_p \sigma_{ij}^0(p)h(\eta_p)\varepsilon_{kl}^c\Delta c + \\[6pt] \dfrac{V}{2}\sum_p C_{ijkl}\varepsilon_{ij}^c\Delta c \varepsilon_{kl}^c\Delta c + \int_V \dfrac{d^3k}{(2\pi)^3}\left[-\dfrac{1}{2}B_{pq}(n)\{h(\eta_p)\}_k^*\{h(\eta_q)\}_k + \right. \\[6pt] \left. C_{ijkl}\varepsilon_0^0\varepsilon_0^i\{h(\eta_p)\}_k^*\Delta\{c\}_k - \dfrac{1}{2}C_{ijkl}\varepsilon_0^i\varepsilon_0^i\Delta\{c\}_k^*\Delta\{c\}_k\right] \end{array}\right\} \quad (2\text{-}169)$$

其中

$$B_{pq}(n) = n_i\sigma_{ij}^0(p)\Omega_{jk}(n)\sigma_{ij}^0(q)n_l \quad (2\text{-}170)$$

$$\Omega_{jk}^{-1}(n) = n_i C_{ijkl} n_l \quad (2\text{-}171)$$

式中，$n = \mathbf{k}/k$。

2.4.5 求解数据分析

2.4.5.1 固相分数

固相分数（Solid Fraction），通常用 f_s 表示

$$f_s = \frac{S_{\phi_n}}{Nx * Ny} * 100\% \quad (2\text{-}172)$$

式中，Nx、Ny 为网格数量，S_{ϕ_n} 为固相的总面积，$n=1$ 为 α-Al 相，$n=2$ 为硅相。

2.4.5.2 长径比

长径比（Aspect Ratio），通常用 LD 表示

$$LD = aspect\ ratio = \frac{l}{b} \quad (2\text{-}173)$$

式中，l 为某相的长轴长度，单位为 μm；b 为某相的短轴长度，单位为 μm。

2.4.5.3 等效直径

等效直径（Equivalent Diameter）：指将不规则形状的物体转化为某种规则形状（通常是球体或圆形）的一个假设直径，使该规则形状具有与原物体相同的某种物理属性（如体积、表面积、周长等），通常表示为 D_{eq}。不规则截面等效直径 D_{eq} 为

$$D_{eq} = \sqrt{\frac{4 \times Contour\ Area}{\pi}} \quad (2\text{-}174)$$

式中，D_{eq} 为等效直径，单位为 μm；$Contour\ Area$ 为某相（例如，共晶 Si）的总面积，单位为 μm^2。

2.4.5.4 Von Mises 应力

$$\sigma_{VM} = \sqrt{\frac{1}{2}[(\sigma_{xx} - \sigma_{yy})^2 + (\sigma_{yy} - \sigma_{zz})^2 + (\sigma_{zz} - \sigma_{xx})^2] + 3\sigma_{xy}^2} \quad (2\text{-}175)$$

式中，σ_{xx} 为 x 方向正应力，σ_{yy} 为 y 方向正应力，$\sigma_{zz} = v(\sigma_{xx} + \sigma_{yy})$，应力单位为 MPa；$v$ 为泊松比；σ_{xy} 为切应力。

2.5 序参量场模拟结果示例

2.5.1 α-Al 枝晶生长

Al-Si 合金单个 α-Al 枝晶生长过程相场模拟如图 2-11（a~f）所示。红色代表固相，蓝色代表液相，固/液界面区域呈过渡色。可以看出，随着凝固时间延长，枝晶逐渐长大并充满计算区域。凝固初期主要是一次枝晶长大，逐步萌发侧向分支，形成二次或更高次枝晶臂，侧向分支相互间出现竞争生长。图 2-11（g）是分图（a）中黄线标记位置的相场序参量分布曲线，发现在位置为 500 等处两侧一些相场序参量值快速降低，这是生长过程枝晶颈缩导致的，凝固时间越长，颈缩现象越严重。

单个 α-Al 枝晶生长过程中元素 Si 的溶质场序参量分布演化如图 2-12（a~f）所示。固相枝晶中 Si 的浓度比液相中低，固/液界面前沿区域出现 Si 富集，这是由于凝固过程存在溶质再分配，从固相中析出的溶质不能充分扩散到液相中，从而富集在枝晶前沿。溶质最低浓度处位于枝晶主干中心及附近，这是由于凝固过程中枝晶尖端曲率效应引起过冷，使固相线向下移动，而固相中溶质扩散速度又远远低于枝晶生长速度。最高浓度处于被二次晶臂包围的糊状区域，这是由于该区域富集的溶质扩散受到二次晶臂阻碍，不易向液相中扩散。表明 Si 溶质在 α-Al 枝晶中的浓

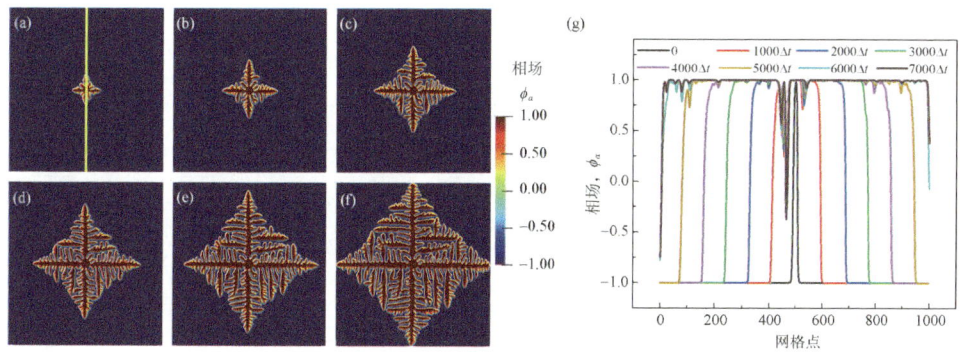

图 2-11　α-Al 单枝晶生长相场模拟。(a) $t=1000\Delta t$；(b) $t=2000\Delta t$；(c) $t=3000\Delta t$；
(d) $t=4000\Delta t$；(e) $t=5000\Delta t$；(f) $t=6000\Delta t$；(g) 分图 (a) 中黄线标记位置的
相场序参量分布曲线

度低于液相中浓度且会在枝晶根部富集。图 2-12（a~f）的中轴附近位置在不同模拟时间的溶质分布如图 2-12（g）所示。由于溶质 Si 大量富集在枝晶固/液界面前沿，溶质场浓度分布呈 U 字型，在枝晶内部溶质浓度低，枝晶间的溶质浓度高，这和实际枝晶中溶质分布是一致的。

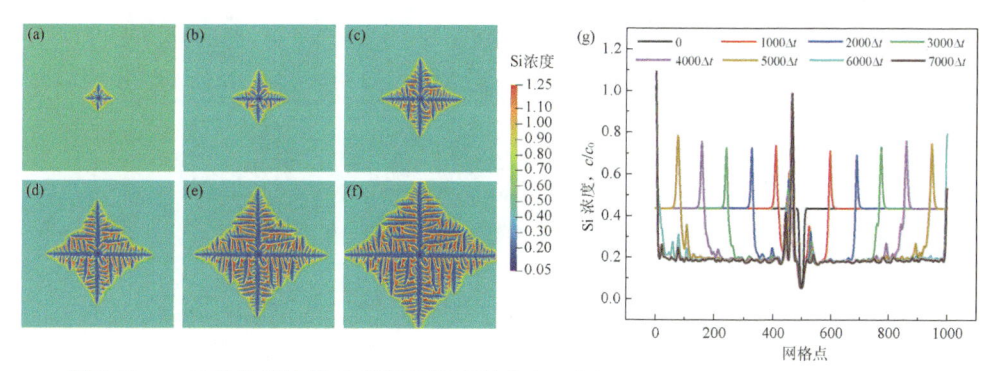

图 2-12　α-Al 单枝晶生长 Si 溶质场序参量分布。(a) $t=1000\Delta t$；(b) $t=2000\Delta t$；
(c) $t=3000\Delta t$；(d) $t=4000\Delta t$；(e) $t=5000\Delta t$；(f) $t=6000\Delta t$；
(g) 分图 (a~f) 中轴附近位置溶质场序参量分布

为了进一步明晰相场和溶质场分布的对应关系，图 2-13 特别给出凝固时间为 $1000\Delta t$ 和 $3000\Delta t$ 时 α-Al 枝晶的相场和溶质场模拟图及其在枝晶主轴附近的相应分布曲线。从图中可以看出，固相枝晶内部 Si 溶质浓度分布很低，枝晶间根部区域 Si 溶质浓度富集。

多个 α-Al 枝晶生长过程的相场演化如图 2-14（a~d）所示。随着凝固进行，枝晶尖端逐渐生长，出现主枝臂，未发生碰撞的枝晶间相互影响很小，其形貌与单个晶粒生长的形貌相同（如图 2-14（a），(b)）。枝晶开始接触、碰撞，主枝晶臂生长受到抑制，出现晶界弯曲（如图 2-14（c）中黄色椭圆圈）或停止生长（如图 2-14（c）中蓝色椭圆圈），最后枝晶主干和二次枝晶臂均发达（如图 2-14（d））。

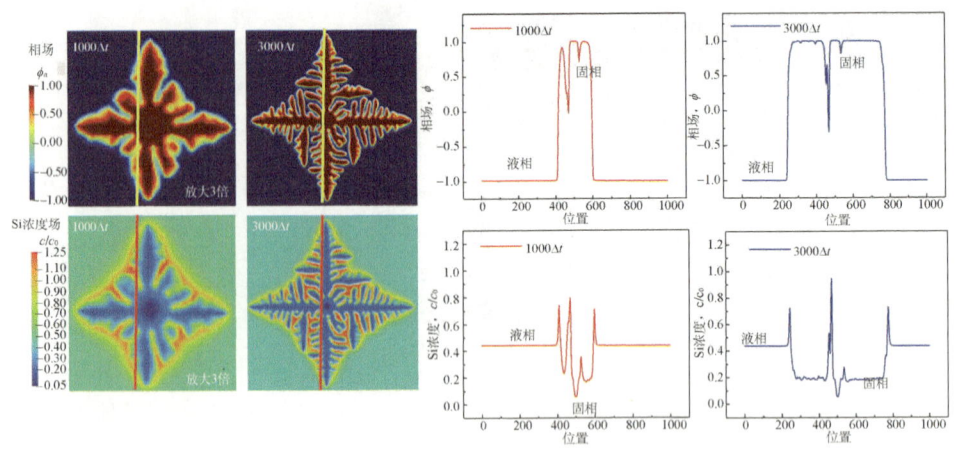

图 2-13　凝固时间为 $1000\Delta t$ 和 $3000\Delta t$ 时 α-Al 枝晶的相场、Si 溶质场模拟图及其在枝晶主轴附近的相应序参量分布曲线

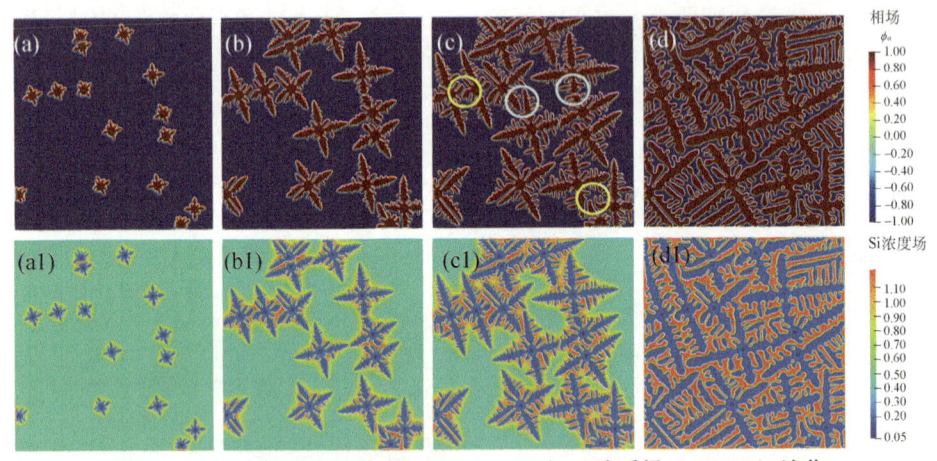

图 2-14　α-Al 多枝晶生长过程相场（a～d）和 Si 溶质场（a1～d1）演化。
（a，a1）$t=1000\Delta t$；（b，b1）$t=3000\Delta t$；（c，c1）$t=4500\Delta t$；（d，d1）$t=15\,000\Delta t$

多个 α-Al 枝晶生长过程的 Si 溶质场演化如图 2-14（a1～d1）所示。凝固初期，大多数晶粒没有被溶质场间的相互作用影响，在 $3000\Delta t$ 时（图 2-14（b1）），晶粒与晶粒之间发生相互碰撞，每个枝晶的溶质场都被其他枝晶的溶质扩散渗透，碰撞更加激烈，附近枝晶臂生长受到影响。固-液界面出现溶质富集，由于溶质扩散受阻导致二次枝晶间区域浓度较高。

图 2-15-1 为 α-Al 多枝晶生长过程 Si 溶质场演化三维相场模拟，图 2-15-2 为多个 α-Al 枝晶在不同时刻的三维相场序参量、温度场和取向场序参量分布。

图 2-16 为在强制对流条件下 Al-7.0wt%Si 合金中 α-Al 枝晶在 $18\,000\Delta t$ 时的序参量场和温度场分布：（a）取向场，（b）相场，（c）温度场，（d）溶质场。可以

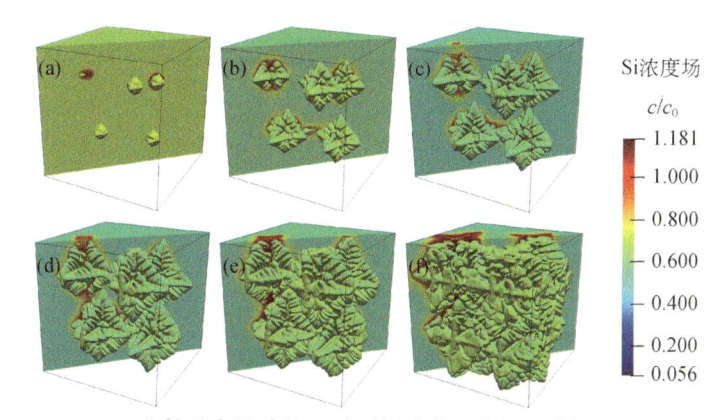

图 2-15-1 α-Al 多枝晶生长过程 Si 溶质场演化三维相场模拟。(a) $t=1000\Delta t$；
(b) $t=3000\Delta t$；(c) $t=4000\Delta t$；(d) $t=5000\Delta t$；(e) $t=6000\Delta t$；(f) $t=9000\Delta t$

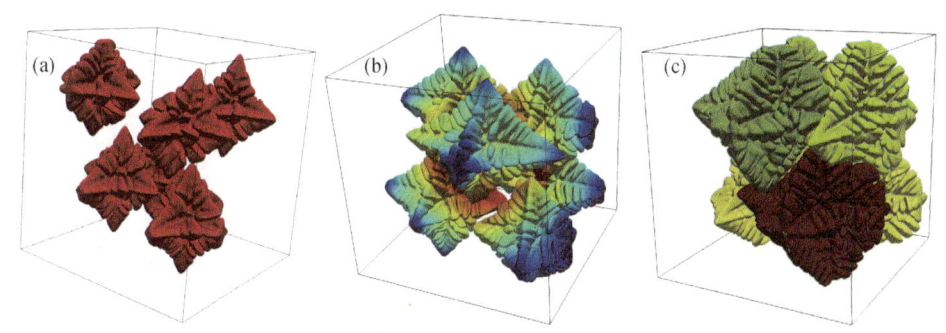

图 2-15-2 多个 α-Al 枝晶三维序参量场和温度场分布。(a) 相场（$3000\Delta t$）；
(b) 温度场（$5000\Delta t$）；(c) 取向场（$7000\Delta t$）

发现，强制对流因素促进了上游（左侧）枝晶的生长，而抑制了下游（右侧）枝晶的生长。主要是因为强制对流改变了温度场和溶质场的分布。上游侧的凝固潜热和溶质原子，会在强制对流作用下，被不断地转移到下游侧，使得上游侧的侧枝尖端具有更大的过冷度和更弱的溶质富集程度，因此生长驱动力更大，所以生长速度更快。下游侧的侧枝尖端会富集大量的凝固潜热和溶质原子，导致生长驱动力变小，侧枝生长速度减慢。

Al-Si 合金凝固过程中 α-Al 枝晶固相分数曲线如图 2-17 所示。由于凝固过程溶质再分配，固相中溶质会向固/液界面析出，固/液界面处溶质浓度最高。固相分数随凝固时间以近二次函数形式增长，枝晶生长取向更加明显，枝晶臂生长速度加快，这是由于界面溶质原子没有足够时间扩散，溶质主要在枝晶间根部富集，加快了枝晶生长。之后固相分数增长逐渐变缓，是由于当初生枝晶臂生长到边界后将停止生长，主要是侧枝生长，侧枝相互之间出现竞争，逐渐长大、粗化直至充满。

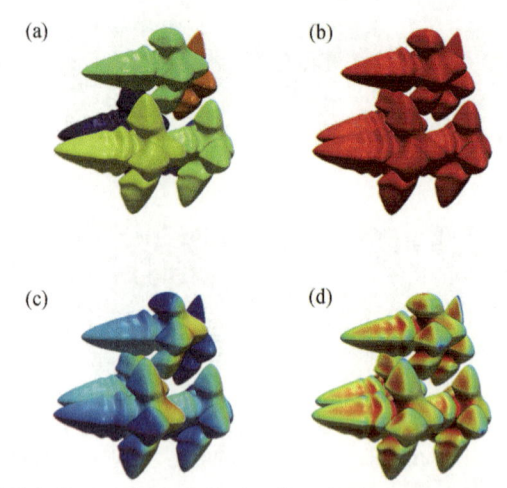

图 2-16 强制对流条件下多个 α-Al 枝晶三维序参量场和温度场分布（18 000Δt）。
(a) 取向场；(b) 相场；(c) 温度场；(d) 溶质场。模拟过冷度 $\Delta T = 10\,\text{K}$，
熔体流动速度为 $v_x = 0.50$、$v_y = 0.00$ 和 $v_z = 0.00$

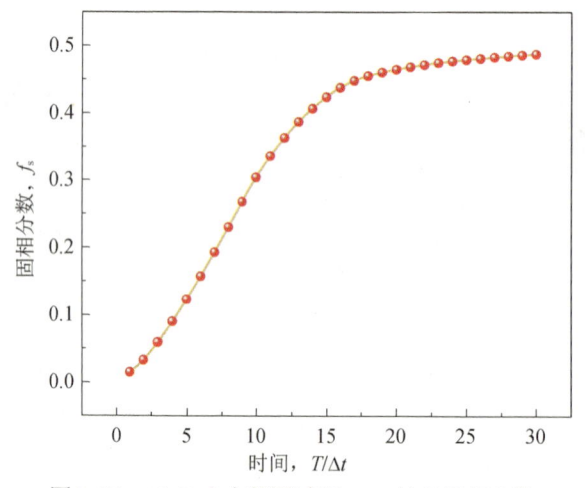

图 2-17 Al-Si 合金凝固过程 α-Al 枝晶固相分数

2.5.2 共晶 Si 生长

2.5.2.1 各向同性共晶 Si 生长

为简化和验证模型，首先计算了球形共晶偶的生长。图 2-18 所示为相场模拟的 Al-Si 合金共晶偶生长过程中 α-Al 的相场序参量分布（第 1 行）、共晶硅相场分布（第 2 行），以及共晶偶溶质场分布演化（第 3 行）。

从图 2-18 第 1 行可见，当合金体系温度下降到共晶温度，在 α-Al 枝晶相间隙中，会形成 α-Al/Si 相共晶偶。由于 Al 原子扩散速度快于 Si 原子，α-Al 相生长速

度远大于共晶 Si 相。在热扰动和溶质扰动共同作用下，α-Al 相快速生长，逐渐占据整个模拟区域。从图 2-18 第 2 行可见，在共晶偶形成初期，Si 原子可以在液相中扩散，扩散速度相对较快，所以共晶 Si 生长速度也较快。当 Si 相逐渐被 α-Al 相包裹后，Si 原子只能在 α-Al 相中扩散，扩散速度较慢，所以共晶 Si 生长速度也减慢。同时，受界面张力与溶质扰动影响，Si 相会逐渐从圆形变为不规则椭圆形，$t = 12\,000\Delta t$ 时 Si 相平均长径比约为 1.6 左右。

(a) $t=2000\Delta t$　　(b) $t=4000\Delta t$　　(c) $t=6000\Delta t$　　(d) $t=8000\Delta t$　　(e) $t=12\,000\Delta t$

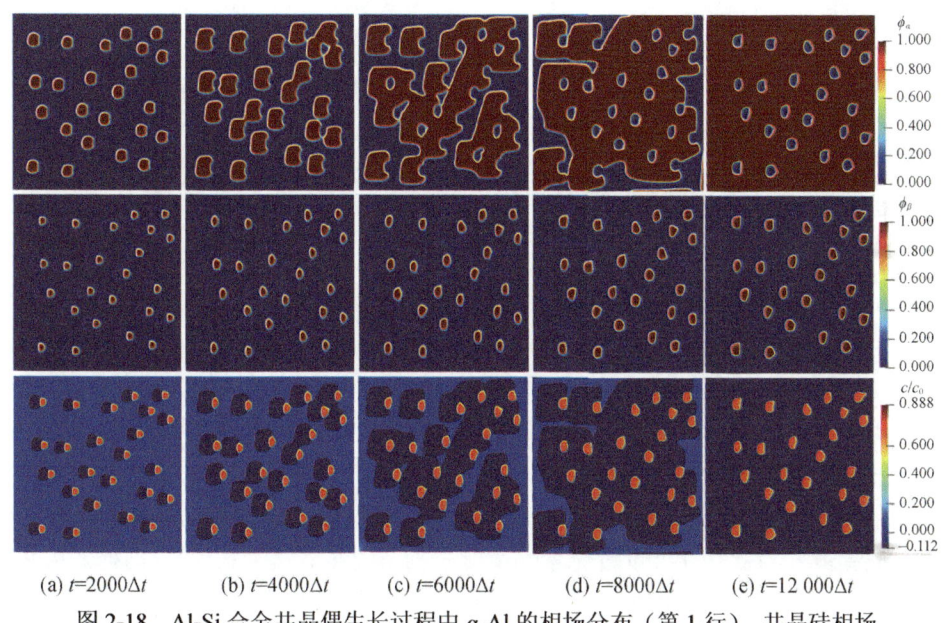

图 2-18　Al-Si 合金共晶偶生长过程中 α-Al 的相场分布（第 1 行）、共晶硅相场分布（第 2 行），共晶偶溶质场分布演化（第 3 行）。(a) $t = 2000\Delta t$；(b) $t = 4000\Delta t$；(c) $t = 6000\Delta t$；(d) $t = 8000\Delta t$；(e) $t = 12\,000\Delta t$

从图 2-18 第 3 行可见，溶质场分布可以更清晰地显示共晶偶生长过程中两相生长与溶质原子分布。在共晶偶生长初期，α-Al 相和共晶 Si 相都与液相接触，液相中的 Al 原子和 Si 原子通过固-液界面扩散到固相，并附着在固相表面，固液界面快速推进。当共晶 Si 相被 α-Al 相包裹后，Si 原子扩散受到阻碍，在共晶 Si 表面会形成一层贫 Si 区。反之，由于 α-Al 相生长自由，模拟区域内除 Si 相外，其余区域的浓度快速转变为 α-Al 相溶质浓度。

2.5.2.2　各向异性共晶偶生长

Al-Si 合金在实际凝固过程中会形成各向异性枝晶，如图 2-19 所示。当熔融金属液被浇注到模具型腔，温度过冷和成分过冷诱导金属液中形成大量晶核。其中达到临界形核半径的晶核会迅速长大。界面能各向异性诱发固-液界面形成凸起-凹陷区域。凸起区域沿着择优生长方向生长，形成主枝晶臂。同时热噪声诱发形成大量二次枝晶臂。

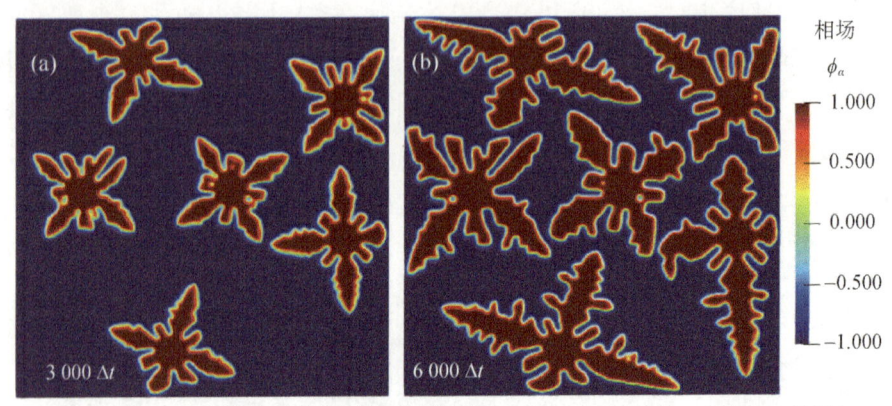

图 2-19 Al-Si 合金枝晶生长相场序参量演化。(a) $t = 3000\Delta t$；(b) $t = 6000\Delta t$

合金枝晶-共晶硅生长过程的相场序参量分布如图 2-20（a1～e1）所示。当合金温度冷却至共晶温度，共晶 Si 相在枝晶表面形核，形成共晶偶，如图 2-20（a2）所示。由于 Si 原子扩散速率比 Al 原子慢，所以 α-Al 相生长速度大于共晶 Si 相生长速度，共晶 Si 相会逐渐被 α-Al 相包裹。同时，受界面张力和溶质扰动影响，共晶 Si 相会逐渐从初始球形转变为不规则椭圆形。图 2-20（e1，e2）中 Si 相平均长径比为 1.6。图 2-20（a2～e2）是合金共晶 Si 生长过程溶质场演化。为了突出 α-Al 相与共晶 Si 相对比效果，设置无量纲浓度 c_1 为 –0.286、c_2 为 0.727。同样，共晶生长初期，α-Al 相和 Si 相都与液相接触，液相中 Al 原子和 Si 原子通过固-液界面扩散并附着在固相表面，固-液界面快速推进。当 Si 相被 α-Al 相包裹后，Si 原子扩散受阻，共晶 Si 表面会形成一层贫 Si 区。α-Al 相生长不会受到限制，模拟区域内除 Si 相外，其余区域快速转变为 α-Al 相。

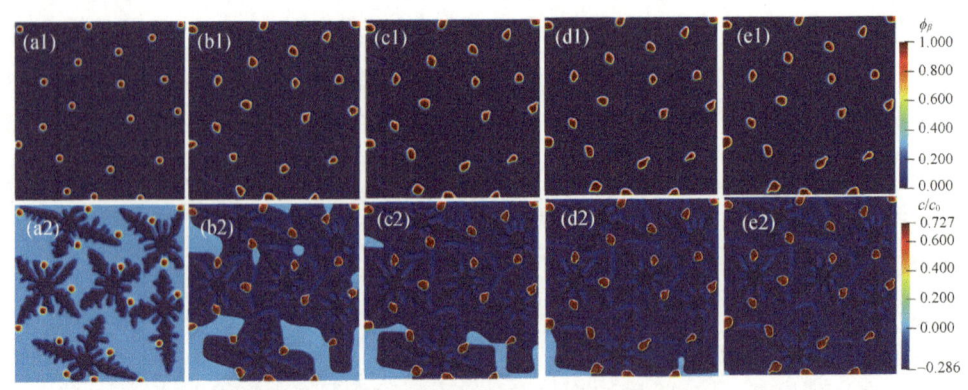

图 2-20 Al-Si 合金共晶 Si 生长过程共晶相场（a1～e1）和 Si 浓度场（a2～e2）演化。
(a) $0\Delta t$；(b) $3000\Delta t$；(c) $6000\Delta t$；(d) $9000\Delta t$；(e) $15\,000\Delta t$

2.5.2.3 固溶硅相生长

Al-Si 合金共晶 Si 固溶热处理过程中相场演化如图 2-21 所示。共晶 Si 相发生球化和长大。发现共晶 Si 相形貌演化主要与固溶时间和温度有关。固溶时间越长、温度越高，共晶 Si 相发生球化效果越明显。

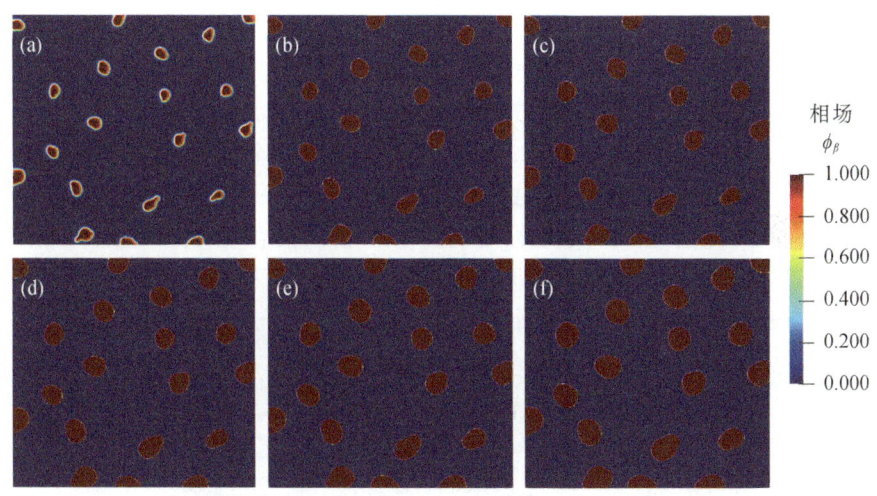

图 2-21　Al-Si 合金固溶热处理过程共晶 Si 相场演化。(a) $t=0\Delta t$；(b) $t=2000\Delta t$；(c) $t=4000\Delta t$；(d) $t=6000\Delta t$；(e) $t=8000\Delta t$；(f) $t=10\,000\Delta t$

2.5.2.4 与实验结果对比

Al-Si 合金铸态组织金相图与相场模拟图的对比如图 2-22 所示。α-Al 枝晶呈连续分布，共晶 Si 呈弥散分布，且 α-Al 枝晶相分数远大于共晶 Si。界面能各向异性诱发 α-Al 枝晶呈不规则形貌特征，共晶 Si 为针状或骨骼状形貌特征。实验和模拟共晶 Si 长径比均在 1.2～1.6 之间，模拟结果与实验结果一致。

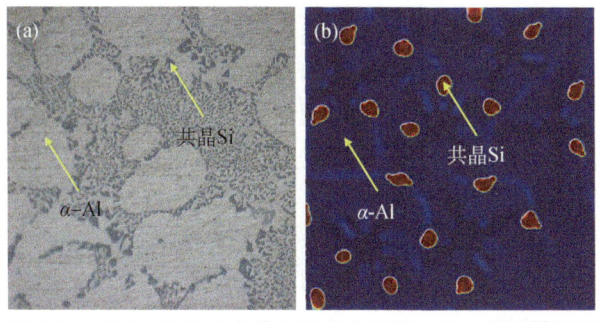

图 2-22　(a) Al-Si 合金铸态组织金相图；(b) 相场模拟图

2.5.3　两种时效析出相

如前所述，本书主要研究 Al-7Si-1.5Cu-0.5Mg 合金中 θ'-Al$_2$Cu 和 Q'-Al$_5$Cu$_2$Mg$_8$Si$_6$ 两种时效析出相。

2.5.3.1　θ' 相

设二元合金初始浓度 c_{Al} = 99.85 at%、c_{Cu} = 0.15 at%，图 2-23 为 θ'-Al$_2$Cu 相的结构序参量（a1～a6）和浓度序参量（b1～b6，c1～c6）演化，模拟网格 128×128，网格间距 dx = dy = 2 nm。从图 2-23（a1～a6）可知，在化学自由能、界面能和弹性能作用下，析出相为针状形貌。图 2-23（b1～b6，c1～c6）分别为不同时间步长下 Cu 元素和 Al 元素浓度分布演化。由于 Al$_2$Cu 析出相形成吸收大量 Cu 元素，在析出相周围形成 Cu 元素溶质耗散区，基体中以 Al 元素为主。

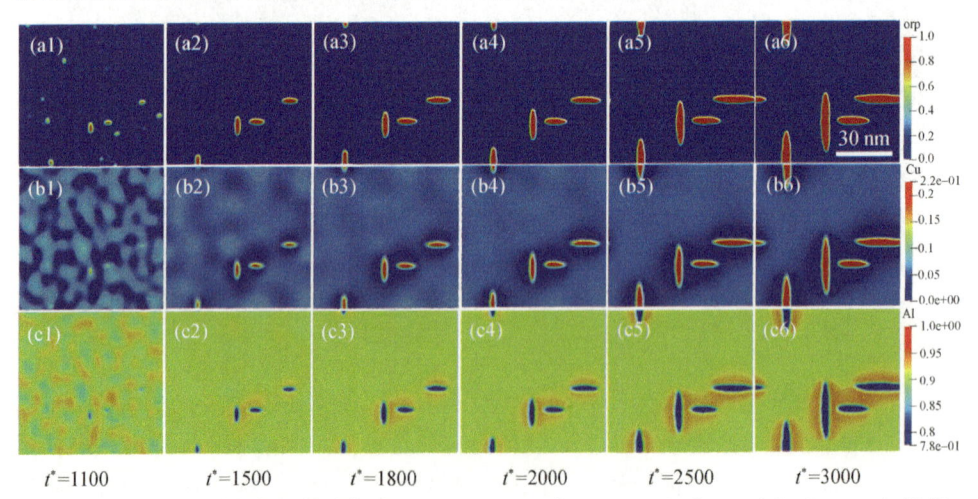

图 2-23　θ'-Al$_2$Cu 析出相形貌演化（a1～a6）、Cu 元素（b1～b6）和 Al 元素（c1～c6）浓度分布，t^*=1100、1500、1800、2000、2500 和 3000

图 2-24 所示为时间步长分别为 1500、2000 和 3000 时，Al$_2$Cu-θ' 析出相在横向和纵向（黄色箭头方向）中 Cu 元素和 Al 元素浓度分布曲线及第一硬度峰值时效、第二硬度峰值时效和过时效期 TEM 组织形貌。第一硬度峰值时效时期 TEM 图中已有细小 θ' 相。图 2-24（b1）为第二硬度峰值时期 TEM 组织，此时 θ' 相大量析出并逐渐长大、聚集，形成针状形貌。图 2-24（c1）是过时效期 θ' 相，当时效时间超过第二硬度峰值时间后，析出相尺寸进一步长大并粗化。t^* = 2000 模拟时间步长时，析出相生长尺寸明显增大。在析出相边缘区域 Al 元素浓度较高，Cu 元素浓度较低，随着边缘向心部延伸，Al 元素浓度逐渐降低，Cu 元素浓度逐渐升高。Al$_2$Cu 析出相中 Cu 元素质量百分比为 31.32 wt%，Al 元素质量百分比为 68.68 wt%。在析出相内部，Al 元素浓度约为 0.8 at%，Cu 元素浓度约为 0.2 at%。

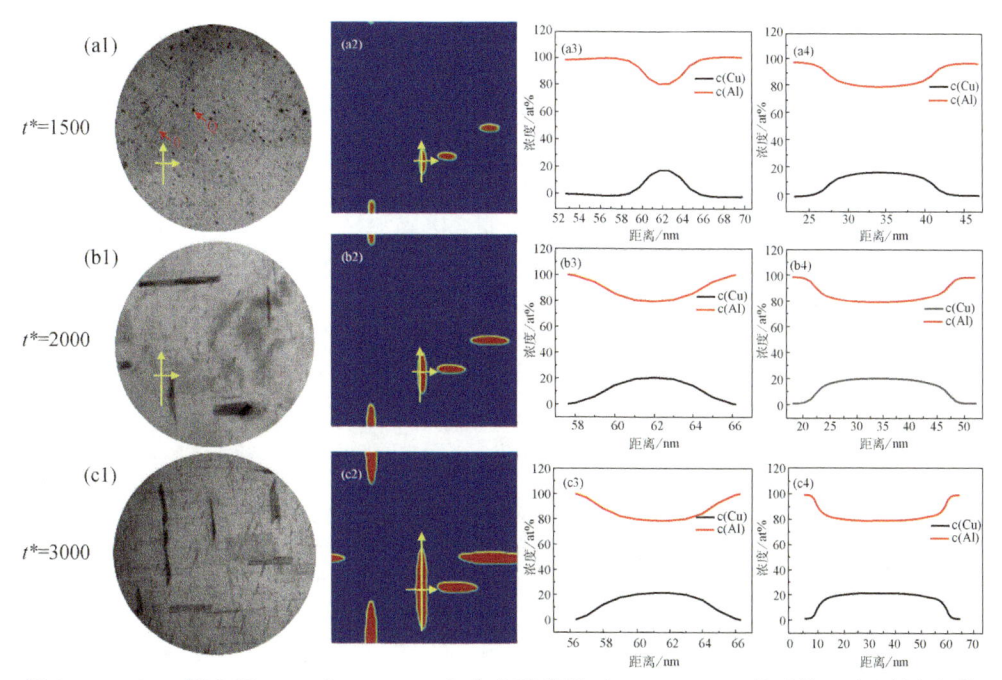

图 2-24 Al_2Cu 析出相 TEM（a1，b1，c1）和相场模拟（a2，b2，c2）的形貌，以及析出相的横向浓度分布（a3，b3，c3）和纵向浓度分布（a4，b4，c4）

析出相周围应力状态影响其形貌。不同时间步长下 θ'-Al_2Cu 析出相的 VonMises 等效应力分布状态如图 2-25 所示。等效应力主要集中于 θ'-Al_2Cu 析出相内部和附近，尖端存在应力集中。x 向、y 向正应力在析出相的相同方向表现为压应力，垂直方向表现为拉应力，切应力对称分布于析出相周围。

Al_2Cu-θ' 析出相的横向和径向应力分布如图 2-26 所示。红色 y 向正应力从相两侧到心部逐渐降低，从两侧拉应力转变为压应力。切应力和 x 向正应力变化较小，x 向正应力表现为压应力，最大压应力值约为 800 MPa。析出相径向应力从尖端到心部区域 x 方向正应力从拉应力转变为压应力，y 方向正应力表现为压应力，且不断增加，最大值约为 2300 MPa。

θ'-Al_2Cu 析出相的长度、径向尺寸和长径比随时间的变化曲线如图 2-27 所示。随着时效时间增加，径向尺寸增加缓慢，仅从 3.6 nm 增长到 7.8 nm，而长度从 8 nm 增长到 52 nm，长径比（L/D）随时间而增加。

2.5.3.2 Q' 相

时效析出相 Q'-$Al_5Cu_2Mg_8Si_6$ 是 HCP 结构，合金初始浓度为 C_{Al} = 92.11 at%、C_{Si} = 6.8 at%、C_{Cu} = 0.64 at%、C_{Mg} = 0.45 at%，时效温度为 443 K，模拟网格 128×128，网格间距 $dx = dy = 2$ nm。Q'-$Al_5Cu_2Mg_8Si_6$ 相各个组元的浓度序参量相场模拟如图 2-28 所示。

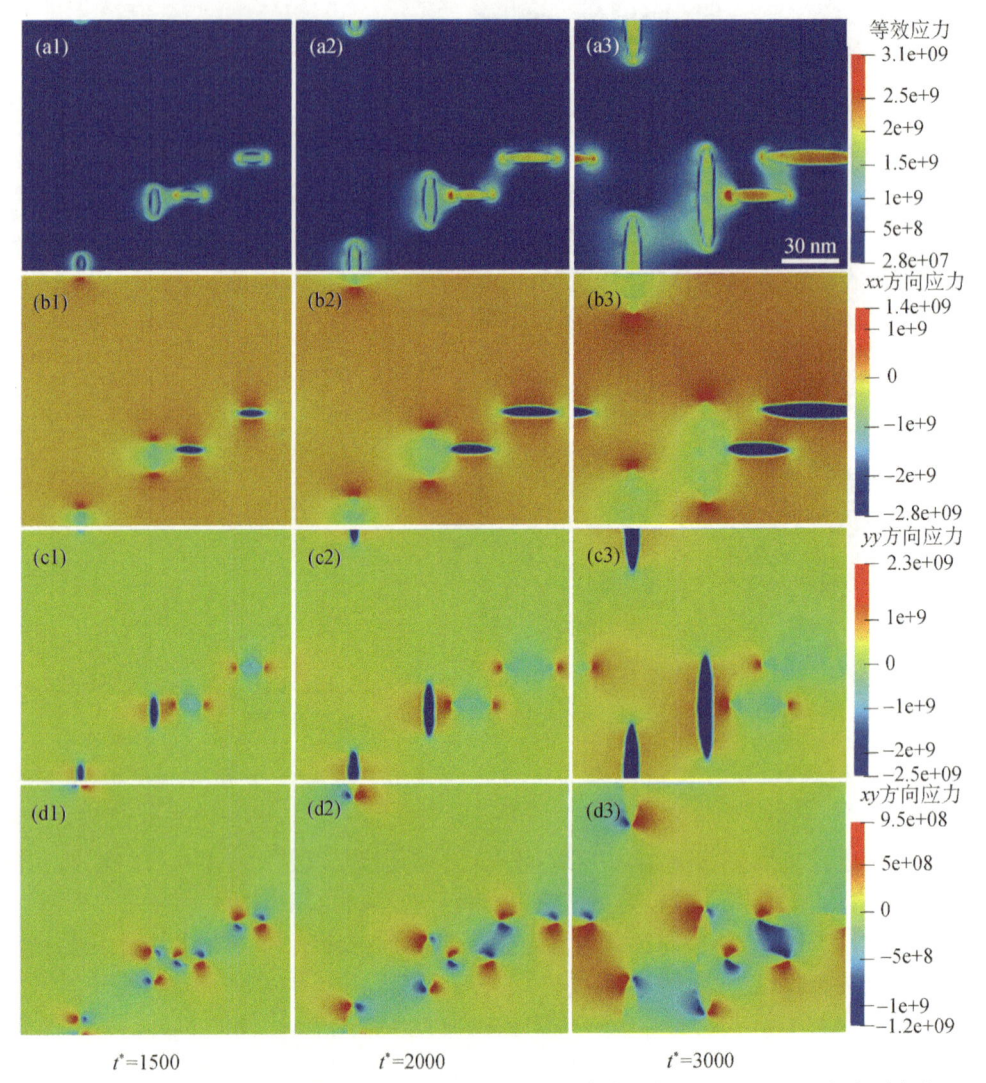

图 2-25　Al₂Cu-θ′析出相应力分布（a1～a3）VonMises 等效应力，（b1～b3）xx 方向正应力，（c1～c3）yy 方向正应力，（d1～d3）xy 方向切应力

时效初期 $t^* = 2000$ 时，过饱和固溶体出现浓度起伏（图 2-28（a1～c1））。随着时效进行，浓度起伏、元素偏析之后形成点状 Q' 析出相（图 2-28（a2～c2））并长大。在 $t^* = 20\ 000$ 时，达到第一硬度峰值时效阶段，Q' 相已具规模。在 $t^* = 50\ 000$ 时达到第二硬度峰值时效时间，此时析出相有块状和长条状。当时效时间超过第二硬度峰值时间 $t^* = 80\ 000$，析出相尺寸进一步长大粗化形成稳定条块状。

图 2-29 所示为 Al-7Si-1.5Cu-0.5Mg 合金 Q' 相在时效初期和第一峰值硬度时的 TEM 图、相场模拟图和其中一个颗粒相的浓度分布。可见第一硬度峰值阶段 Q' 相形貌为点块状，浓度范围在 7 nm 左右，与试验结果一致。

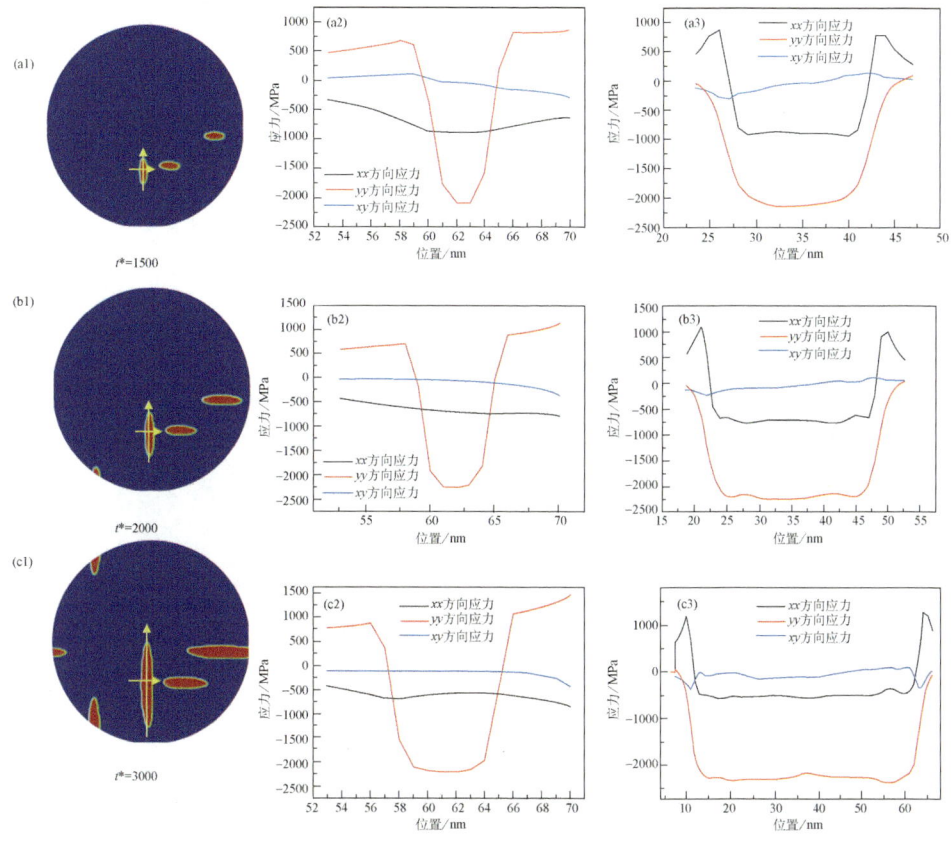

图 2-26 析出相（a1，b1，c1）的横向（a2，b2，c2）和
纵向（a3，b3，c3）应力分布曲线

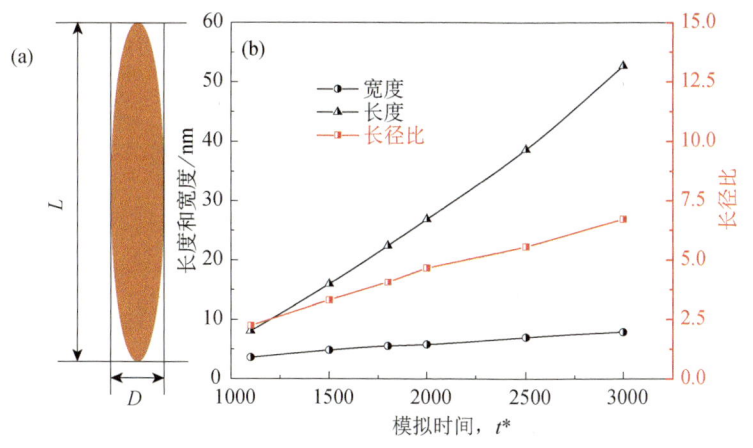

图 2-27 θ'-Al$_2$Cu 析出相长度 L、径向尺寸 D 和长径比曲线。
（a）长径比示意图；（b）析出相的长度、径向尺寸和长径比

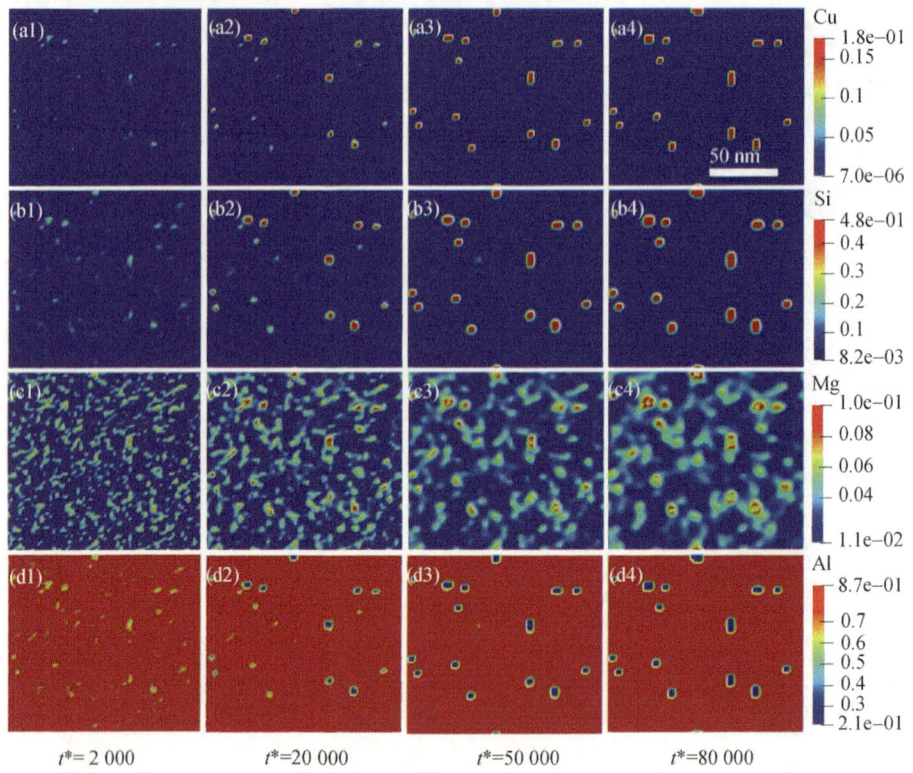

图 2-28　Al-7Si-1.5Cu-0.4Mg 合金中 Q'-$Al_5Cu_2Mg_8Si_6$ 相浓度序参量场分布。（a1～a4）Cu 元素浓度；（b1～b4）Si 元素浓度；（c1～c4）Mg 元素浓度；（d1～d4）Al 元素浓度

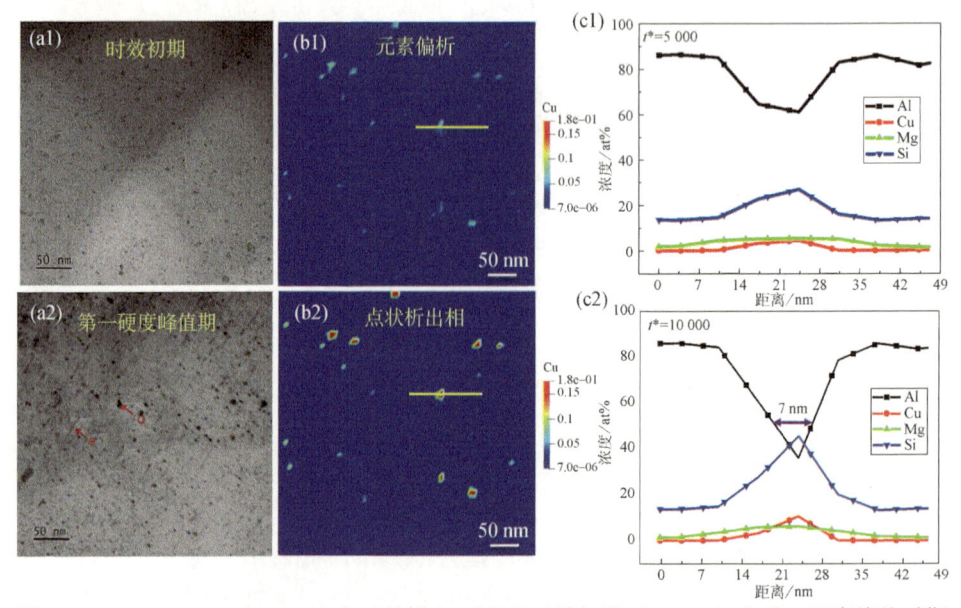

图 2-29　Al-7Si-1.5Cu-0.4Mg 合金时效析出 Q' 相的时效初期（a1～c1）和第一硬度峰值时期（a2～c2）。（a1，a2）TEM 图；（b1，b2）Cu 元素浓度场分布；（c1，c2）黄线位置线扫浓度分布

图 2-30 所示为第二硬度峰值阶段和过时效阶段的 Q' 相的 TEM 形貌和相场模拟。发现第二硬度峰值阶段 Q' 相主要呈块状，相场模拟与实验结果一致，根据 HRTEM 测得块状析出相尺寸为 16.03 nm，相场模拟为 14 nm。过时效阶段析出相主要是粗化的条状和块状相，实验测得尺寸为 25.1 nm，模拟为 18.3 nm 左右，误差较大，主要是模拟时间与真实时间差异导致。

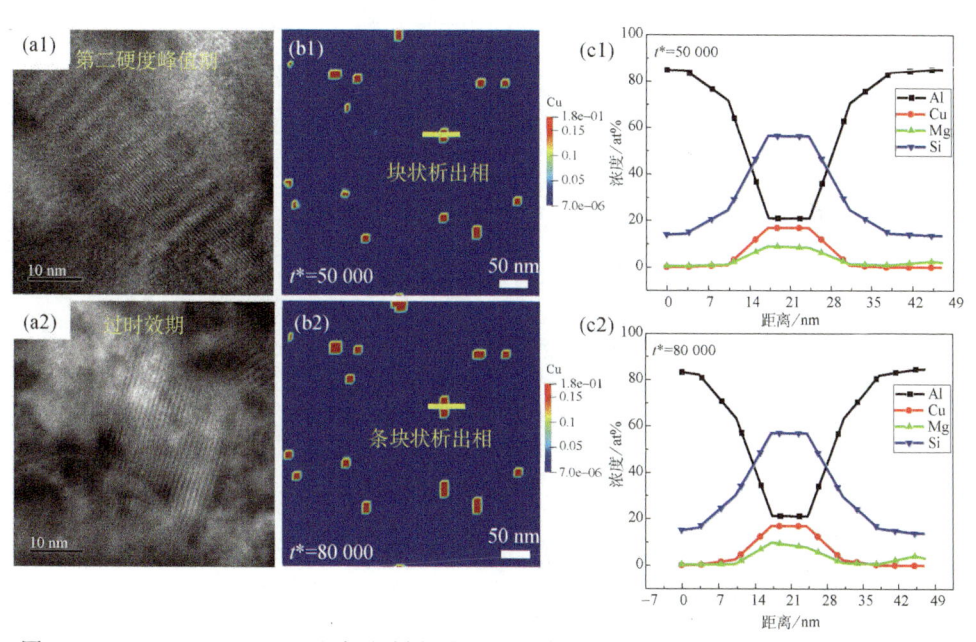

图 2-30　Al-7Si-1.5Cu-0.5Mg 合金时效析出相第二硬度峰值（a1~c1）和过时效 Q' 阶段（a2~c2）。（a1，a2）TEM 结果；（b1~b2）Cu 元素相场模拟；（c1~c2）黄线所示位置线扫浓度分布

2.5.3.3　双相析出

θ' 相主导的双相共析出如图 2-31 所示，发现 θ' 相可正常长大，Q' 相生长缓慢。

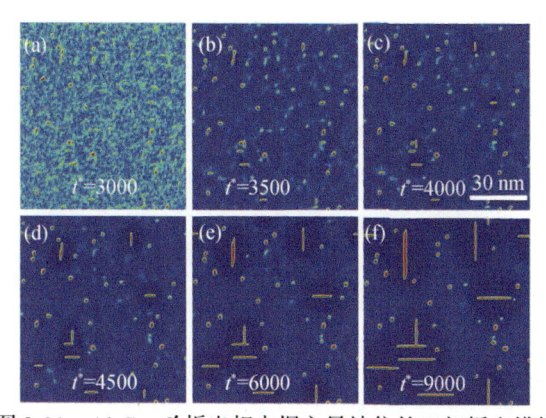

图 2-31　Al_2Cu-θ' 析出相占据主导地位的双相析出模拟

同时显示双相和单相如图 2-32 所示。Orp、Orp1 和 Orp2 分别为双相共析出相、θ' 相和 Q' 相的结构序参量场分布，统计长径比时需要单独提取每种析出相的信息。

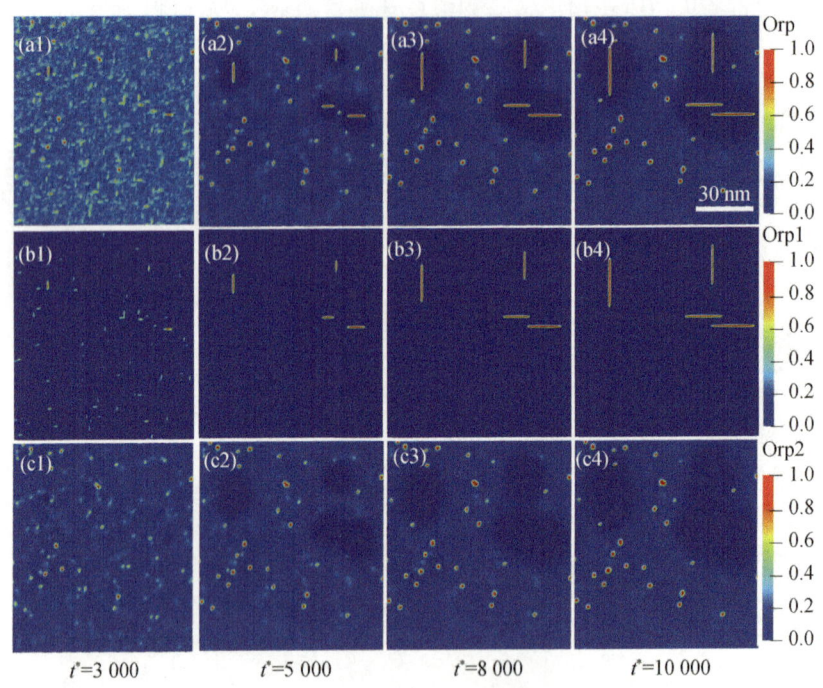

图 2-32 θ' 较少时双相析出过程结构序参量场分布。（a1～a4）合金；
（b1～b4）θ' 相；（c1～c4）Q' 相

双相析出时各元素成分的分布如图 2-33 所示，根据 Al 元素分布可知 θ' 析出相周围 Al 元素富集，这是由于 Al_2Cu 中 Al 元素浓度高于基体中 Al 元素浓度，同时 θ' 内部会形成 Si 和 Mg 元素贫化区，如图 2-33（b4，d4）所示，相场模拟与实验一致。

2.5.3.4 结合气缸盖气道壁实验

结合气缸盖气道壁实验进行了析出相模拟，网格 $Nx = Ny = 128$，网格间距 $dx = dy = 0.7$ nm，模拟温度为 443 K。结构序参量场模拟结果如图 2-34 所示。发现 θ' 析出相互相垂直分布，取向为[010]和[100]方向。在 $t^* = 5000$ 时，析出相达到硬度峰值时效，与图 2-34（f）TEM 结果符合。

进一步统计了 θ' 析出相平均长度，如图 2-35 所示，同时给出了关键时间上的双相结构序参量相场模拟图。θ' 析出相在整个生长过程中尺寸增长曲线斜率稳定，在到达硬度峰值时效之前稍有平缓，在 $t^* = 5000$ 时达到时效的硬度峰值，此时平均尺寸为 13.2 nm，相场模拟与实验一致。

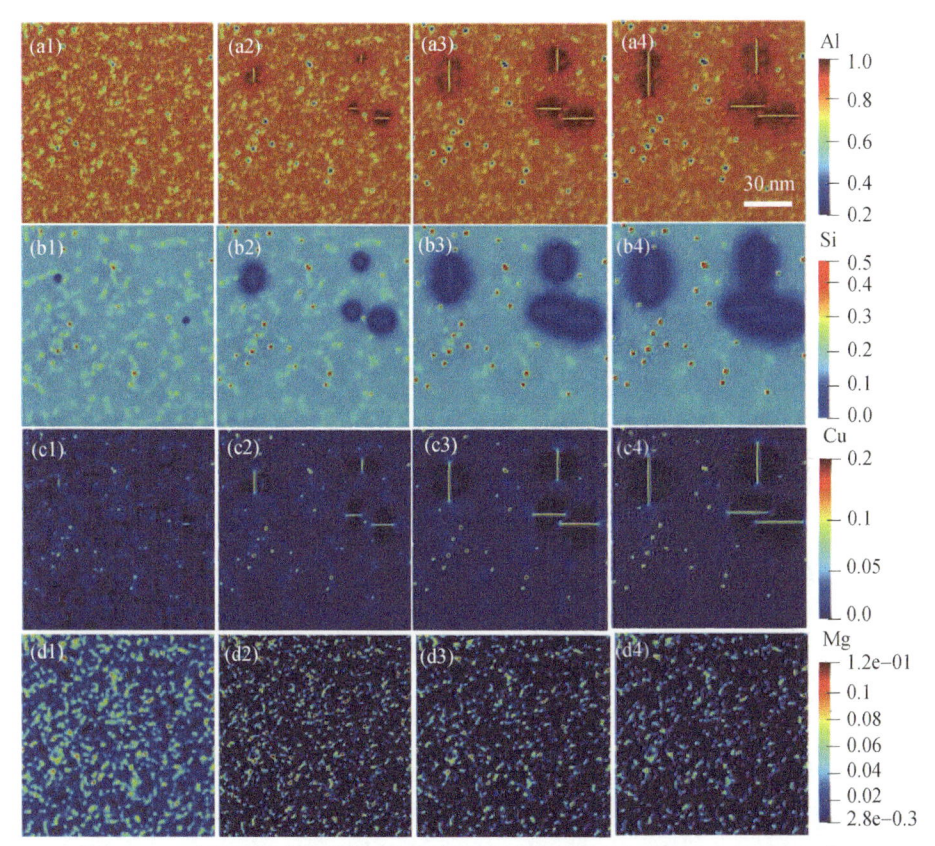

图 2-33　θ' 析出相含量较少时各元素浓度序参量场分布。（a1~a4）Al 元素；（b1~b4）Si 元素；（c1~c4）Cu 元素；（d1~d4）Mg 元素

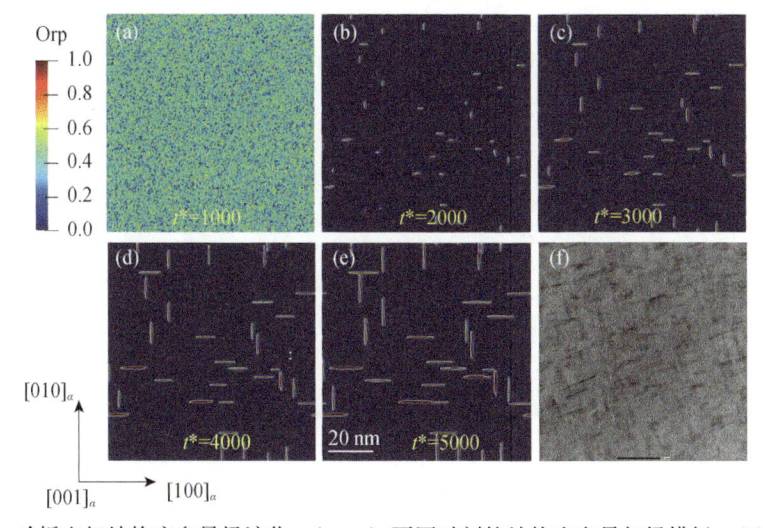

图 2-34　θ' 析出相结构序参量场演化。（a~e）不同时刻的结构序参量相场模拟；（f）TEM 图

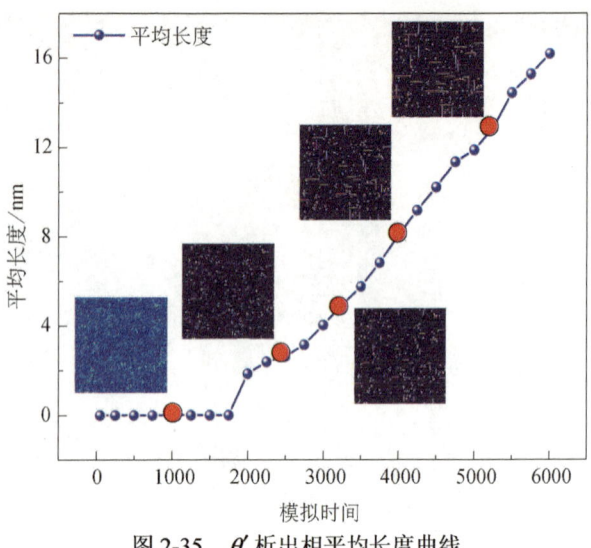

图 2-35　θ' 析出相平均长度曲线

2.6　本 章 小 结

（1）构建了序参量 ϕ_α、ϕ_L 和 U 调控的 α-Al 枝晶生长定量相场模型，基于薄界面近似确定了相场参数，采用有限体积法求解方程，模拟了 Al-Si 合金过冷熔体中 α-Al 枝晶的序参量场演化，获得了接近真实形貌的二次或更高次枝晶，观察到侧向分支生长和溶质偏析。由于多枝晶间相互碰撞及溶质扩散相互作用导致枝晶形貌非对称特征。

（2）构建了序参量 ϕ_α、ϕ_β、ϕ_L 和 c 调控的适用于金属-非金属型合金共晶生长相场模型，采用有限差分法求解方程，模拟了 α-Al 相、共晶偶、固溶 Si 相的序参量场演化。发现 α-Al 相生长速度大于共晶 Si 相，界面张力与溶质扰动诱发共晶 Si 相从圆形变为不规则椭圆，长径比约 1.6。当 Si 相被 α-Al 相包裹后，Si 原子扩散受阻，在共晶 Si 表面形成一层贫 Si 区。

（3）构建了序参量 ϕ_β 和 c 调控的 Al-Si 合金固溶硅相生长相场模型，采用有限差分法求解方程，揭示了共晶 Si 相固溶球化机理，固溶时间越长，固溶温度越高，共晶 Si 相固溶球化程度越大。

（4）构建了序参量 c_i 和 η_p 调控的多变体双相析出相场模型，采用亚正规溶液模型和插值函数控制法实现 θ' 相与 Q' 相双相析出，计算了扩散系数、热力学参数和弹性能参数等热力学动力学信息，采用半隐式傅里叶谱方法求解方程，结合实验结果，调控针状 θ' 相与点块状 Q' 相演化，模拟结果与实验观察一致。θ' 相析出过程尖端产生应力集中导致应力分布不均匀，径向生长比纵向慢，长径比随时效时间增长。Q'相析出过程慢，θ'相抑制Q'相长大。

参 考 文 献

[1] 赵宇宏. 材料相变过程微观组织模拟[M]. 北京：国防工业出版社，2010 年.

[2] 赵宇宏. 合金早期沉淀过程的原子尺度计算机模拟[D]. 陕西：西北工业大学，2003 年.

[3] Chen L Q, Zhao Y H. From classical thermodynamics to phase-field method[J]. Progress in Materials Science, 2022, 124: 100868.

[4] Zhao Y H. Integrated unified phase-field modeling (UPFM) [J]. MGE Advances, 2024, e44.

[5] Zhao Y H, Zhang B, Hou H, et al. Phase-field simulation for the evolution of solid/liquid interface front in directional solidification process[J]. Journal of Materials Science & Technology, 2019, 35(6): 1044-1052.

[6] Zhao Y H. Understanding and design of metallic alloys guided by phase-field simulations[J]. npj Computational Materials, 2023, 9(1): 94.

[7] Zhao Y H, Xin T Z, Tang S, et al. Applications of unified phase-field methods to designing microstructures and mechanical properties of alloys[J]. MRS Bulletin, 2024, 49: 613-625.

[8] Ramirez J C, Beckermann C, Karma A, et al. Phase-field modeling of binary alloy solidification with coupled heat and solute diffusion[J]. Physical Review E, 2004, 69(5): 051607.

[9] Chen W P, Hou H, Zhang Y T, et al. Phase-field Lattice-Boltzmann study for α-Mg dendrite growth of Mg-5wt%Zn alloy with forced convection[J]. Acta Metallurgica Sinica-English Letters, 2023, 36(11): 1791-1804.

[10] Ebrahimi Z. Modeling of eutectic formation in Al-Si alloy using a phase-field method[J]. Archives of Metallurgy and Materials, 2017, 62(4): 1969-1981.

[11] Kovačević I. Simulation of spheroidisation of elongated Si-particle in Al-Si alloys by the phase-field model[J]. Materials Science and Engineering: A, 2008, 496(1-2): 345-354.

[12] Cahn J W, Hilliard J E. Free energy of a nonuniform system. I. Interfacial free energy[J]. The Journal of Chemical Physics, 1958, 28(2): 258-267.

[13] Allen S M, Cahn J W. Ground state structures in ordered binary alloys with second neighbor interactions[J]. Acta Metallurgica, 1972, 20(5): 423-433.

[14] Kitashima T, Harada H. A new phase-field method for simulating γ' precipitation in multicomponent nickel-base superalloys[J]. Acta Materialia, 2009, 57(6): 2020-2028.

[15] Koyama T, Onodera H. Computer simulation of phase decomposition in Fe-Cu-Mn-Ni quaternary alloy based on the phase-field method[J]. Materials Transactions, 2005, 46(6): 1187-1192.

[16] Xin T Z, Tang S, Ji F, et al. Phase transformations in an ultralight BCC Mg alloy during anisothermal aging[J]. Acta Materialia, 2022, 239: 118248.

[17] Zhao Y H, Sun Y Y, Hou H. Core-shell structure nanoprecipitates in Fe-xCu-3.0 Mn-1.5 Ni-1.5 Al

[18] Khachaturyan A G. Theory of Structural Transformations in Solids[M]. New York: John Wiley & Sons, 1983.

[19] Yang W K, Wang K L, Pei J Q, et al. Dislocation loop assisted precipitation of Cu-rich particles: A phase-field study[J]. Computational Materials Science, 2023, 228: 112338.

[20] Koyama T, Hashimoto K, Onodera H. Phase-field simulation of phase transformation in Fe-Cu-Mn-Ni quaternary alloy[J]. Materials Transactions, 2006, 47(11): 2765-2772.

[21] Ji Y Z, Ghaffari B, Li M, et al. Phase-field modeling of θ' precipitation kinetics in 319 aluminum alloys[J]. Computational Materials Science, 2018, 151: 84-94.

[22] 张晓. Matlab 微分方程高效解法谱方法原理与实现[M]. 北京: 机械工业出版社, 2016.

[23] Ji Y Z, Lou Y C, Qu M, et al. Predicting coherency loss of γ'' precipitates in IN718 superalloy[J]. Metallurgical and Materials Transactions A, 2016, 47(6): 3235-3247.

[24] Wang Y Z, Wang H Y, Chen L Q, et al. Microstructural development of coherent tetragonal precipitates in magnesium-partially-stabilized zirconia: A computer simulation[J]. Journal of the American Ceramic Society, 1995, 78(3): 657-661.

第3章 构件级凝固-时效组织相场预测

3.1 引　　言

　　本任务目标产品是铝硅合金发动机气缸盖铸件，旨在能够将相场模拟的组织演化结果在铸件的这个构件尺度级别反映出来，这里称之为"构件级组织预测"。

　　气缸盖构件级组织预测主要是将微观组织和宏观组织进行对应，涉及微观组织模拟、宏观网格节点空间划分、共晶相长径比统计、析出相平均长度统计、凝固时间与时效温度的线性插值等。铝硅合金气缸盖铸件的构件级共晶相和析出相预测基于气缸盖凝固的时间场和时效温度场进行，主要涉及：①宏观凝固时间和温度场划分；②微观共晶组织和析出组织相场模拟统计；③根据所划分坐标节点范围将统计的共晶相和析出相数据信息映射到宏观气缸盖构件上。

3.2 宏观微观模型耦合

　　我们知道，构件在毫米～米尺度，凝固组织在微米尺度，时效析出相组织在纳米～微米尺度，尺度差异巨大，我们都知道温度场和力场是可以在不同尺度上传递的工艺参数，那么如何能够准确传递、满足任务要求呢？这里简单介绍几种思路：基于热力学一致的温度传递、基于小应变运动力学的应力应变传递和数据映射技术。

3.2.1　热力学边值一致的自洽均焓近似

　　以凝固相变为例，微观晶体形成过程中释放潜热，这与宏观尺度上的热扩散密切相关：宏观传热通量诱发微观晶体形核生长，因而铸件各个部位温度场求解必须依赖于潜热释放，亦即微观凝固组织的形成。而微观铸态组织的形成反之也取决于凝固冷却速率调控下的宏观温度场分布。于是，铸件宏观温度场和微观凝固组织之间需要建立耦合映射关系。

　　在熔融金属液中，热物质扩散比化学物质扩散快 $10^3 \sim 10^4$ 倍，热扩散场远远长于合金元素溶解场，导致在相同的数值离散节点上求解两种扩散方程难以实现。

处理定向凝固问题时，经常采用 Bridgman 近似，同时进行升温和冷却实验以削弱温度梯度 G 和冷却速率 R 的依赖性，增大温度梯度从而忽略潜热影响。这种方法通常应用于柱状枝晶生长、CET 转变，或干脆无温度梯度情况，比如冻结温度近似，但当有限温度梯度不足够大时容易导致计算错误或发散。

等轴晶凝固生长不能忽略潜热，我们需要耦合宏观和微观两种模型，宏观模型必须使用微观计算提供的潜热，微观模型必须使用宏观计算获得实际热边界条件。实验中还有一种情况，冷却速率缓慢、温度梯度很小，或者试样尺寸很小，此时 Maxwell 和 Hellawell 提出一种 DTA 近似，近似忽略温度梯度，于是系统整体散热就是微观组织模拟的唯一热边界条件，这种方法需要考虑如果焓随温度发生突变引起求解发散的问题，同时不考虑微区之间热相互作用，导致界面处误差累积夸大诱发不真实的温度-时间分布。

为了保证宏观温度分布与微观形貌形成一致，Böttger 等[1]假设冷却凝固过程中整个铸件各个部位（即使冷却速率可能不同）释放相同的潜热，也就是假设焓在整个铸件内部是均匀的（自洽均焓近似）

$$H(T^{\text{avg}}) = \frac{1}{V_C} \int_{V_C} \sum_\alpha H_\alpha(T(x))\phi_\alpha \mathrm{d}V \tag{3-1}$$

式中，V_C 为微观组织模拟区域中的一个特征区域，其中 $T(x)$ 接近于平均温度 T^{avg}；ϕ_α 为 α 相的固相分数；H_α 为 α 相的焓；$H(T^{\text{avg}})$ 代表焓在区域内是均匀的。

Böttger 等试图在宏观尺度描述所有节点上凝固潜热的产生。这种焓-温关系通过相场迭代模拟获得，从而可以研究特定组织形态对潜热产生的影响。以一个 Al-3 at%Cu 合金简单盘状铸件为例，宏观温度场计算为复杂微结构相场模拟提供铸件的实际热边界条件，微结构和温度-时间的一致性只需几次迭代即可实现。使用自洽同焓近似迭代求解微观-宏观问题，在整个铸件几何形状上求解温度方程，由于热扩散快而使用相对粗的网格，潜热作为温度的函数，可由平均焓 $H(T)$、热容 $c_p(T)$ 和热导率 $\lambda(T)$ 微观计算得到。采用细网格计算相变和溶质扩散相场方程，这里宏观温度分布是唯一传递到微观模型的参数。

自洽同焓近似的一维宏观温度方程，将长度 Δx 的一个宏观网格点体积 V 中的潜热释放考虑在内

$$\begin{aligned}\mathrm{d}T &= \frac{1}{\bar{c}_p}\left(\lambda \frac{\mathrm{d}^2 T}{\mathrm{d}x^2}\mathrm{d}t - \frac{1}{V}\int_V \sum_\alpha \left(\phi_\alpha \sum_k \frac{\partial H_\alpha \partial c_k \mathrm{d}c_k}{+} H_\alpha \mathrm{d}\phi_\alpha\right)\mathrm{d}V\right) \\ &= \frac{1}{\bar{c}_p}\left(\lambda \frac{\mathrm{d}^2 T}{\mathrm{d}x^2}\mathrm{d}t - \mathrm{d}L\right)\end{aligned} \tag{3-2}$$

式中，$\bar{c}_p = \frac{1}{V}\int_V \sum_\alpha c_{p,\alpha}\phi_\alpha \mathrm{d}V$。

$H(T)$、$c_p(T)$ 和局部导热系数 $\lambda(T)$ 是通过与一个温度网格单元对应的每个微域体积 V 中的平均相组成、相分数和温度获得的。当前时间步中的总焓变 dH

$$dH = \sum_\alpha d(\bar{\phi}_\alpha H_\alpha) \tag{3-3}$$

式中，$\bar{\phi}_\alpha$ 为平均相分数；H_α 为体积 V 中 α 相的平均焓。

然后就可以利用 dH 和温度变化 dT' 以及前一时间步的平均热容计算出潜热 dL

$$dL = dH - \bar{c}'_p dT' \tag{3-4}$$

体积 V 内温度变化 dT 为

$$dT = \frac{1}{\bar{c}_p}\left(\lambda \frac{d^2T}{dx^2}dt - dH + \bar{c}'_p dT'\right) \tag{3-5}$$

引入动力学系数 k 来调节潜热，每个时间步长有效的焓变为

$$dH^{eff} = k\Delta H^{acc} \tag{3-6}$$

式中，H^{acc} 为尚未释放的局部累积焓变。另外，特征体积 V_c 也要合理选择。只要 V_c 的大小与热扩散长度相比较小，就不会出现严重问题。如果体积 V_c 太小，$H(T)$ 就不具有代表性。控制体积和微观模拟域使用相同的尺寸是合理的。对于柱状晶生长等，控制体积 V_c 应小于微结构模拟域。自洽均焓近似从热力学函数一致（焓均匀）的角度保证了宏观温度场和微观组织（潜热释放）的一致性。

3.2.2 力学边值一致的宏微观计算耦合

首先发展起来的是半解析方法，Voigt[2]和 Reuss[3]根据均匀化解析来计算微观异质材料的整体宏观行为。Voigt 假设微结构内部应变恒定，从而需要使用相应体积分数加权的各相的刚度张量的算术平均值来计算一个整体刚度张量，Reuss 则假设各阶段应力恒定，这就需要再次由相应体积分数加权来计算各相的柔度张量的算术平均值。这里求平均的方法以及 Eshelby 弹性夹杂假设也都往往被归于"平均场方法"，从统计角度看，各相体积分数可用一阶相关函数表示，两点相关函数或者更高阶相关函数则可以描述更多的微结构细节。

如图 3-1 所示的宏微观计算力学边界传递示意图[4]，先计算宏观位置 $\bar{x}$ 上的宏观应变 $\bar{\varepsilon}(\bar{x})$，然后用这个宏观应变 $\bar{\varepsilon}(\bar{x})$ 去计算微观域的总应变和应力响应 $\varepsilon(\bar{x},x)$ 和 $\sigma(\bar{x},x)$，其中 x 表示微观位置。相应地，宏观应力 $\bar{\sigma}(\bar{x})$ 和宏观切线算子 $\bar{\mathbb{C}}(\bar{x})$ 被定义为对应的微观域总变量的体积平均值。

与上述半解析方法相比较，基于跨尺度离散数值求解思路的方法将计算效率高的数值方法和物理理论结合起来，能够更有效地描述微观和宏观响应[4]。例如，各类假设逐相（Phase-wise）恒定、逐点（Point-wise）恒定或者逐个团簇（Cluster-wise）内部行为（如应变、应力或潜热等）恒定或均匀的混合或耦合技术，如图 3-2 所示。

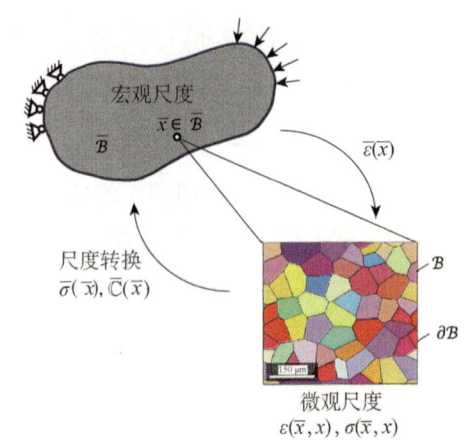

图 3-1 包含多晶微结构的宏观-微观尺度力学边值计算方法示意图[4]

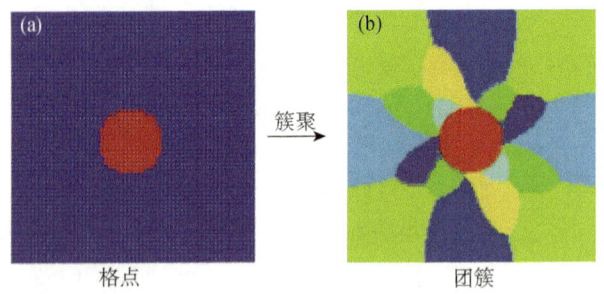

图 3-2 材料的两相微观组织示意图[4]。(a)假设逐点行为(应变、应力或温度等)恒定,红色为夹杂相,蓝色为基体相;(b)假设逐个团簇行为恒定,每种颜色代表不同的团簇

基于小应变运动力学的边值问题进行微结构模拟,图 3-1 中的总应变 $\varepsilon(\bar{x},x)$ 可以由宏观部分和微观扰动部分组成:$\bar{\varepsilon}(\bar{x})+\tilde{\varepsilon}(x)$,如图 3-3 所示[5],然后基于线性动量平衡可得到微结构力学边值公式

$$\mathrm{div}\sigma(\bar{x},x)=0$$
$$\sigma(\bar{x},x)=\sigma(\bar{x},x,\varepsilon(\bar{x},x),\alpha(\bar{x},x)) \quad (3-7)$$
$$\varepsilon(\bar{x},x)=\bar{\varepsilon}(\bar{x})+\tilde{\varepsilon}(x)$$

式中,div() 为散度算子;总应力场 $\sigma(\bar{x},x)$ 取决于宏观位置 $\bar{x}$;x 为微观位置;总应变场 $\varepsilon(\bar{x},x)$ 以及内部变量 $\alpha(\bar{x},x)$,例如塑性应变和/或晶粒取向。宏观 BVP 考虑了体力,微观 BVP 中忽略掉。

图 3-3 总应变可分解为恒定宏观部分和变化的微观部分[5]

相较于有限差分法、Voronoi 有限元法、虚拟单元法等求解器，FFT 求解器更为快速准确，尤为适合求解周期边界和图像处理问题。譬如，对于周期场和边界，采用谱方法求解微观边值问题，通过引入一个均匀参考态 $\mathbb{C}^0$，非均匀 BVP 可以等效为一个均匀 BVP，此时体力用以描述非均匀性质，不能忽略，宏观切线算子的计算是非常重要的。在用于离散复杂微结构时，FFT 方法避免了有限元法划分网格可能带来的困难。

当前，微观-宏观都采用有限元求解的 FE^2 技术是常用的，而基于小应变运动力学、宏观区域采用有限元离散、微观区域采用快速傅里叶谱方法离散的 FE-FFT 技术最初用于模拟纤维增强复合材料内部的渐进损伤，逐步日益广泛应用于各种材料行为的跨尺度模拟[6]。

傅里叶谱方法求解的体素特性使得微观结构离散化变得简单，其假设周期性全域函数本质上就意味着周期性边界条件。用有限元离散求解宏观边值问题 BVP，用 FFT 离散求解微观边值问题 BVP，如图 3-4 所示[4]，根据小应变力学将总的微观行为变量的体积平均值定义为对应的宏观材料行为

$$\overline{\varepsilon}(\overline{x}):\frac{1}{\Omega}\int_\Omega \varepsilon(\overline{x},x)\mathrm{d}\Omega$$
$$\overline{\sigma}(\overline{x}):\frac{1}{\Omega}\int_\Omega \sigma(\overline{x},x)\mathrm{d}\Omega \tag{3-8}$$

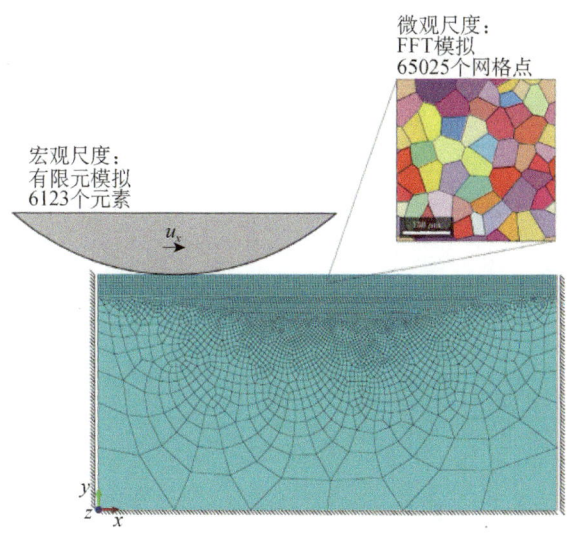

图 3-4　FE-FFT 的跨尺度模拟示意图，宏观域有限元离散，微观域 FFT 离散[4]

跨尺度全场模拟计算成本很高，Kochmann 等[7]提出采用不同粗细网格策略，这里称之为"自适应网格法"，求解过程实施前处理、中间处理和后处理三个步骤。前处理研究不同织构、晶粒数和宏观应变的多晶微结构的不同离散

化,极大减小网格数量,旨在获得准确宏观响应。中间处理保存兴趣特征点的宏观应变历史。后处理利用该宏观应变和精细离散的微结构生成高分辨率微观结构场。

还有一种处理策略是仅在宏观关键区域采用高分辨率全域模拟,这里称之为"关键部位法"或"子域镶嵌法"。例如,使用宏观切线算子数据库判断采用哪种分辨率模拟。或者类似地,利用FFT计算数据库划分哪些区域进行或者不进行高分辨率全域模拟。

3.2.3 数据映射方法

我们基于热力学边值一致或者力学边值一致问题建立起多尺度半解析模型或者数值模型,在处理跨尺度数据传递的时候,离不开具体的数据映射方法。

譬如,使用有限元法求解温度场方程,可以获得构件不同单元节点的温度分布。将带有节点温度信息的区域进行划分,选择适当插值方法进行数据传递,然后根据选择区域进行微观组织模拟,统计模拟的组织信息,将其赋值到临近节点,从而实现预测宏观尺度的组织状态。数据传递过程主要包含:①有限元四面体网格节点到任意一点的数据映射;②宏微观线性插值。

3.2.3.1 有限元单元节点-相场网格映射

Duan 等[8]提出一种基于自然坐标系 $o\text{-}\xi\eta\zeta$ 的高效映射算法,图 3-5 所示为有限元网格中一个四节点四面体单元 e, P 是任意一个内部点, P 点坐标需要根据单元 e 的四个局部节点进行插值计算,网格编号规则满足右手规则,$o\text{-}xyz$ 是直角坐标系。

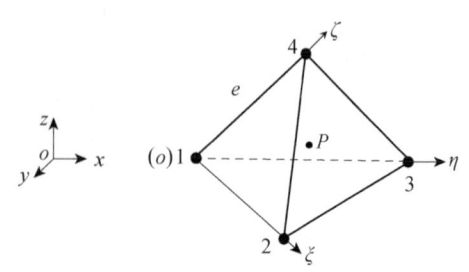

图 3-5 有限元网格四面体单元

四个局部节点 1、2、3 和 4 的直角坐标分别为 (x_1,y_1,z_1)、(x_2,y_2,z_2)、(x_3,y_3,z_3) 和 (x_4,y_4,z_4),单元内部任意点 P 坐标为 (x,y,z)。T_1、T_2、T_3 和 T_4 分别表示四个局部节点的温度,T_p 表示节点 P 的温度。

假设四个局部节点 1、2、3 和 4 处的插值函数分别为 N_1、N_2、N_3 和 N_4

$$N_1 = \xi$$
$$N_2 = \eta$$
$$N_3 = \zeta \quad (3\text{-}9)$$
$$N_4 = 1 - \xi - \eta - \zeta$$

将四个局部节点的笛卡儿坐标插值到任意点 P，有

$$\begin{cases} x = N_1 x_1 + N_2 x_2 + N_3 x_3 + N_4 x_4 \\ y = N_1 y_1 + N_2 y_2 + N_3 y_3 + N_4 y_4 \\ z = N_1 z_1 + N_2 z_2 + N_3 z_3 + N_4 z_4 \end{cases} \quad (3\text{-}10)$$

定义 $x_{ij} = x_i - x_j$、$y_{ij} = y_i - y_j$、$z_{ij} = z_i - z_j$、$x = x_5$、$y = y_5$ 和 $z = z_5$，将式（3-9）代入式（3-10）

$$\begin{cases} x_{14}\xi + x_{24}\eta + x_{34}\zeta = x_{54} \\ y_{14}\xi + y_{24}\eta + y_{34}\zeta = y_{54} \\ z_{14}\xi + z_{24}\eta + z_{34}\zeta = z_{54} \end{cases} \quad (3\text{-}11)$$

根据克拉默法则，ξ、η 和 ζ 计算如下

$$\begin{cases} \xi = \dfrac{D_1}{D} \\ \eta = \dfrac{D_2}{D} \\ \zeta = \dfrac{D_3}{D} \end{cases} \quad (3\text{-}12)$$

行列式 D、D_1、D_2 和 D_3 分别为

$$D = \begin{vmatrix} x_{14} & x_{24} & x_{34} \\ y_{14} & y_{24} & y_{34} \\ z_{14} & z_{24} & z_{34} \end{vmatrix} \quad (3\text{-}13)$$

$$D_1 = \begin{vmatrix} x_{54} & x_{24} & x_{34} \\ y_{54} & y_{24} & y_{34} \\ z_{54} & z_{24} & z_{34} \end{vmatrix} \quad (3\text{-}14)$$

$$D_2 = \begin{vmatrix} x_{14} & x_{54} & x_{34} \\ y_{14} & y_{54} & y_{34} \\ z_{14} & z_{54} & z_{34} \end{vmatrix} \quad (3\text{-}15)$$

$$D_3 = \begin{vmatrix} x_{14} & x_{24} & x_{54} \\ y_{14} & y_{24} & y_{54} \\ z_{14} & z_{24} & z_{54} \end{vmatrix} \quad (3\text{-}16)$$

计算 ξ、η 和 ζ 的值代入式（3-10）可以得到四面体中任何点（包括单元的边界面和边界线）的插值公式，然后根据所需形状（如正方形）的网格节点得到温度

值。在进行数据映射之前,需要确定单元 e 是否包含任何点 P(包括点 P 位于单元边界的情况)。然后,再使用插值公式对所得数据进行插值。如果点 P 的任何自然坐标值超过 1,则位于该单元之外。

譬如,将温度场在单元 e 中进行线性插值

$$T_P = N_1 T_1 + N_2 T_2 + N_3 T_3 + N_4 T_4 \tag{3-17}$$

式中,N_1、N_2、N_3 和 N_4 为单元 e 四个节点的插值函数。当点 P 与任意四个局部节点之一重合时,点 P 温度值完全由该节点获得。

Min 等[9]将晶体塑性有限元(Crystal Plasticity-Finite Element Method,CP-FEM)的输出映射到相场模型(Phase Field Method,PFM),映射参数包括晶粒指数、平均晶粒取向和每个晶粒的平均存储能,CP 负责提供多晶不均匀局部变形和取向分布(或变形织构)信息,PFM 负责模拟形核长大微结构演变,PFM 微结构信息也可以通过 CP-FEM 作为预测最终产品机械性能的输入信息。该方法主要包括四步,如图 3-6 所示。

(1)晶体塑性(Crystal Plasticity,CP)模拟设置加载初始条件。

采用有限元耦合晶体塑性本构求解力学边值问题。选取代表性体积单元(Representative Volume Element,RVE)重现微结构特征,根据初始条件(初始晶粒性质、晶粒尺寸分布和取向等)计算非均匀局域效应,包括:晶体取向、滑移运动和位错密度(等效存储能)等。

(2)数字映射技术桥接 CPFEM 和 PFM。

采用适当的数据映射技术传递模型之间的状态变量。使用直接或加权方法将上一步的取向和储存能等参数映射至 PFM 模型。同时,从模拟的微结构到虚拟的 RVE 试样进行第二次映射,更新 CP-FEM 模型中的单晶特性、取向和晶粒尺寸等参数信息。

(3)微结构演变相场法(PFM)模拟。

输入相应有限元积分节点的晶界特征映射变量(如晶界能量和迁移率),进行多相场计算静态再结晶(SRX)的晶界迁移。

(4)虚拟力学试样 CP 模拟。

根据 PFM 计算出的微结构信息,例如晶粒尺寸和取向分布,虚拟地进行各种力学测试,重点是材料各向异性特性,进行不同方向的拉伸试验。可以计算塑性变形各向异性或 Lankford 系数,并与实验比较。

如果状态变量存储数值格式不同可能导致映射困难。有限元方法状态变量存储在积分点中,相场模拟变量存储在规则网格中,特别是当采用特征单元 RVE 模型时可能涉及粗大网格和变形过程中的畸变网格,由积分点定义的扭曲有限元网

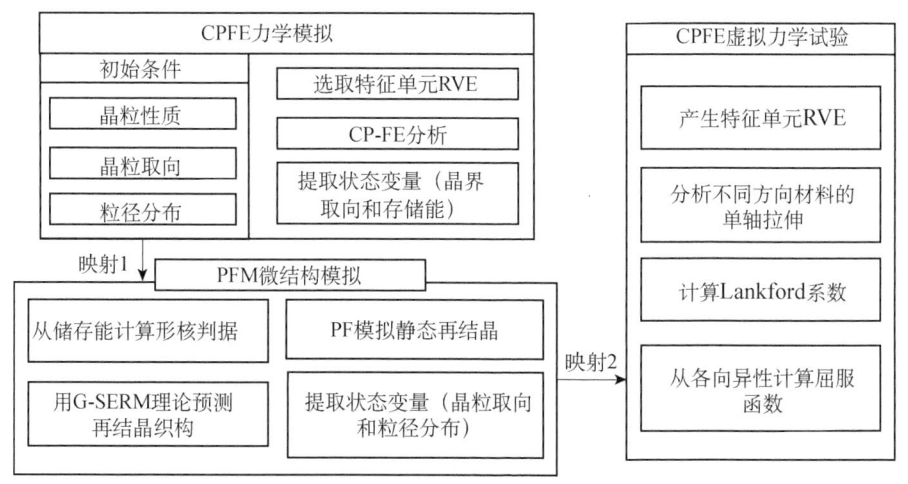

第3章 构件级凝固-时效组织相场预测

```
┌─────────────────────────────────┐      ┌─────────────────────┐
│         CPFE力学模拟             │      │   CPFE虚拟力学试验    │
│  ┌──────┐  ┌───────────────┐   │      │  ┌───────────────┐  │
│  │初始条件│  │ 选取特征单元RVE│   │      │  │ 产生特征单元RVE │  │
│  ├──────┤  ├───────────────┤   │      │  ├───────────────┤  │
│  │晶粒性质│  │   CP-FE分析    │   │      │  │分析不同方向材料的│  │
│  ├──────┤  ├───────────────┤   │      │  │   单轴拉伸    │  │
│  │晶粒取向│  │提取状态变量（晶界│   │      │  ├───────────────┤  │
│  ├──────┤  │  取向和存储能）  │   │      │  │ 计算Lankford系数│  │
│  │粒径分布│  │               │   │      │  ├───────────────┤  │
│  └──────┘  └───────────────┘   │      │  │从各向异性计算屈服│  │
└────────┬────────────────────────┘      │  │     函数      │  │
      映射1│                              │  └───────────────┘  │
         ▼                                └─────────────────────┘
┌─────────────────────────────────┐           ▲
│        PFM微结构模拟             │       映射2│
│ ┌───────────────┐ ┌──────────┐ │───────────┘
│ │从储存能计算形核判据│ │PF模拟静态再结晶│ │
│ ├───────────────┤ ├──────────┤ │
│ │用G-SERM理论预测│ │提取状态变量（晶粒│ │
│ │   再结晶织构    │ │ 取向和粒径分布）│ │
│ └───────────────┘ └──────────┘ │
└─────────────────────────────────┘
```

图 3-6 CPFEM-PFM 耦合映射示意图

格需要映射到相场的规则网格上。此时，可以先连接相邻有限元网格的积分点进行德劳内三角剖分，随后连接相邻圆的中心 Wigner-Seitz 胞进行映射。

图 3-7（a）为有限元单元节点与 PF 网格之间的映射示意图。将有限元节点的晶粒取向（晶粒指数）分配到相应相场网格中。图 3-7（b）所示为每个网格点的存储能（或位错密度）通过施加不同权重从相邻的有限元节点映射出来，权重与目标网格点与节点之间的距离成反比

$$E_{\text{store},x} = \frac{\sum_{k=1}^{m} \dfrac{E_k}{d_k}}{\sum_{k=1}^{m} \dfrac{1}{d_k}} \qquad (3\text{-}18)$$

式中，$E_{\text{store},x}$ 为网格 x 上映射的存储能量；d_k 为网格 x 到积分节点 k 的距离；E_k 为节点 k 存储能；m 为映射中有限元节点个数。

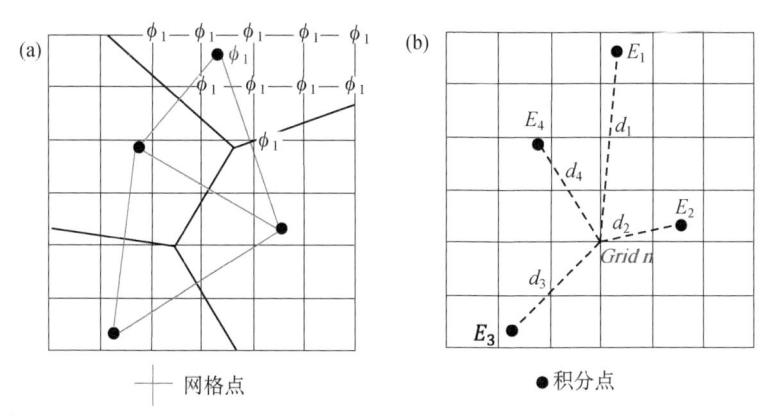

图 3-7 有限元单元节点和相场网格的映射示意图[9]。（a）晶粒取向映射；（b）存储能量映射

相场模拟具有周期性边界条件规则网格，CP-FEM 也需要考虑周期性传递。另外，当 CP-FEM 有限元网格变形严重时，单元节点之间距离较大，此时可引入虚拟节点。

3.2.3.2 单线性插值

线性插值是指插值函数为一次多项式，插值节点上的插值误差为零。也就是连接两个已知量的直线来确定在这两个已知量之间一个未知量的方法。线性插值法认为现象的变化发展是线性、均匀的，可以利用两点式直线方程式进行插值，其几何意义如图 3-8 所示，可以利用图中过 A 点和 B 点的直线来推断未知 C 点。

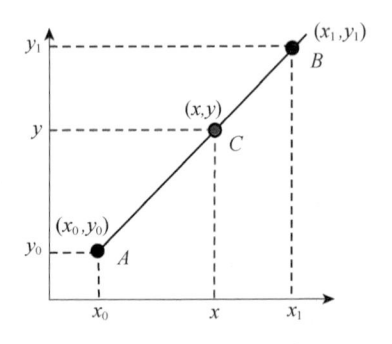

图 3-8 单线性插值示意图

如图 3-8 所示为单线性插值示意图，点 A 坐标为 (x_0, y_0)，点 B 坐标为 (x_1, y_1)，C 点坐标为 (x, y)。已知 x，求 $C(x, y)$ 的 y 值，有

$$\frac{y - y_0}{y_1 - y_0} = \frac{x - x_0}{x_1 - x_0} \tag{3-19}$$

$$y = y_0 + \frac{y_1 - y_0}{x_1 - x_0}(x - x_0) \tag{3-20}$$

单个维度线性插值利用两点位置值进行推算，两点本身的偶然性可能造成结果误差较大。因此我们可以从多维角度去减小误差，譬如双线性插值，在两个方向分别进行一次线性插值。

3.2.3.3 双线性插值

双线性插值如图 3-9 所示，为了得到未知函数 f 在点 $P(x, y)$ 的值，已知 $Q_{11}(x_1, y_1)$、$Q_{12}(x_1, y_2)$、$Q_{21}(x_2, y_1)$、$Q_{22}(x_2, y_2)$ 的坐标和对应函数值。首先在 x 方向进行插值，得到 R_1 和 R_2

$$f(R_1) \approx \frac{x_2-x}{x_2-x_1}f(Q_{11}) + \frac{x-x_1}{x_2-x_1}f(Q_{21}), \ R_1=(x,y_1) \quad (3\text{-}21)$$

$$f(R_2) \approx \frac{x_2-x}{x_2-x_1}f(Q_{12}) + \frac{x-x_1}{x_2-x_1}f(Q_{22}), \ R_2=(x,y_2) \quad (3\text{-}22)$$

式中，$f(Q_{11})$、$f(Q_{12})$、$f(Q_{21})$ 和 $f(Q_{22})$ 分别为在 Q_{11}、Q_{12}、Q_{21} 和 Q_{22} 四个点的函数值。然后在 y 方向进行插值，代入 $f(R_1)$ 和 $f(R_2)$ 值，有

$$f(P) \approx \frac{y_2-y}{y_2-y_1}f(R_1) + \frac{y-y_1}{y_2-y_1}f(R_2). \quad (3\text{-}23)$$

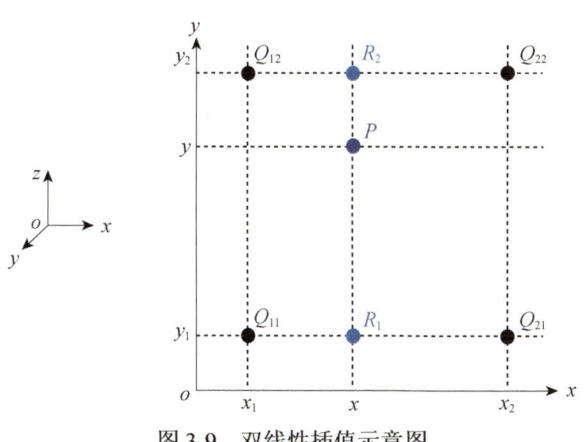

图 3-9 双线性插值示意图

3.2.3.4 宏微观温度场双线性插值

由于本次相场模拟软件的交付任务急、时间短，本书采用双线性插值方法进行宏观有限元四面体单元节点和微观相场规则网格之间的凝固时间场和时效温度场的数据映射。将宏观网格和微观网格叠加于同一计算区域，每个宏观网格内包含若干个微观网格，这里称之为"格点"，都具有温度属性。格点温度可以由宏观单元温度在空间和时间上插值得到。如图 3-10 所示，利用双线性插值，已知宏观单元的四个节点在 t 时刻温度分别为 $T_1 \sim T_4$，那么，微观网格的所有格点 P 的温度可由其邻近 4 个宏观单元的节点温度进行双线性插值得到

$$T_P = (1-a)(1-b)T_1 + a(1-b)T_2 + abT_3 + b(1-a)T_4 \quad (3\text{-}24)$$

式中，$a=(x-X_1)/\Delta x$ 和 $b=(y-Y_1)/\Delta y$，Δx 和 Δy 为宏观网格的单位长度，结合有限元插值和双线性温度场插值即可将带有网格节点的宏观区域温度场插值到微观区域温度场，之后根据温度场分布选择合适的温度区域和温度梯度，进行微观组织温度场模拟。

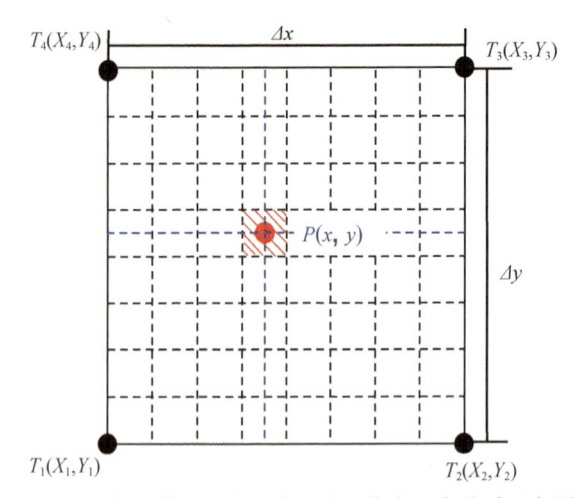

图 3-10　宏观单元节点温度和微观格点温度关系示意图

3.3　气缸盖构件级凝固共晶相预测

在之前的材料级凝固共晶相模拟中，主要介绍了多层级序参量调控的相场模型的构建与求解，以及各种物理场的演化过程，并没有针对特定的工艺条件，进行定量说明。本章构件级凝固共晶相模拟，基于 Al-Si 合金气缸盖铸件的加工工艺、宏观与微观尺度温度场之间联系，定量的分析了冷却速率、固溶温度和共晶 Si 初始形核长径比对构件级气缸盖铸态组织和热处理态组织形貌的影响规律。

3.3.1　构件级共晶相预测思路

如图 3-11 所示为气缸盖构件级共晶相预测步骤示意图。首先，基于凝固时间场来确定气缸盖构件的特征区域。在此过程中，需要精确计算这些特征区域内任意节点的冷却速率。然后，将获得的冷却速率作为输入参数，导入到相场模型中，用于计算凝固和固溶热处理过程中的枝晶生长、共晶生长和固溶硅相。注意相场的格点模拟结果需要与宏观单元节点坐标逐一对应，并将这些数据储存在相应的数据库中。最后，将数据库中模拟结果映射到宏观构件的坐标节点上，实现对气缸盖构件级共晶组织的预测。

3.3.2　共晶 Si 生长相场模拟

图 3-12 所示为不同冷却速率 R 下气缸盖构件的铸态 α-Al 枝晶生长相场分布。当冷却速率 R 较小时，枝晶生长速度较慢，主枝晶臂萌发少量侧枝。随着冷却速率

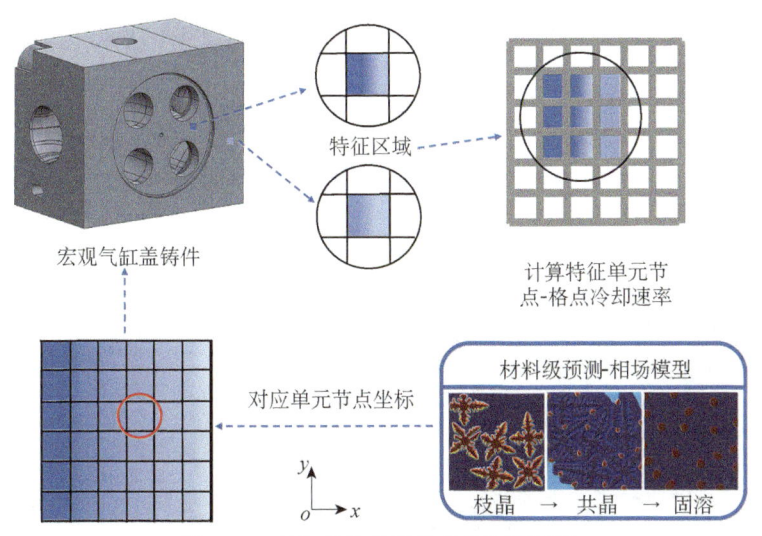

图 3-11 气缸盖构件级共晶相预测思路

R 增大,枝晶生长速度加快,主枝晶臂上出现大量侧枝。这是由于冷却速率增大,合金在短时间内达到较大过冷,枝晶生长具有更大驱动力。同时,枝晶生长速度加快导致固-液界面不稳定,在溶质涨落扰动作用下,萌发更多侧枝。此外,当冷却速率增大时,α-Al 枝晶相分数会持续增加。

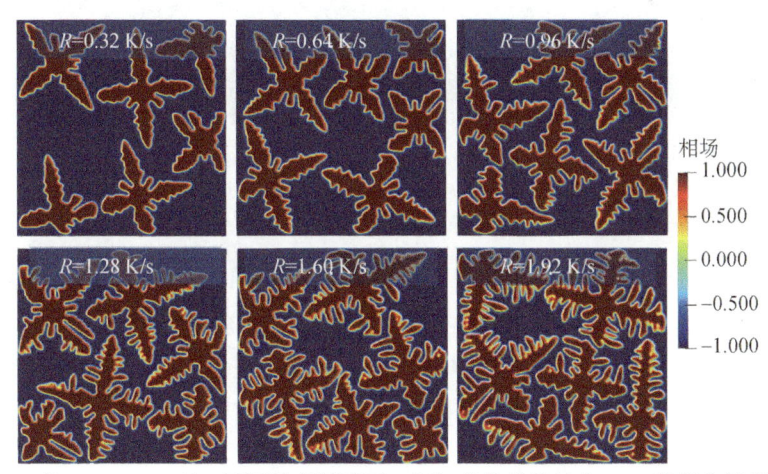

图 3-12 在 $t_s = 6000\Delta t$ 时,不同冷却速率下,气缸盖构件的铸态 α-Al 枝晶生长相场分布

图 3-13 为不同冷却速率下气缸盖构件共晶 Si 生长相场(第一行)、溶质场(第二行)分布和固溶 Si 相的相场(第三行)分布。当冷却速率逐渐增大,共晶 Si 平均长径比(等效直径)逐渐减小,从 $R = 0.32$ K/s 时的 1.52(37.93),逐渐减小到 $R = 1.92$ K/s 时的 1.26(31.44),这意味着共晶 Si 发生球化。结合溶质场,当冷却速率增大,α-Al 枝晶相分数逐渐增加。一方面压缩共晶 Si 形核空间,另一方面加

速侧枝合并，进一步压缩共晶 Si 生长空间。同时，冷却速率增大诱发溶质场分布不均匀，加剧晶界溶质偏析。共晶 Si 存在于 Si 溶质原子富集区域，这意味着固-液界面的面积越大，共晶 Si 形核位点越多。从第三行可以看出，不同冷却速率下共晶 Si 都会发生球化，冷却速率变化对共晶 Si 球化程度影响较小。这意味着固溶热处理过程受凝固冷却速率影响较小。

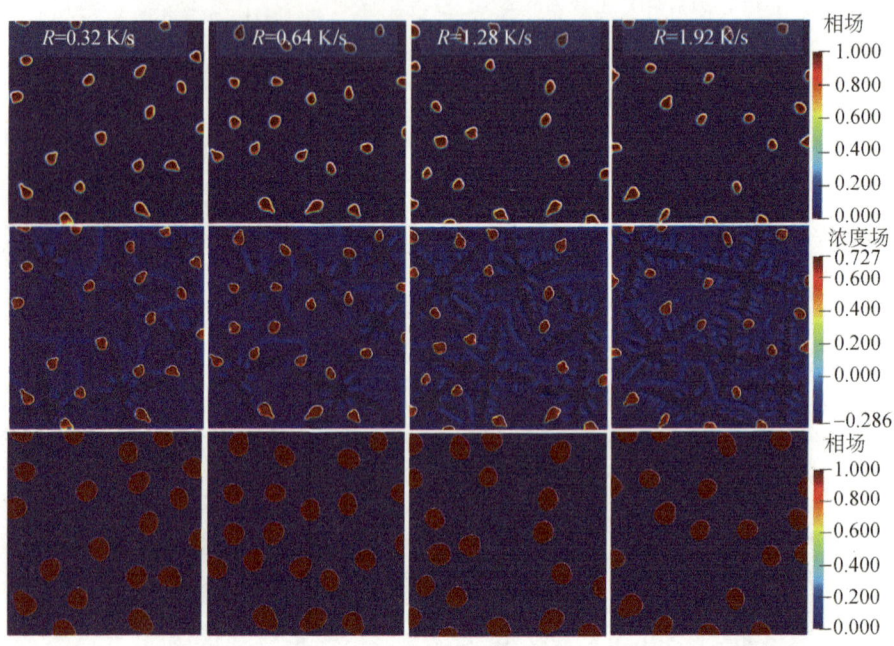

图 3-13 在 $t_s = 18\,000\Delta t$ 时，不同冷却速率下，气缸盖构件共晶 Si 生长相场（第一行）、浓度场（第二行）和固溶 Si 相的相场（第三行），$R = 0.32\,\text{K/s}$、$0.64\,\text{K/s}$、$1.28\,\text{K/s}$ 和 $1.92\,\text{K/s}$

图 3-14 所示为不同冷却速率下气缸盖构件铸态和固溶态共晶 Si 固相分数演化。从图 3-14（a）可以看出，随着凝固时间延长，铸态共晶 Si 固相分数均逐渐增大，10 000 步之后基本达到平衡。随着冷却速率增大，共晶 Si 固相分数逐渐减小。当冷却速率为 0.96 K/s 时，固相分数反而增大，这是由于铸态共晶 Si 生长还会受到 α-Al 枝晶的影响，当 α-Al 枝晶形核分布较为分散时，会给铸态共晶 Si 留下更充足的生长空间。从图 3-14（b）发现，随着固溶热处理的进行，固溶态 Si 相固相分数增大，固溶热处理过程受凝固过程冷却速率变化影响较小，但规律一致。

3.3.3 不同冷却速率下共晶 Si 形态

对冷却速率为 0.04～2.00 K/s 之间的枝晶-共晶生长进行高通量相场模拟，发现冷却速率增量达 0.04 K/s 时，共晶相形貌会发生明显变化。这里选取其中几个

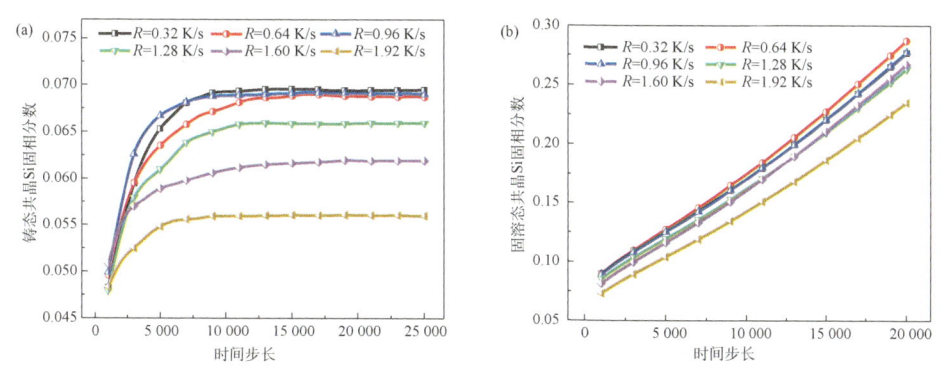

图 3-14 气缸盖构件在不同冷却速率下的固相分数。(a) 铸态共晶 Si；(b) 固溶态共晶 Si

冷却速率进行分析，如图 3-15 所示。冷却速率越大，铸态枝晶和共晶的生长速度越快。然而，由于 α-Al 枝晶的生长速度显著大于共晶 Si 相，所以 α-Al 枝晶生长受冷却速率变化的影响更大。当冷却速率达到 1.96 K/s 时，共晶 Si 相在 $t_s = 8000\Delta t$ 时，就几乎被 α-Al 枝晶包裹而不再生长。这也进一步解释了共晶 Si 的固相分数会随冷却速率增大而降低的现象。同时，固溶态 Si 相的生长受冷却速率变化的影响较小，但规律一致，这与图 3-13 和图 3-14（b）所示的结果是相符的。

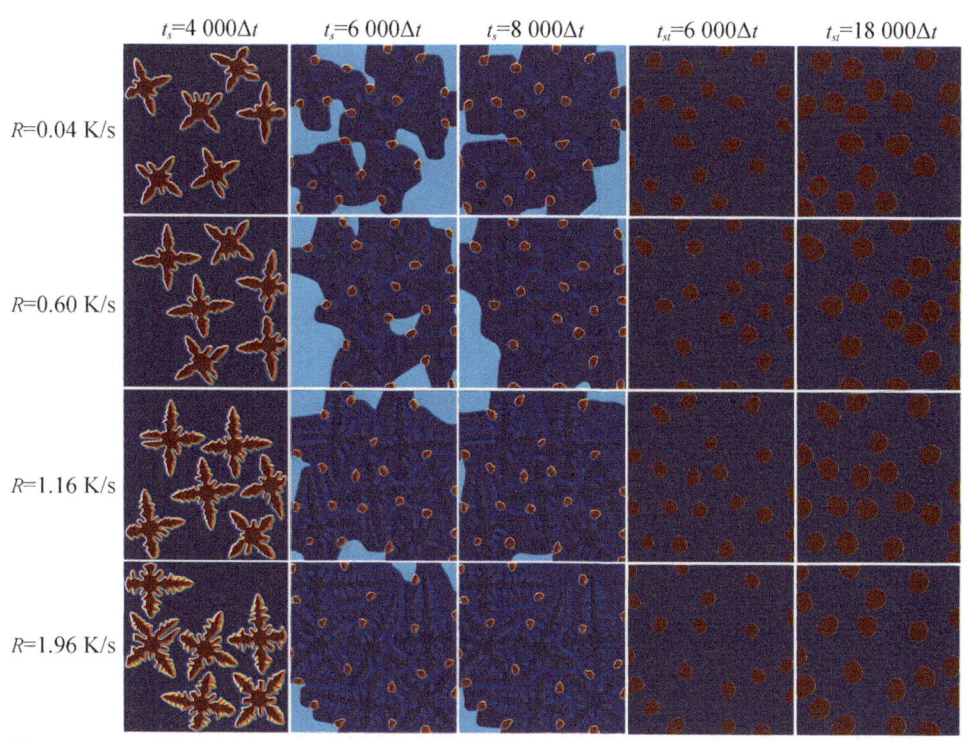

图 3-15 不同冷却速率、不同时刻的枝晶（第一列 $t_s = 4000\Delta t$）、枝晶-共晶（第二列 $t_s = 6000\Delta t$、第三列 $t_s = 8000\Delta t$）和固溶硅相（第四列 $t_{st} = 6000\Delta t$、第五列 $t_{st} = 18000\Delta t$）的生长相场演化

为了定量说明冷却速率的影响，对比了 50 组微观组织演化信息，如图 3-16 所示。可以发现，二次枝晶间距随冷却速率增大呈现非线性下降趋势，冷却速率越大，二次枝晶间距下降速率越慢。铸态共晶 Si 长径比和固溶态共晶 Si 长径比均随冷却速率的增大而呈现波动式下降趋势，且二者变化趋势几乎是一致的。铸态共晶 Si 体积分数与固溶态共晶 Si 体积分数也随着冷却速率的增大而呈现波浪式下降的趋势，但其波动频率相较长径比的变化更小。综上，二次枝晶间距、铸态共晶 Si 长径比、固溶态共晶 Si 长径比、铸态共晶 Si 体积分数和固溶态共晶 Si 体积分数都会受到冷却速率变化的影响，且共晶 Si 长径比对冷却速率的变化更为敏感。

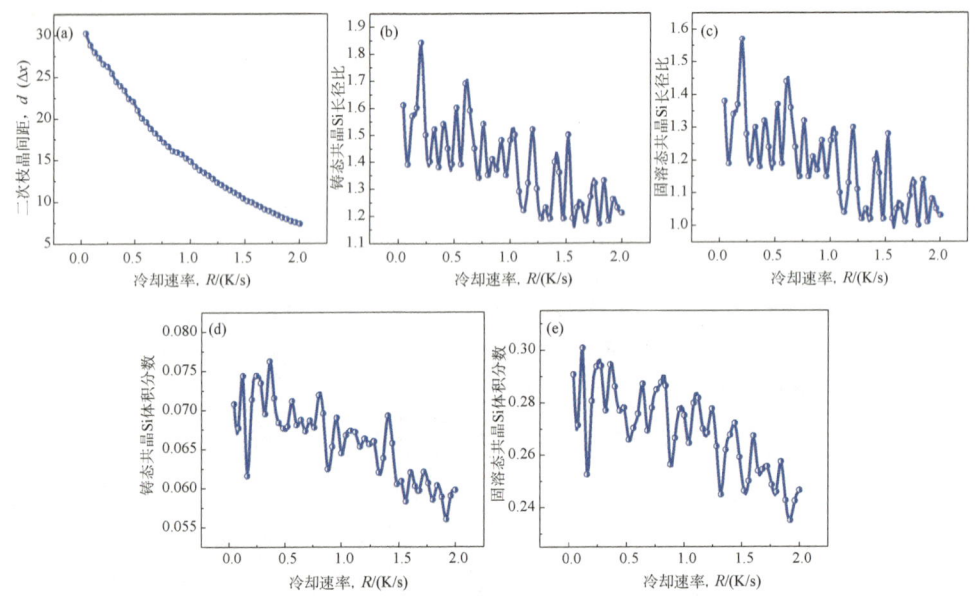

图 3-16 不同冷却速率下：(a) 二次枝晶间距，(b) 铸态共晶 Si 长径比，(c) 固溶态共晶 Si 长径比，(d) 铸态共晶 Si 体积分数，(e) 固溶态共晶 Si 体积分数的变化

3.3.4 不同固溶温度下 Si 相球化

比较了共晶 Si 在不同固溶温度（560 ℃、550 ℃、540 ℃、530 ℃和 520 ℃）下热处理过程的相场演化，如图 3-17 所示。可以发现，共晶 Si 在不同固溶温度下都会发生球化，固溶温度越高，共晶 Si 球化时间越早。取冷却速率 $R = 0.04 \text{ K/s}$ 的模拟数据，可以计算得到，共晶 Si 在铸态凝固过程稳态生长阶段平均长径比约为 1.61，在固溶热处理过程稳态生长阶段平均长径比约为 1.09，共晶 Si 发生球化。

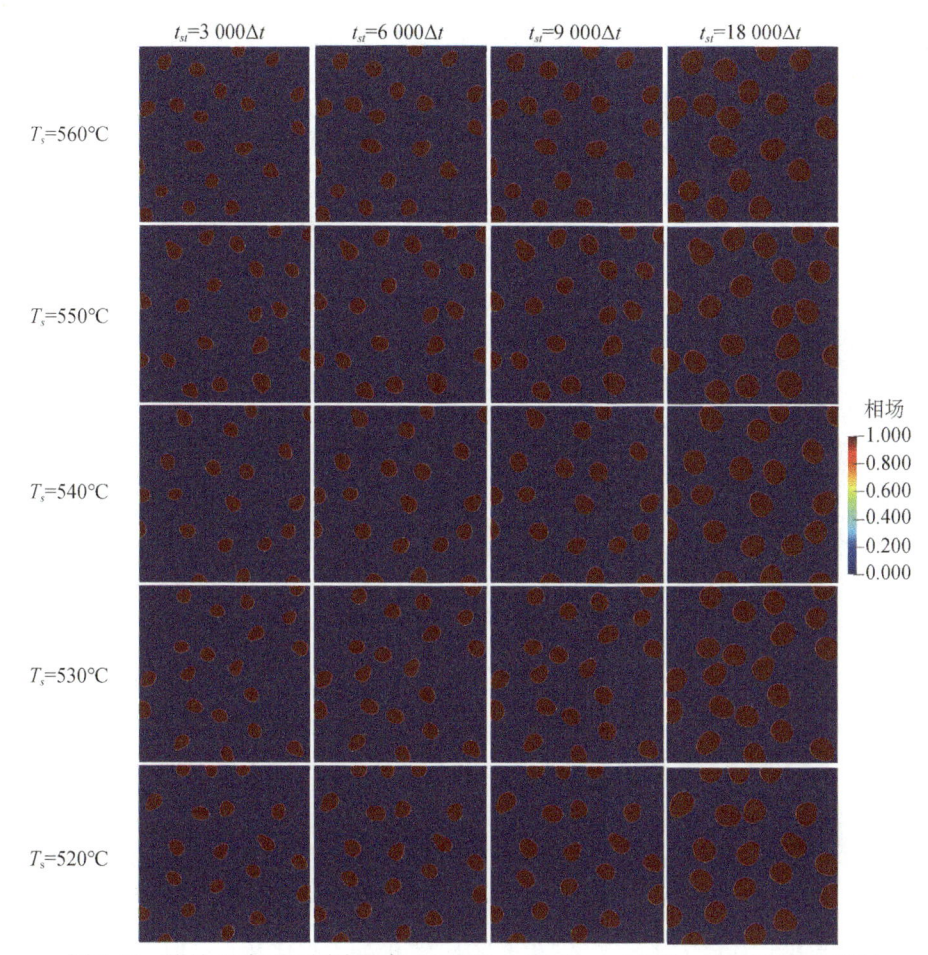

图 3-17　共晶 Si 在不同固溶温度（560℃、550℃、540℃、530℃和520℃）下热处理过程相场演化

3.3.5　不同初始形核长径比下 Si 相形态

根据实验观察，在固溶热处理中，共晶 Si 相的长径比会发生变化。这里比较了不同初始形核长径比对固溶态共晶 Si 长径比的影响。初始晶核长径比分别设为 1.5、2.0 和 2.5，冷却速率 $R=0.04\,\text{K/s}$，固溶温度 $T_s=530\,℃$。

图 3-18 为不同初始形核长径比下气缸盖构件铸态共晶 Si（a～c）和固溶 Si 相（d～f）的稳态相场分布。当初始形核长径比分别为 1.5、2.0 和 2.5 时，共晶 Si 平均长径比约 1.63、2.22 和 2.60，可以推断，初始形核长径比越大，稳态共晶 Si 长径比也越大。

图 3-19 所示为不同固溶热处理温度和不同共晶 Si 初始形核长径比所对应的固溶态共晶 Si 长径比演化过程。可以发现固溶态共晶 Si 长径比会随着固溶热处理

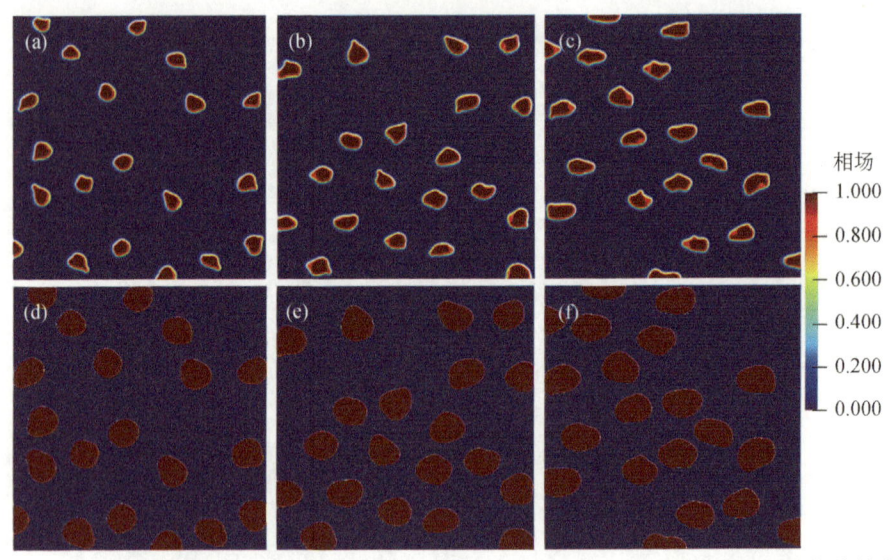

图 3-18　不同初始形核长径比（a，d）1.5、（b，e）2.0 和（c，f）2.5 下气缸盖构件铸态共晶 Si（a～c）和固溶态 Si 相（d～f）的稳态阶段相场分布

时间的增加而逐渐下降，最后到达稳态阶段，这说明固溶态共晶 Si 在逐步发生球化。如图 3-19（a）所示，固溶热处理温度越高，固溶态共晶 Si 长径比到达稳态的时间越短，这说明，提高固溶热处理温度，有利于缩短固溶态共晶 Si 的球化时间。如图 3-19（b）所示，共晶 Si 初始形核长径比与固溶态共晶 Si 长径比呈正相关，共晶 Si 初始形核长径比越大，固溶态共晶 Si 的长径比也越大。同时，共晶 Si 初始形核长径比越大，随着固溶热处理的进行，固溶态共晶 Si 长径比的下降速度也越快。当初始形核长径比为 1.5 时，固溶态共晶 Si 平均长径比从 $t_s=3000\Delta t$ 时的 1.43 到 $t_s=6000\Delta t$ 时的 1.41 和 $t_s=9000\Delta t$ 时的 1.10；当初始形核长径比为 2.0 时，固溶态共晶 Si 平均长径从 $t_s=3000\Delta t$ 时的 1.83 到 $t_s=6000\Delta t$ 时的 1.57 和 $t_s=9000\Delta t$ 时的 1.22；当初始形核长径比为 2.5 时，固溶态共晶 Si 平均长径比从 $t_s=3000\Delta t$ 时的 2.14 到 $t_s=6000\Delta t$ 时的 1.71 和 $t_s=9000\Delta t$ 时的 1.67。可见，固溶态共晶 Si 长径比与固溶时间密切相关，固溶热处理时间越长，共晶 Si 长径比越小。此外，获得球化共晶 Si 需要适当增加固溶时间。当初始形核长径比大于 2.0 且热处理时间小于 $t_s=3000\Delta t$ 时，共晶 Si 长径比处于 1.83～2.14 之间。

3.3.6　选取气缸盖构件关键部位

由于气缸盖铸件的底板鼻梁区、顶板位置和侧气道壁这三个部位由于结构和尺寸差异大，导致在铸件中的温度分布也大不相同。底板鼻梁区温度分布相对均

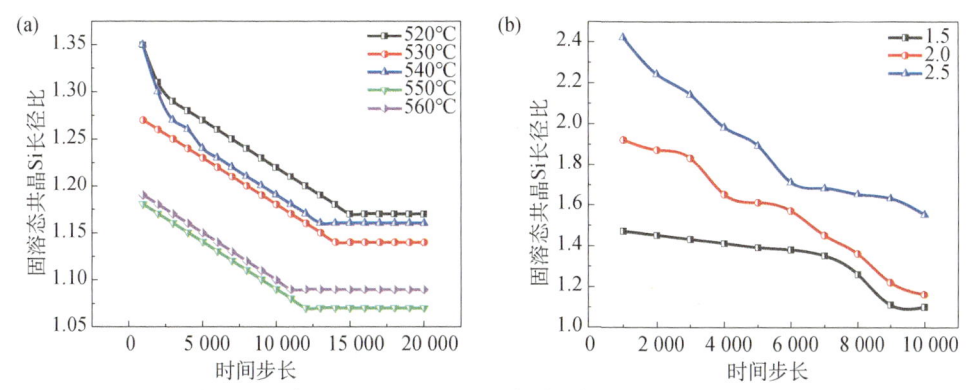

图 3-19 不同固溶热处理温度（a）和不同共晶 Si 初始形核长径比（b）下的固溶 Si 相的长径比

匀，有助于分析在稳定冷却条件下的共晶相形成过程；顶板和侧部气道壁区域存在明显的温度梯度。此外，气道壁作为气缸盖的重要功能部件，其冷却速率和凝固行为直接影响铸件的最终性能，分析该区域对提高铸件质量至关重要。因此，我们在气缸盖铸件的底板鼻梁区、顶板区（尽量靠近油孔）和气道壁（尽量靠近底板）三个关键位置分别选择 10 个有限元节点取样，如图 3-20 所示。

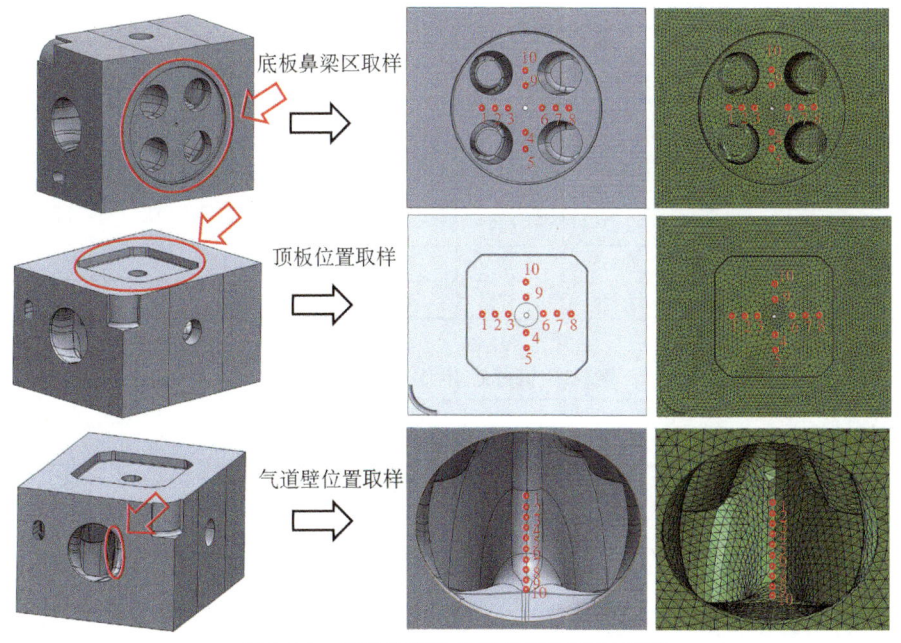

图 3-20 气缸盖铸件关键位置取样示意图

读取关键位置取样节点上的共晶相信息，如表 3-1、表 3-2 和表 3-3 所示。取数据平均值得出三个位置的共晶 Si 长径比、共晶 Si 固相分数和固溶 Si 固相分数，如表 3-4 所示。

表 3-1　底板鼻梁区 10 组相场预测结果

位置	编号	X	Y	Z	共晶 Si 长径比	共晶 Si 固相分数/%	固溶 Si 固相分数/%
底板鼻梁区	1	2.943	−12.99	0.793 5	1.84	7.13	28.06
	2	2.541	−10.05	0.268 9	1.69	6.80	27.57
	3	3.959	−1.183	−0.160 4	1.84	7.13	28.06
	4	3.383	−3.576	0.162 4	2.06	12.5	43
	5	3.577	−13.19	0.049 18	1.84	7.13	28.06
	6	2.209	−6.486	0.099 06	1.54	7.15	28.61
	7	2.21	−6.858	−0.182 7	1.54	7.15	28.61
	8	4.239	−3.709	−0.222 2	1.60	6.15	25.25
	9	3.361	−2.862 2	−0.335 7	1.94	12.2	37.8
	10	4.027	−1.562	−0.588 3	1.60	6.15	25.25

表 3-2　顶板区 10 组相场预测结果

位置	编号	X	Y	Z	共晶 Si 长径比	共晶 Si 固相分数/%	固溶 Si 固相分数/%
顶板区	1	−3.248	−1.103	−0.2343	1.74	13.2	44
	2	0.5558	−6.202	1.743	2.11	12.1	26
	3	3.949	−2.444	−1.067	1.74	13.2	44
	4	2.484	−1.05	−4.787	2.06	11.72	18
	5	−3.7423	−7.348	−4.2177	1.86	11.76	37
	6	0.4108	−1.577	2.027	1.99	12.4	37
	7	3.687	−2.082	−0.473	1.74	13.2	44
	8	1.9563	−8.4266	−5.0897	1.78	11.2	34.98
	9	−3.162	−6.455	−1.65	1.86	11.76	29
	10	−4.775	−1.318	−3.473	1.74	13.2	44

表 3-3　气道壁 10 组相场预测结果

位置	编号	X	Y	Z	共晶 Si 长径比	共晶 Si 固相分数/%	固溶 Si 固相分数/%
气道壁	1	−5.425	−4.557	0.2885	2.13	13.3	33
	2	−5.092	−6.51	−1.952	2.71	12.1	35
	3	−1.816	−5.255	0.5919	2.31	12.9	30
	4	−4.171	−5.622	0.3033	2.13	12.3	31
	5	−3.365	−5.535	0.1788	2.31	12.9	30
	6	−12	−8.896	2.773	2.83	12.21	20
	7	−1.509	−5.147	0.8289	2.31	12.9	30
	8	7.603	−4.915	0.5678	2.36	11.98	34
	9	8.171	−14.09	1.394	2.25	11.27	30
	10	−4.225	−7.916	−0.2694	2.83	12.21	20

表 3-4　三个位置区域最终预测结果

部位	共晶 Si 长径比	共晶 Si 固相分数/%	固溶 Si 固相分数/%
鼻梁区	1.749	7.9	30
顶板区	1.86	12.4	35.8
气道壁	2.417	12.4	29.3

通过对气缸盖铸件的底板鼻梁区、顶板区和气道壁三个位置分别取样进行相场模拟计算，并取其平均值，最终得到鼻梁区的长径比为 1.749，共晶 Si 固相分数为 7.9%，固溶共晶 Si 固相分数为 30%；顶板区的长径比为 1.86，共晶 Si 固相分数为 12.4%，固溶共晶 Si 固相分数为 35.8%；气道壁的长径比为 2.417，共晶 Si 固相分数为 12.4%，固溶共晶 Si 固相分数为 29.3%。

3.4　气缸盖构件级时效析出相预测

气缸盖铸件不同节点位置温度分布不同，构件级析出相预测需要提取宏观模拟温度场节点，并划分温度范围，根据不同的温度场一次映射进行材料级组织模拟，将相场模拟结果按照节点坐标分类，建立材料级组织信息数据库，最后二次映射至构件级单元节点坐标输出预测结果。

3.4.1　构件级析出相预测思路

如图 3-21 所示为气缸盖构件级析出相预测思路。首先根据时效温度变化确定构件特征区域，根据宏观构件和微观组织区域具有温界贯通的特点，基于"提取含温界特征微区以小见大"的思路，在特征微观区域，采用与宏观温度梯度"类比一致"的处理方式，利用双线性插值方法映射得到微观区域任意节点温度，然后将微观区域温度值带入序参量控制的相场模型中模拟时效过程中析出相组织，统计析出相平均长度等数据信息，将其按节点储存到相应的数据库中，最后根据相应的坐标节点重新映射到宏观构件中，从而实现气缸盖构件级析出相的预测。

3.4.2　实验数据提取

3.4.2.1　构件的宏观温度场分布

图 3-22 是气缸盖的时效工艺示意图，气缸盖在室温入炉，在 120 s 后气缸盖整体温度分布均匀。对气缸盖铸件温度场有限元模拟数据文件进行合并、筛选处理，

分析温度变化过程，获得所需要的温度范围和节点信息。

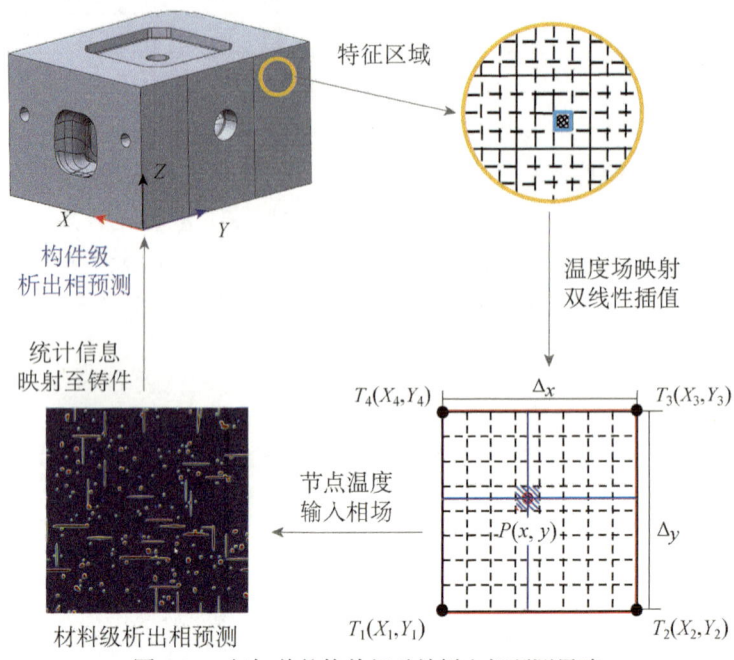

图 3-21　气缸盖的构件级时效析出相预测思路

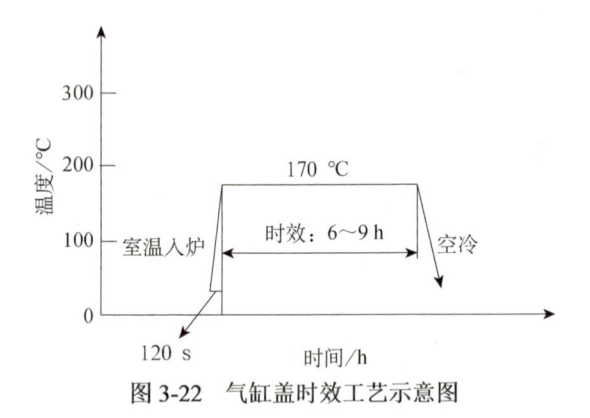

图 3-22　气缸盖时效工艺示意图

根据用户提供的四个时刻（30 s、60 s、90 s 和 120 s）的宏观温度场模拟数据文件，进行数据读取、数据筛选、数据排序后，三维结果可视化如图 3-23 所示。可以发现，温度传导首先从气缸盖内部开始，在 30 s 初始时刻，气缸盖内壁已经达到时效温度（170 ℃），在 90 s 时刻几乎达到恒温（169～170 ℃），因此想要体现由于温度不同而引起的析出相组织的分布不同，只需要考虑 30 s 和 60 s 的温度时刻，将 30 s 的温度分布作为初始温度，60 s 的温度分布作为中间温度。

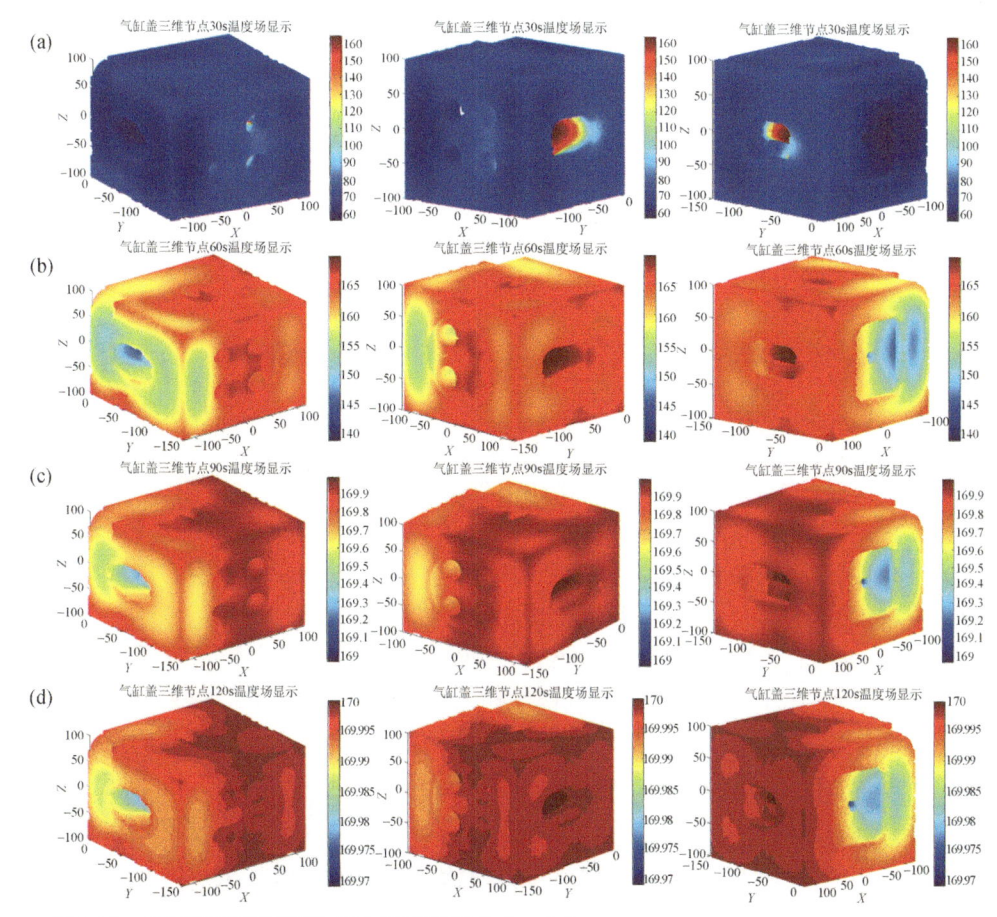

图 3-23 不同时效时间气缸盖宏观温度场分布。(a) 30 s；(b) 60 s；(c) 90 s；(d) 120 s

3.4.2.2 宏观温度数据提取

对图 3-24 所示的三维数据进行数据处理，将所有节点温度按从小到大排序，统计不同时刻下温度范围，确认温度场分布。如图 3-24（a）所示，30 s 时的大部分节点温度集中分布在 55～80 ℃之间，少数节点温度分布在 80～170 ℃之间。因此在划分温度节点时，在 55～80 ℃范围内以 1.5 ℃为一个温度间隔进行插值，在 80～170 ℃范围内以 1 ℃为一个温度间隔进行插值。同时，在 160 ℃到 170 ℃之间又增加了几组，总共设置 110 组温度范围，这个节点温度设置为后续构件预测做准备。

3.4.3 热传导温度场设置

时效初期，由于气缸盖不同部位的壁厚等几何尺寸不同，在升温传热过程中会产生温度梯度，不同的温度变化会影响析出相析出的速度、大小和分布状态。因

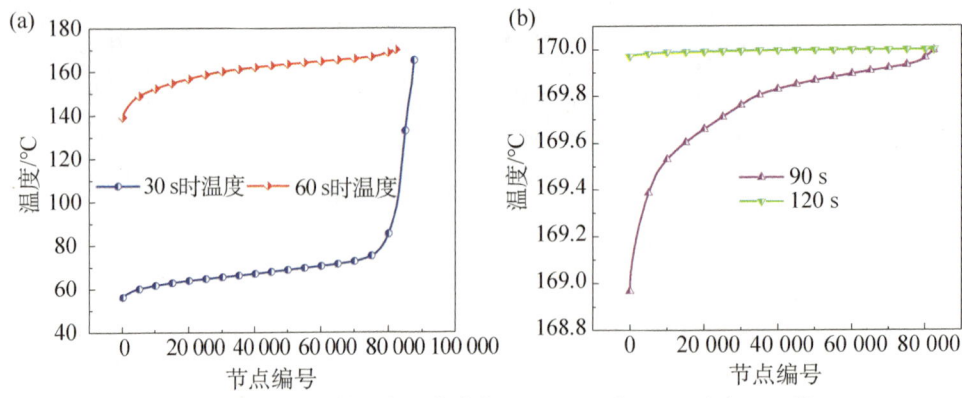

图 3-24 不同时效时间的节点温度分布。(a) 30 s 和 60 s；(b) 90 s 和 120 s

此，有必要探讨不同温度变化对析出相组织的影响。时效温度为 170 ℃（443 K），根据宏观温度场计算结果，时效 90 s 即达到稳定温度，120 s 后完全稳定。在时效 120 s 内，模拟区域温度会随时间和空间变化。因此，可以通过设置不同的温度值和温度梯度来研究温度对时效过程析出相分布的影响。

这里以一个三维长方体铸件为例简单说明时效早期温度场分布变化，如图 3-25 所示。图 3-25（a）为某一时刻构件的三维温度传导示意图，构件 y 方向长度是 x 方向长度的两倍。温度从四周向铸件的内部扩散，沿着 x 方向热传导路径最短，此时 x-y 和 x-z 平面上的温度梯度最大，如图 3-25（b）所示，x-y 平面上的温度沿 x 方向发生线性变化。由于 z 方向和 y 方向构件较厚，扩散所需时间较长，所以在某一时刻上 z-y 平面上温度分布是等温的。因此提取最表层和最里层的等温面如图 3-25（c）所示。

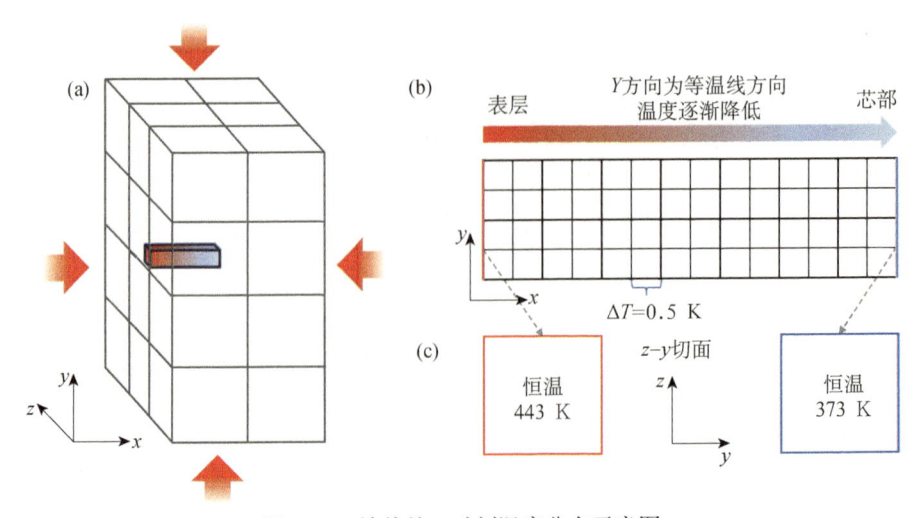

图 3-25 铸件某一时刻温度分布示意图

上述情况只是某一时刻的温度场分布，为了尽可能反映所有温度分布，生成较多数据集，使预测结果更准确，我们基于"提取温界特征微区以小见大"的思路，将温度场影响分为三种类型：均匀温度场、非均匀温度场和在此基础上的时间-空间变化的温度场。先分析计算结果，然后进行气缸盖构件级插值温度场设置，如图 3-26 所示。

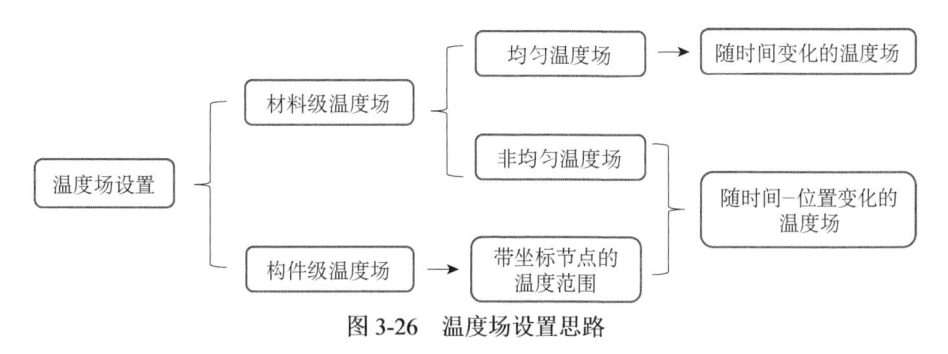

图 3-26 温度场设置思路

3.4.3.1 均匀温度场

设置均匀温度场是为了研究不同时效温度对两种析出相的影响，为后续的不同温度场影响规律提供参考依据。参考人工时效温度范围（150～210 ℃）和不同时刻节点的温度范围，同时考虑到温度差值太小会导致计算量太大，规律不明显，温度差值过大导致结果突变，规律不准确。综合两种因素，设置了从 100～170 ℃ 共 8 组的温度范围（如表 3-5 所示），其中每组温度间隔 10 ℃。

表 3-5 均匀温度场设置

组数	1	2	3	4	5	6	7	8
温度	100 ℃ (373 K)	110 ℃ (383 K)	120 ℃ (393 K)	130 ℃ (403 K)	140 ℃ (413 K)	150 ℃ (423 K)	160 ℃ (433 K)	170 ℃ (443 K)

相场模型中扩散系数 $D_k = D_k^0 \exp\left(\dfrac{-Q_k}{RT}\right)$，计算不同温度的扩散系数，结果如表 3-6 所示。

表 3-6 不同合金元素的扩散系数

温度	D_{Al}/(m²/s)	D_{Si}/(m²/s)	D_{Cu}/(m²/s)	D_{Mg}/(m²/s)
T=443 K	2.13×10⁻¹⁹	8.61×10⁻²⁰	4.9×10⁻¹⁹	1.58×10⁻¹⁹
T=433 K	9.67×10⁻²⁰	3.96×10⁻²⁰	2.38×10⁻¹⁹	6.8×10⁻²¹
T=423 K	4.21×10⁻²⁰	1.75×10⁻²⁰	1.10×10⁻¹⁹	2.83×10⁻²¹
T=413 K	1.76×10⁻²⁰	7.48×10⁻²¹	4.84×10⁻²⁰	1.13×10⁻²¹
T=403 K	7.02×10⁻²¹	3.05×10⁻²¹	2.12×10⁻²⁰	4.28×10⁻²²

续表

温度	D_{Al}/(m²/s)	D_{Si}/(m²/s)	D_{Cu}/(m²/s)	D_{Mg}/(m²/s)
T=393 K	2.70×10⁻²¹	1.19×10⁻²¹	8.72×10⁻²¹	1.54×10⁻²²
T=383 K	9.85×10⁻²²	4.43×10⁻²²	3.42×10⁻²¹	5.30×10⁻²³
T=373 K	3.40×10⁻²²	1.56×10⁻²²	1.28×10⁻²¹	1.72×10⁻²³

3.4.3.2 非均匀温度场

由于不同空间位置的温度值不同，需要设置非均匀温度场。假设温度梯度 $\text{Grad}T = dT/dr$ 或 $\text{Grad}T = \Delta T/\Delta r$ 在模拟区域为线性分布，任意节点位置 r_i 的温度可以表示为

$$T_i = T_0 + r_i \times \text{Grad}T \tag{3-25}$$

式中，T_0 表示初始温度，本任务中 T_i 的值不超过 443 K。

基于"提取特征微区以小见大"的思路，以模拟区域为128×128为例，假设相邻网格的温度变化为 $\Delta T = 0.5\,\text{K}$，当网格尺寸取 1 nm 时，温度梯度与相邻网格温度变化的数值相等。根据构件中可能存在的温度场形式，结合模拟区域不同方向上温度变化，如图3-27所示，设置六种温度场：

（1）沿 x 方向温度单调减小，y 方向温度恒定（图3-27（a1）），如铸件左侧；

（2）沿 x 方向温度单调增加，y 方向温度恒定（图3-27（a2）），如铸件右侧；

（3）沿 x 方向温度先增加后减小，y 方向温度恒定，呈"A"型分布（图3-27（b1））；

（4）沿 x 方向温度先减小后增加，y 方向温度恒定，呈"V"型分布（图3-27（b2））；

（5）中间区域温度高，四周区域温度低，呈"金字塔"型温度分布（图3-27（c1））；

（6）中间区域温度低，四周区域温度高，呈"漏斗"型温度分布（图3-27（c2））。

3.4.3.3 随时间变化的温度场设置

"随时间变化的温度场设置"即不同位置的温度值随着时效时间而变化。在实际时效过程中，既有热传导，又有热源，因此随时间变化温度场设置必须在空间温度设置基础上耦合有热源分布的热传导方程，计算不同温度分布状态随时效时间的变化。

在导热系数、密度和热容恒定的情况下，有热源的热传导方程为

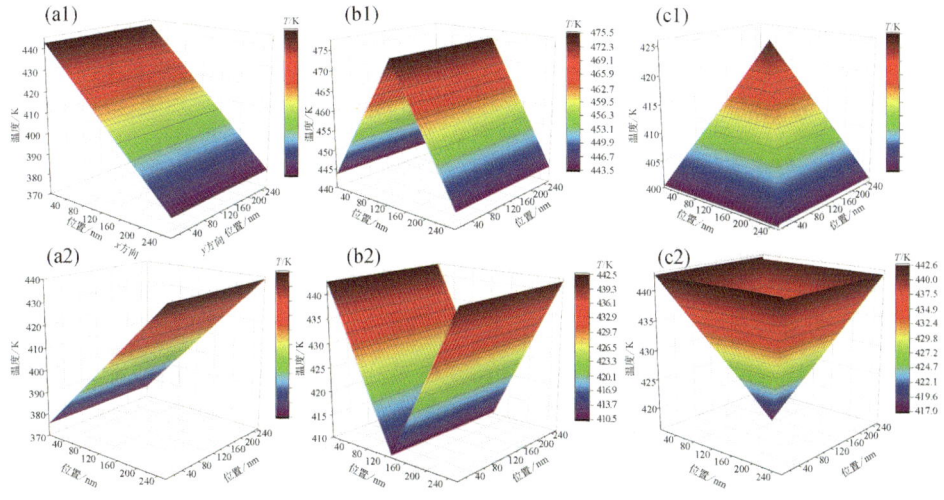

图 3-27 非均匀温度场设置示意图

$$\begin{cases} \dfrac{\partial T}{\partial t} = \mu\left(\dfrac{\partial^2 T}{\partial x^2} + \dfrac{\partial^2 T}{\partial y^2}\right) + Q \\ \mu = \dfrac{\lambda}{\rho c_p} \end{cases} \quad (3\text{-}26)$$

式中，$\rho = 2.64 \text{ g/cm}$ 为材料密度；$c_p = 900 \text{ J/(kg/k)}$ 为热容；$\lambda = 125 \text{ W/mK}$ 为导热系数；T 为温度；t 为时间；x 为距离；Q 为热源。对式（3-26）两边进行傅里叶变换

$$\dfrac{\partial \{T\}_k}{\partial t} = \mu\left(\left\{\dfrac{\partial^2 T}{\partial x^2}\right\}_k + \left\{\dfrac{\partial^2 T}{\partial y^2}\right\}_k\right) + \{Q\}_k \quad (3\text{-}27)$$

式中，$\{\ \}_k$ 为对括号内的物理量进行傅里叶变换。式（3-27）在傅里叶空间可写为

$$\dfrac{\partial \{T\}_k}{\partial t} = -\mu(k_x)^2\{T\}_k - \mu(k_y)^2\{T\}_k + \{Q\}_k \quad (3\text{-}28)$$

式中，k 为傅里叶系数，$k^2 = (k_x)^2 + (k_y)^2$。通过向前差分求时间导数

$$\dfrac{\{T\}_k^{n+1} - \{T\}_k^n}{\Delta t} = -\mu k^2\{T\}_k^n + \{Q\}_k \quad (3\text{-}29)$$

式中，Δt 为时间步长。在 $n+1$ 步时有

$$\{T\}_k^{n+1} = \{T\}_k^n - \mu k^2 \Delta t\{T\}_k^n + \Delta t\{Q\}_k \quad (3\text{-}30)$$

将式（3-30）耦合到相场模型中即可计算不同温度场下的析出相组织。

3.4.4 均匀温度场下的 Q' 相和 θ' 相

3.4.4.1 Q' 相

根据已经设置的均匀温度场进行等温时效模拟，网格数 128×128，网格间距

dx = dy = 2 nm，模拟时间 20 000 步。Q' 相在不同时效温度下的浓度场序参量模拟结果如图 3-28-1 和图 3-28-2 所示，可以发现所有温度下的析出相都发生从点状到点块状再到块状的转变，这与实验结果一致。

对比图 3-28-1（a1～d1）和图 3-28-2（a1～d1）可以发现，时效温度较低时，Q' 相数目较多；时效温度较高时，Q' 相颗粒数目减小，实验组织图也是如此。于是，在执行这个计算任务的过程中，用户方工程师和组里研究生猜测，是不是时效温度低导致 Q' 相形核数目多？——其实不能只依据看到的组织图直接得结论。

更为合理的解释应该是，当实验体系中成分起伏、结构起伏和能量起伏达到形核条件（相场模拟中由方程中的随机噪声项驱动形核），体系开始发生局部形核，之后在原子扩散驱动下，已经形核的颗粒有的继续长大，有的消失；在体系中其他一些局部区域继续发生形核、长大或者消失。当时效温度比较高时，譬如 443 K，相比较于低温，高温下原子扩散最快，体系于是在 1600 步时就达到了自己的颗粒数目峰值，平均颗粒半径也最大，但由于原子扩散速率太快、孕育期时间太短，体系中来不及发生更多的形核，导致形核颗粒数目相比低温要少，于是高温体系 Q' 相析出相颗粒的面积分数也低于低温体系的。那些形核成功的颗粒很快进入生长乃至粗化阶段，粗化中有合二为一现象，因此数量密度随时间下降。

同时也表明 Q' 相所需要的形核势垒能量比较低，在 373 K 时效就远远高出其发生形核的临界温度。当低于临界形核温度时，Q' 相不能形核。关于临界形核温度的问题应该进一步做更深入具体的研究。

还需要注意的是，实验中所观察到的现象，不能明确其处于析出相的哪个阶段，就可能会带来一些不同的认识和混淆，需要进一步通过热力学驱动力、相变势垒计算等具体分析。

图 3-28-2（d4）和（d5）中黄色圆圈标记处发生了奥斯瓦尔德熟化现象。

Q' 析出相的面积分数、平均粒径、数量密度和达到数量密度峰值的时效时间步长如图 3-29 所示。

从图中可以看出，随着时效时间延长，Q' 析出相的面积分数趋于稳定为 6% 左右（如图 3-29（a））。在每一个时效温度下，Q' 析出相的平均颗粒半径均为先快速增加后缓慢增加，最后趋于平衡；颗粒密度先快速增加后快速减少，然后缓慢减少，最后趋于平衡。颗粒密度、面积分数以及平均颗粒半径的快速增加对应 Q' 析出相的大量形核和长大阶段。颗粒密度的快速下降，面积分数和平均颗粒半径的缓慢升高对应 Q' 析出相的长大和粗化过程。根据数量密度峰值统计不同温度到达数量密度峰值的时间步长，如图 3-29（d）所示，随着时效温度的升高，Q' 相到达数量峰值的时间变短，这与实验观察一致。

图 3-28-1　时效温度 373 K～403 K 的 Q' 相的浓度场序参量分布

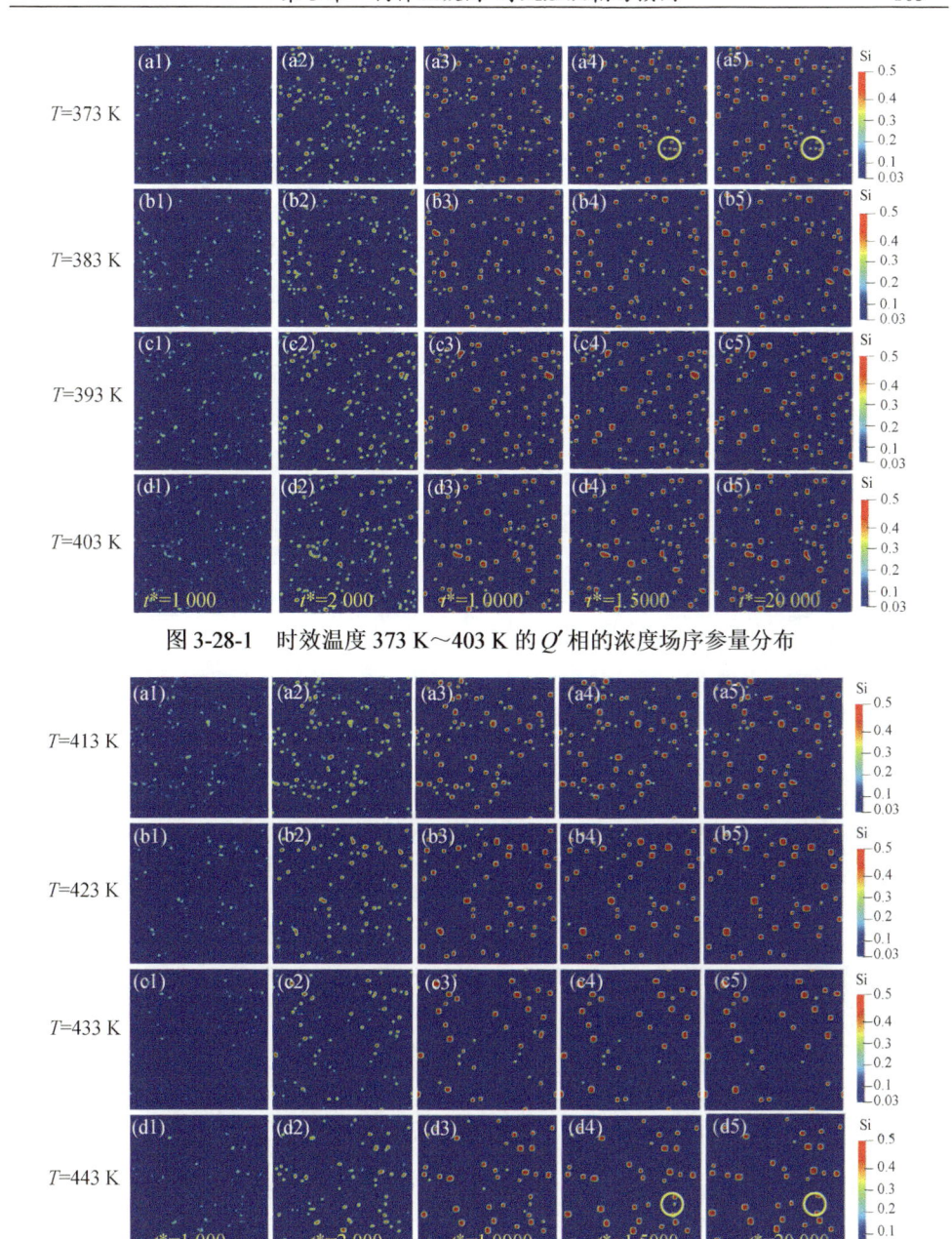

图 3-28-2　均匀温度场下，时效温度 413 K～443 K 的 Q' 相的浓度场序参量分布

3.4.4.2　θ' 相

θ' 相在不同时效温度下的相场模拟结果如图 3-30-1 和图 3-30-2 所示。

θ' 相的形成同样经历形核、长大和粗化阶段。与 Q' 相形貌不同的是，θ' 相析出具有方向性，受各向异性弹性能影响较大；另一方面，如后文的图 3-34 所示，

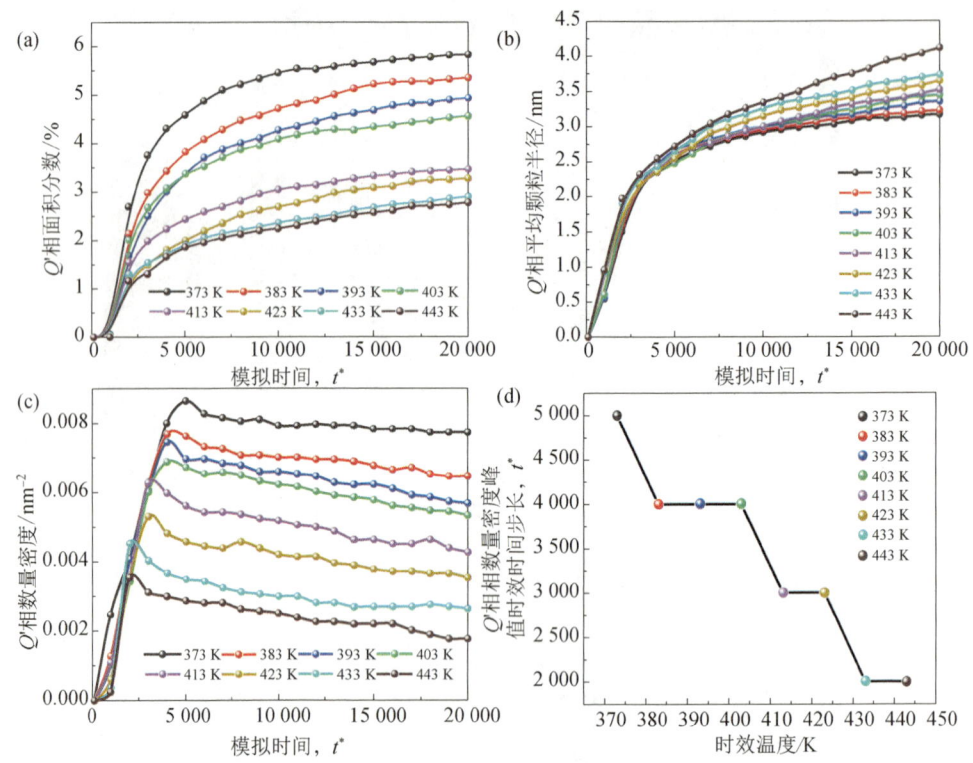

图 3-29　均匀温度场下，不同时效温度下的 Q' 相。(a) 面积分数；(b) 平均颗粒半径；(c) 数量密度；(d) 不同时效温度下达到数量密度峰值的时效时间

企业使用的时效温度处于 θ' 相以形核为主导的析出阶段，此时随着时效温度升高，元素扩散迁移率加快，溶质成分起伏随之增大，θ' 相形核数目增加，θ' 相颗粒密度随着温度的升高而增加，如图 3-30-1（a1～d1）和图 3-30-2（a1～d1）所示。

对比图 3-30-1（a2～d2）～（a5～d5）和图 3-30-2（a2～d2）～（a5～d5）可以看出，时效温度对 θ' 相的长大和粗化过程也有显著影响。当时效温度较低（337 K）时，元素扩散速率较慢，θ' 相的长大也慢，析出相平均尺寸较小。而在较高温度（443 K）下，相同时刻 θ' 相已经发生粗化，并出现相互连接生长，形成相互穿插相接的板条状析出相。可见，时效温度对 θ' 相的形核、长大和粗化都有影响，较高的时效温度会促进形核、长大和加速粗化进程，可参考图 3-34 理解。

θ' 析出相的面积分数和数量密度如图 3-31（a，b）所示，图 3-31（c）为达到析出相数量密度峰值的时效时间步长。发现 θ' 相面积分数和数量密度随着时效温度升高而增大，到达峰值数量密度的时间随温度升高而减小。根据图像处理连通区域算法，计算了模拟时间为 2500 步时不同温度下的平均长径比，如图 3-31（d）所示。θ' 相的平均长径比随时效温度升高显著增加。443 K 时，2500 步达到峰值时效，最大平均长径比达 11.62。在较低温度（333 K）时，析出相还很少，尺寸也小。这表明这个阶段提高时效温度可促进 θ' 相快速形核与长大，但如果超过临界形核温度则进入以生长粗化为主导的阶段，与时效温度的关系则变为相反，参见图 3-34 所示。

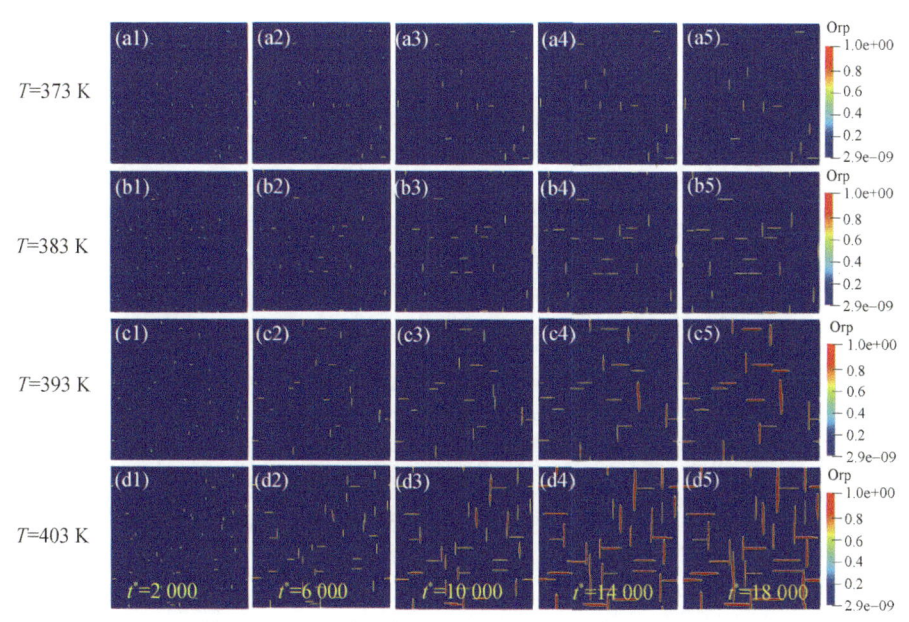

图 3-30-1 均匀温度场下，时效温度 373 K～403 K 的 θ' 相。(a1～d1) $t^* = 2000$；(a2～d2) $t^* = 6000$；(a3～d3) $t^* = 10\,000$；(a4～d4) $t^* = 14\,000$；(a5～d5) $t^* = 18\,000$

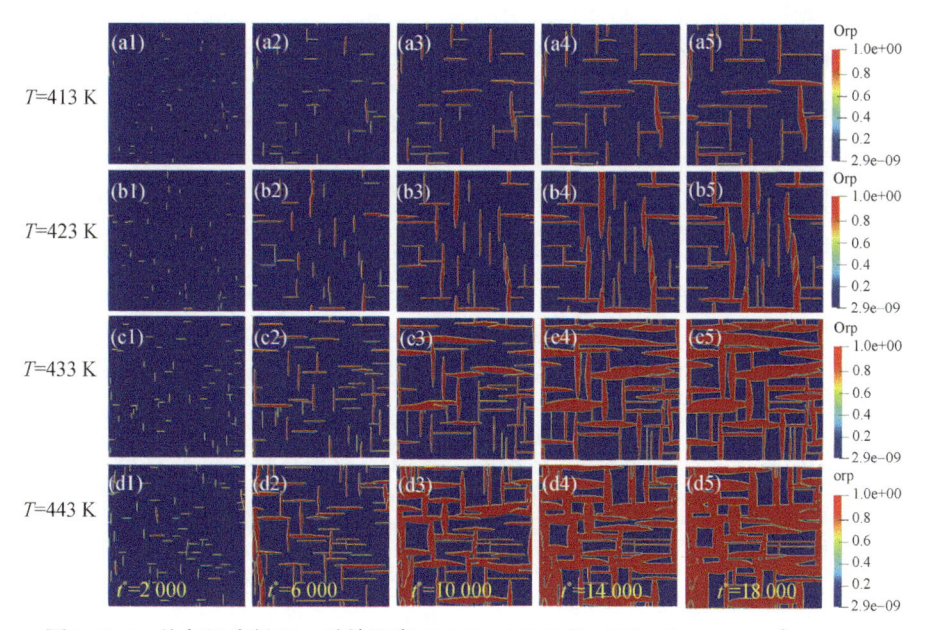

图 3-30-2 均匀温度场下，时效温度 413 K～443 K 的 θ' 相。(a1～d1) $t^* = 2000$；(a2～d2) $t^* = 6000$；(a3～d3) $t^* = 10\,000$；(a4～d4) $t^* = 14\,000$；(a5～d5) $t^* = 18\,000$

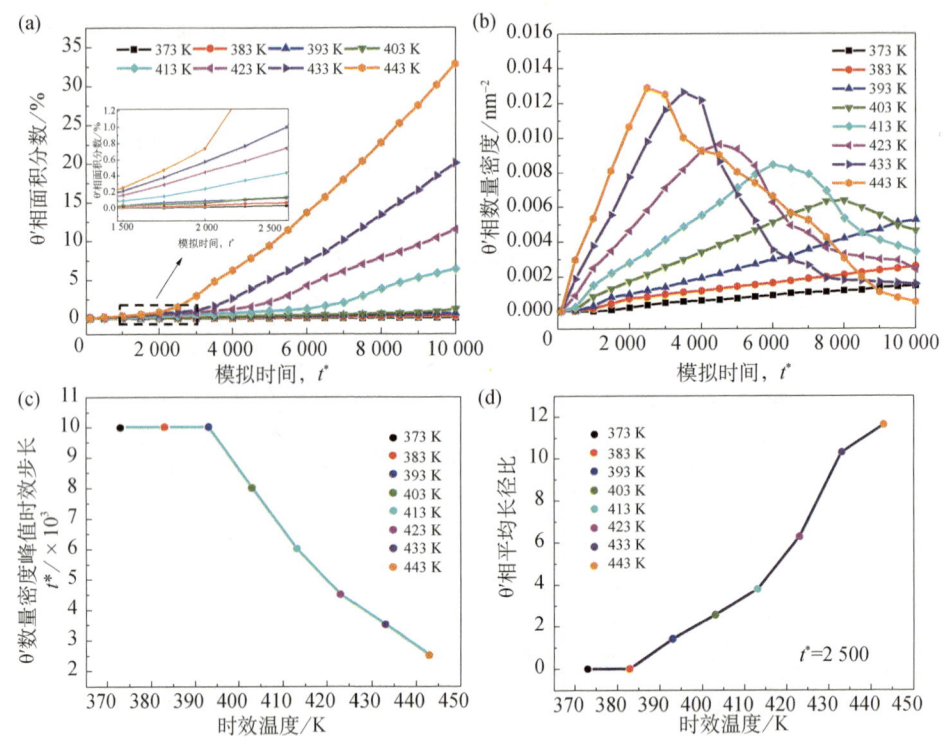

图 3-31　均匀温度场下，不同时效温度下的 θ' 相。(a) 面积分数；(b) 数量密度；(c) 数量密度峰值时效时间步长；(d) $t^*=2500$ 时平均长径比

3.4.4.3　Q' 相和 θ' 相共析出

等温时效下双相共析出的相场模拟结果如图 3-32 所示，Q' 相呈点块状，θ' 相呈板条状或针棒状。

根据图 3-33（a）和（b）曲线，在较高温度下（443 K）θ' 相数量密度和平均长径比都比低温时效的大，这与 θ' 相单相析出结果一致。根据图 3-33（c）和（d）发现，在较低时效温度下（413 K）Q' 相数量密度和平均颗粒半径比较高时效温度时大。

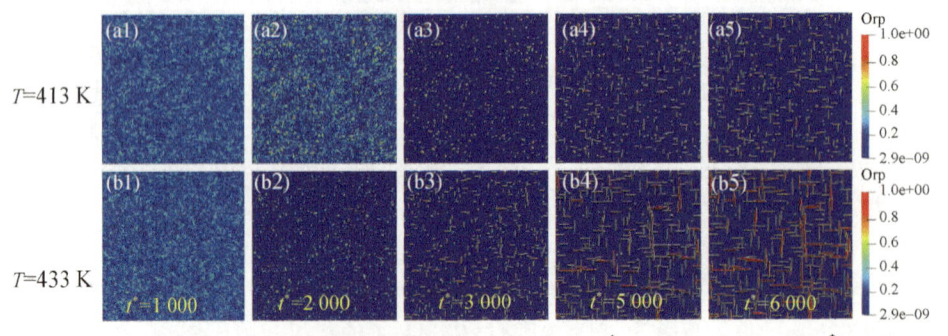

图 3-32　均匀温度场下，不同温度下双相析出。(a1, b1) $t^*=1000$；(a2, b2) $t^*=2000$；(a3, b3) $t^*=3000$；(a4, b4) $t^*=5000$；(a5, b5) $t^*=6000$

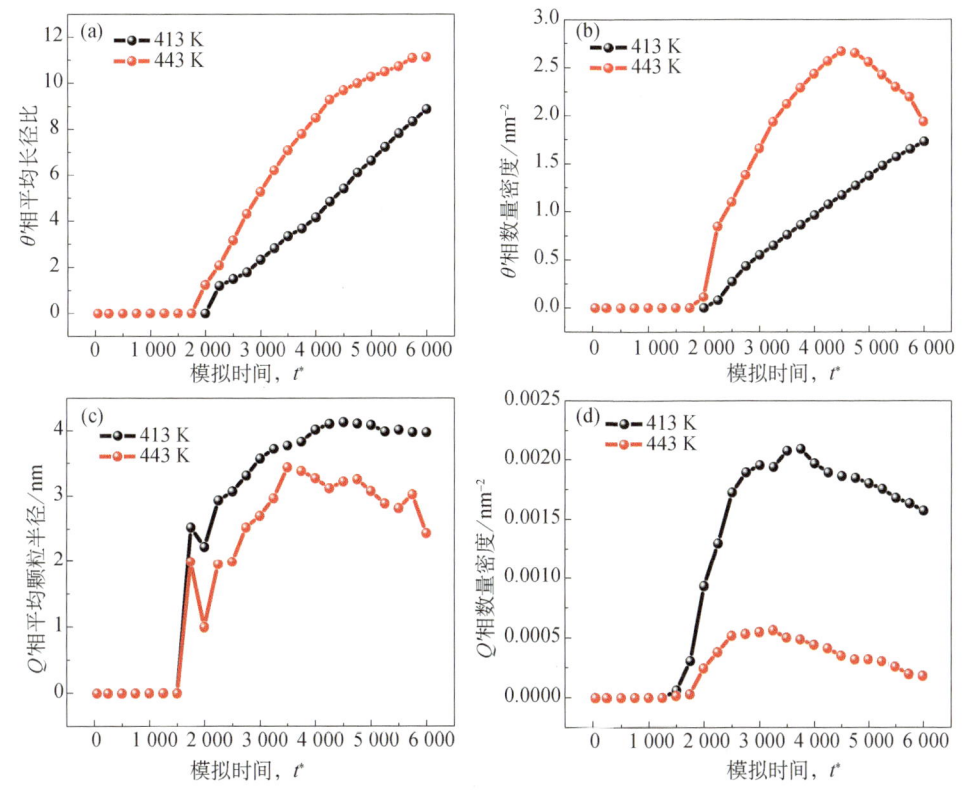

图 3-33　413 K 低温时效和 443 K 高温时效下两相比较。(a) θ' 相平均长径比；(b) θ' 相数量密度；(c) Q' 相平均颗粒半径；(d) Q' 相数量密度

两种析出相的析出颗粒数目与时效温度的关系示意图如图 3-34 所示。由于两种析出相的形核势垒不同（可以采用第一性原理计算二者的形成能数据），从实验和相场模拟结果来看，Q' 相的形核势垒低于 θ' 相。如图所示，于是 Q' 相的临界形核温度也低于 θ' 相。我们可以大致把析出相数目和时效温度的关系曲线分为形核主导期（低于最高形核温度的阶段，如 CD 段和 cd 段）和生长主导期（高于最高形核温度的阶段，如 DG 段和 dg 段）。

在 CD 段和 cd 段的形核主导阶段，时效温度越高，析出相数目越多；在 DG 段和 dg 段的生长乃至粗化主导阶段，随着时效温度升高，由于粗化导致析出相数目减少。

用户提供的实际现场时效温度是 443 K，可能时效温度范围是 373 K～443 K。对于 Q' 相而言，这个温度范围处于其生长粗化主导阶段，因此析出相数目随温度增加而降低。对于 θ' 相而言，这个温度范围则处于其形核主导阶段，析出相数目随着时效温度升高而增加，这个其实很类似于在 Ni-Al-V 合金的伪二元体系中，L1$_2$ 结构的 γ'-Ni$_3$Al 相和 D0$_{22}$ 结构的 θ-Ni$_3$V 相的沉淀过程，二者之间发生了互为形核位点、由于原子扩散迁移形成不同化合物而此消彼长的相互作用过程[10]。因此，判断析出相数目等参数，需要结合具体的时效阶段来分析，才能得出合理正确的规律。

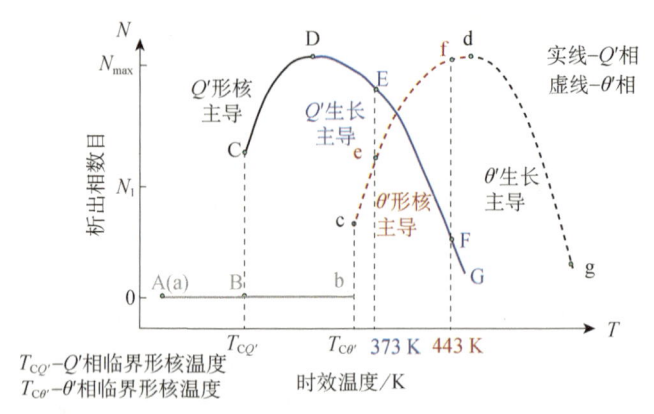

图 3-34　两种析出相的析出颗粒数目与时效温度的关系示意图

3.4.5　非均匀温度场的 Q' 相和 θ' 相

本书对铸件不同部位宏观温度差引起微观组织生长差异的相场模拟，采取"提取特征微区以小见大"的处理方式。微观时效组织相场模拟中，非均匀温度场受到单位网格间距和模拟区域的影响，不同的网格划分和温度梯度的组合会导致无数种温度不均匀情况，这里仅举几个简单例子。

3.4.5.1　单线性温度梯度

当时效温度线性增加时 Q' 相的析出过程如图 3-35 所示。网格数 300×300，网格间距 $\mathrm{d}x = \mathrm{d}y = 1.0 \, \mathrm{nm}$，温度范围从 370 K 到 443 K，温度梯度 $\mathrm{Grad}T = 0.2 \, \mathrm{K/nm}$，这里温度梯度的量纲中的"nm"不是真实的，等效于扩大 10^6 倍的"mm"，即提取特征纳米微区（10^{-9} m）反映毫米区域（10^{-3} m）的一种"等效类比"方式。

同样，较低时效温度 Q' 相形核密度大，析出相出现梯度分布，以黄色框线大致分为三部分区域，从左到右 Q' 相数量密度依次减小。

当时效温度线性增加时 Q' 相和 θ' 相的析出过程如图 3-36 所示。

从图 3-36（a，b）可以发现，在较低时效温度区域，Q' 相析出相的密度大，θ' 析出相的数量密度小并且沿 y 方向优先生长。在较高时效温度区域则反之。

3.4.5.2　双线性温度梯度

当在 x 方向和 y 方向都存在温度梯度的时候，如图 3-37 所示的中部高温、四周低温情况，θ' 呈相互垂直方向生长，同时在中心高温区会优先形核和长大（图 3-37（a）红色区域）。

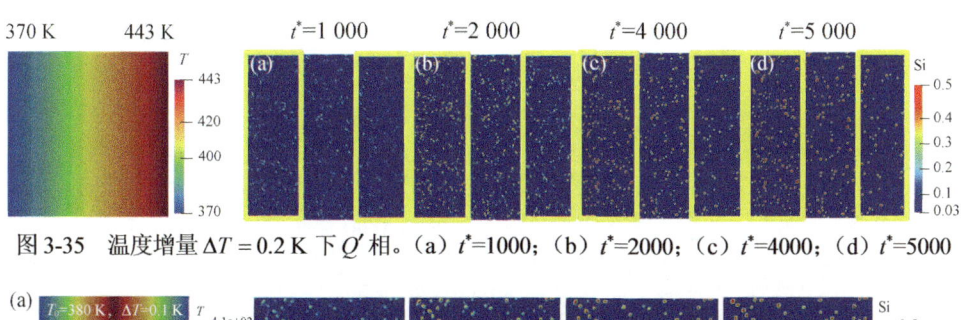

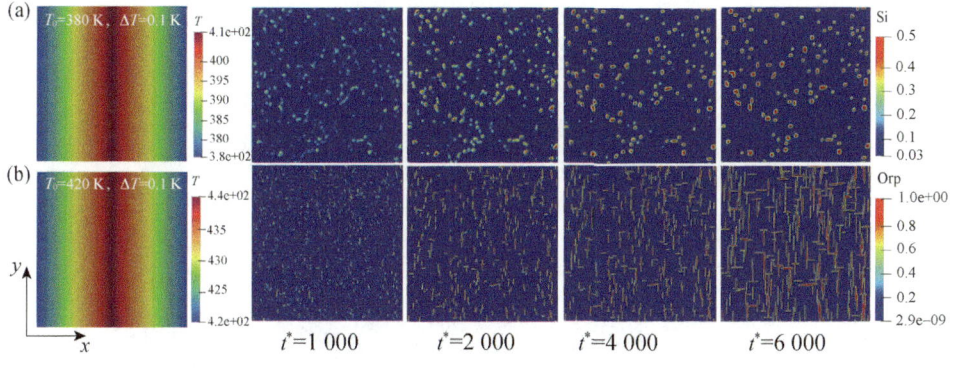

图 3-35　温度增量 $\Delta T = 0.2\text{ K}$ 下 Q' 相。(a) $t^*=1000$；(b) $t^*=2000$；(c) $t^*=4000$；(d) $t^*=5000$

图 3-36　温度增量 $\Delta T = 0.1\text{ K}$。(a) Q' 相；(b) θ' 相

根据实验中的温度分布又细化了两种类型温度梯度，一种是较高温度分布，如图 3-37（b），$T_0 = 430\text{ K}$；另一种是较低温度分布，如图 3-37（c），$T_0 = 400\text{ K}$。两种细化的温度增量都是 0.1 K，对比 0.1 K 和 0.2 K 两种温度增量，可以发现较小温度增量下析出相分布更为均匀。

因此，建议用户在实施热处理工艺过程中尽量保持温度均匀。

3.4.5.3　耦合随时间变化的温度场

图 3-38 是随时间变化的温度场下析出相随时间的演化，其中初始温度设置为四周温度高，中间温度低的"漏斗型"分布，模拟温度从四周向中间传热的过程。设置温度边界为 443 K，在 $t^* = 2000$ 时，温度场达到恒定。与均匀温度场（图 3-32 (d5)）相比，随时间变化的温度场（图 3-38（b5））在 443 K 下的析出相数量密度更大，长径比小，符合实际实验观察。

3.4.6　气缸盖构件级相场预测

如果气缸盖不同单元节点位置温度分布不同，构件级析出相预测需要提取并分析温度场的节点，根据节点划分温度范围，参考时间-位置都变化的温度场设置进行一次映射，进行材料级组织模拟，将模拟结果按照节点坐标分类，建立材料级

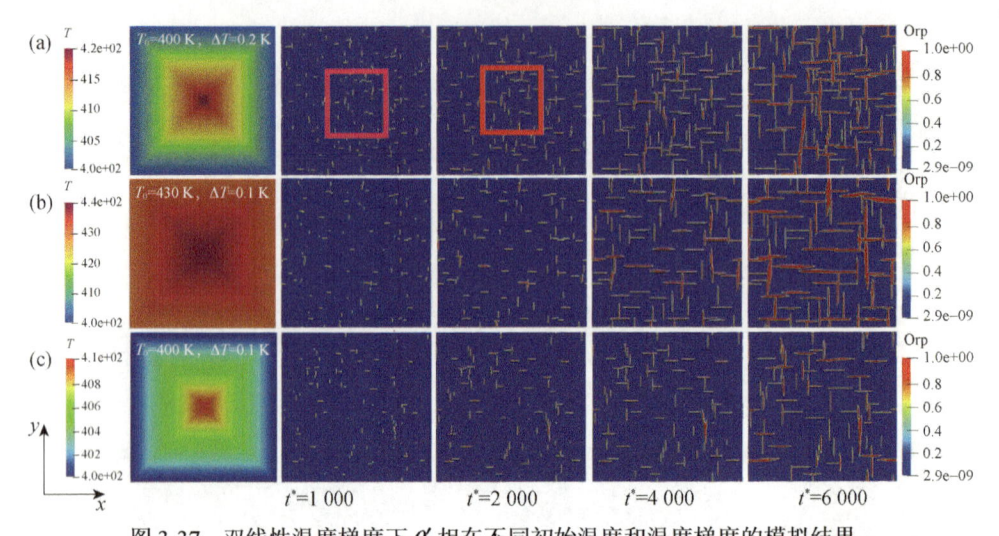

图 3-37 双线性温度梯度下 θ' 相在不同初始温度和温度梯度的模拟结果。
（a）$T_0 = 400\ \text{K}, \Delta T = 0.2\ \text{K}$；（b）$T_0 = 430\ \text{K}, \Delta T = 0.1\ \text{K}$；（c）$T_0 = 400\ \text{K}, \Delta T = 0.1\ \text{K}$

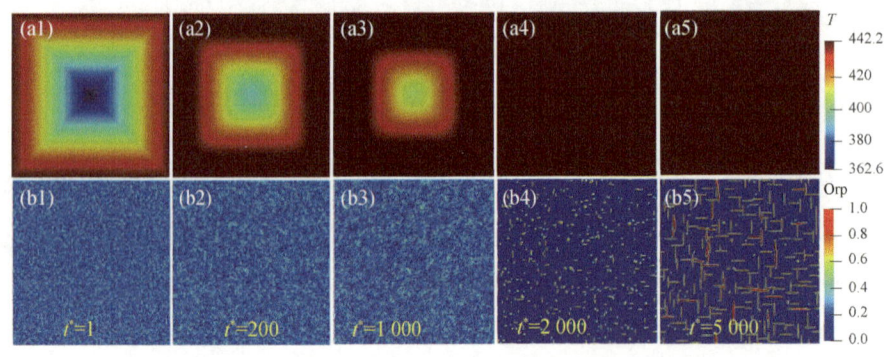

图 3-38 析出相随时间-位置变化温度场下的演化。（a1~a5）温度场；（b1~b5）析出相

组织数据库，最后根据节点坐标输出，进行二次映射至构件级组织。

用户实际使用的时效温度是 170 ℃，但时效初期的温度升高过程只需要 120 秒，也就是 2 分钟之后整个铸件进入温度均匀阶段。2 分钟时 170 ℃均匀阶段的相场模拟结果如图 3-39 所示，两种析出相面积分数之和为 0.063，共析出相数量密度为 0.0015，θ' 相的长径比为 10.5，θ' 相的平均长度为 12.5 nm。

3.4.6.1 析出相组织数据库

用户企业提供了四个时刻下的宏观温度场计算数据：30 秒、60 秒、90 秒和 120 秒，由于 30 秒时刻覆盖的温度范围最大，因此选取 30 s 时刻的宏观温度场模拟的单元节点数据进行筛选和提取。依据 30 s 时刻温度场分布提取了 101 组温度数据，根据 101 组温度数据利用随时间和位置变化的温度场设置进行相场计算，模拟结

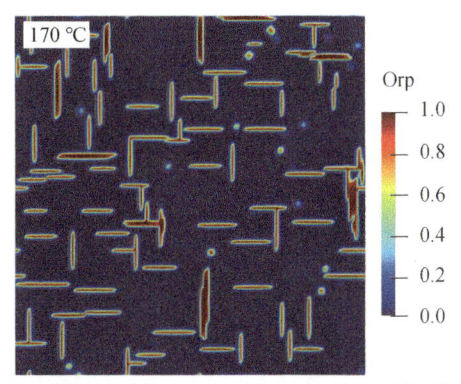

第 3 章 构件级凝固-时效组织相场预测 · 113 ·

图 3-39 时效初期迅速升温之后达到 170 ℃均匀时的两种析出相模拟

果如图 3-40 所示，数据处理后得到 101 组析出相的数量密度、面积分数、长径比数据，根据温度场分布按节点坐标进行数据匹配，建立析出相组织数据库。

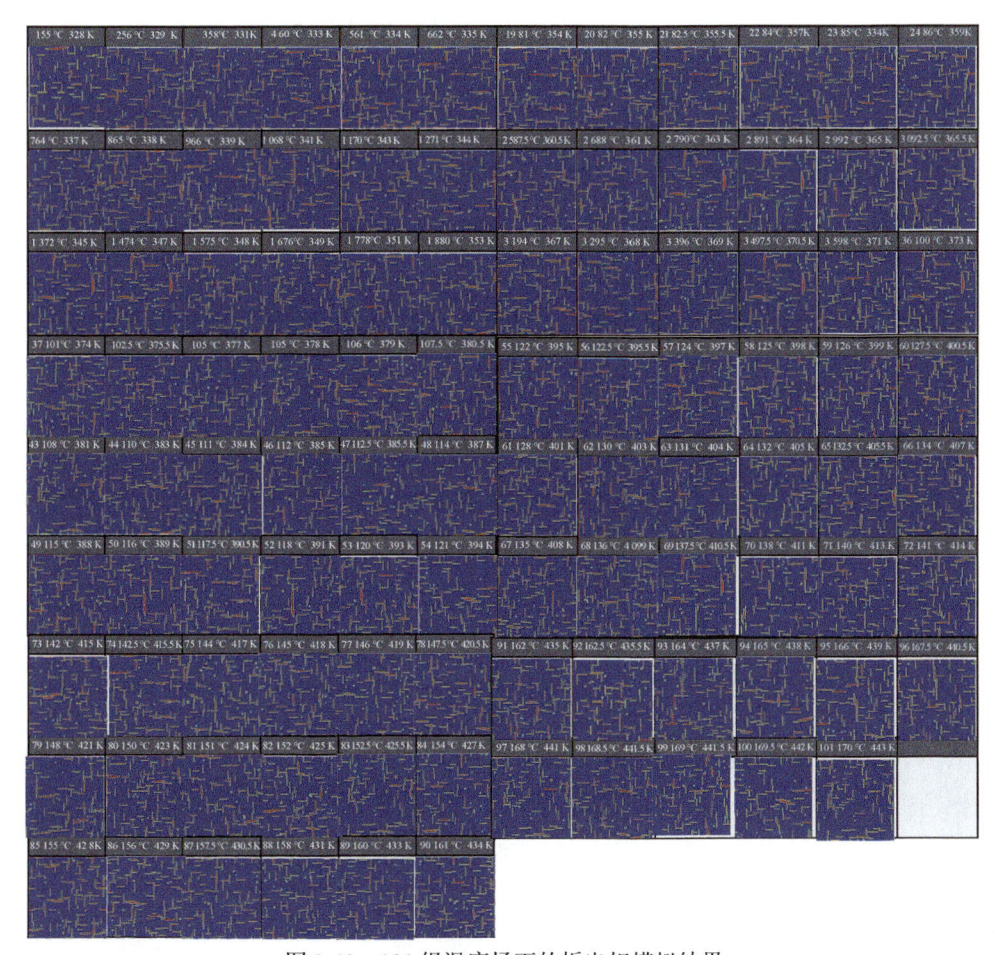

图 3-40 101 组温度场下的析出相模拟结果

根据所建立的与坐标节点相对应的数据库进行数据文件输出，输出文件类型是.txt 文件，如图 3-41 所示。共输出四个数据文件，分别是面积分数（Area Fraction.txt）、长径比（Aspect Ratio.txt）、平均长度（Average Length.txt）、数量密度（Number Density.txt）。

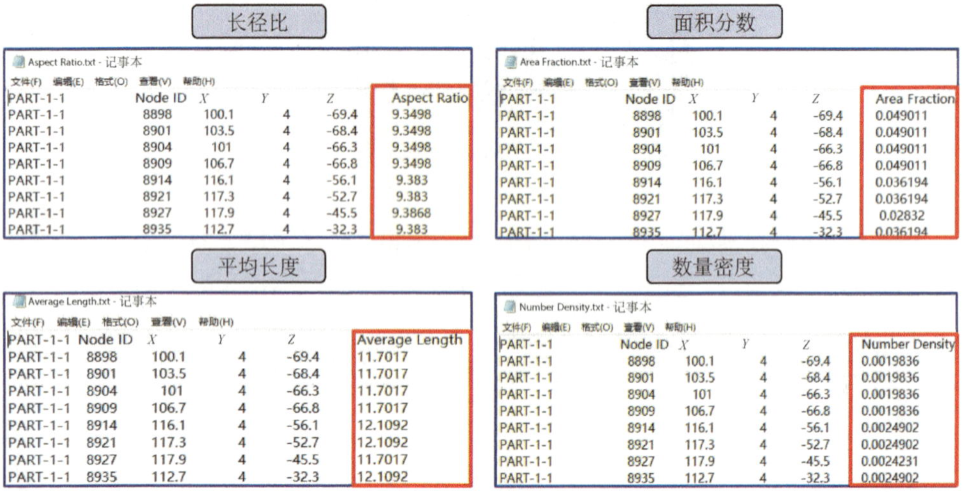

PART-1-1	Node ID	X	Y	Z	Aspect Ratio
PART-1-1	8898	100.1	4	-69.4	9.3498
PART-1-1	8901	103.5	4	-68.4	9.3498
PART-1-1	8904	101	4	-66.3	9.3498
PART-1-1	8909	106.7	4	-66.8	9.3498
PART-1-1	8914	116.1	4	-56.1	9.383
PART-1-1	8921	117.3	4	-52.7	9.383
PART-1-1	8927	117.9	4	-45.5	9.3868
PART-1-1	8935	112.7	4	-32.3	9.383

PART-1-1	Node ID	X	Y	Z	Area Fraction
PART-1-1	8898	100.1	4	-69.4	0.049011
PART-1-1	8901	103.5	4	-68.4	0.049011
PART-1-1	8904	101	4	-66.3	0.049011
PART-1-1	8909	106.7	4	-66.8	0.049011
PART-1-1	8914	116.1	4	-56.1	0.036194
PART-1-1	8921	117.3	4	-52.7	0.036194
PART-1-1	8927	117.9	4	-45.5	0.02832
PART-1-1	8935	112.7	4	-32.3	0.036194

PART-1-1	Node ID	X	Y	Z	Average Length
PART-1-1	8898	100.1	4	-69.4	11.7017
PART-1-1	8901	103.5	4	-68.4	11.7017
PART-1-1	8904	101	4	-66.3	11.7017
PART-1-1	8909	106.7	4	-66.8	11.7017
PART-1-1	8914	116.1	4	-56.1	12.1092
PART-1-1	8921	117.3	4	-52.7	12.1092
PART-1-1	8927	117.9	4	-45.5	11.7017
PART-1-1	8935	112.7	4	-32.3	12.1092

PART-1-1	Node ID	X	Y	Z	Number Density
PART-1-1	8898	100.1	4	-69.4	0.0019836
PART-1-1	8901	103.5	4	-68.4	0.0019836
PART-1-1	8904	101	4	-66.3	0.0019836
PART-1-1	8909	106.7	4	-66.8	0.0019836
PART-1-1	8914	116.1	4	-56.1	0.0024902
PART-1-1	8921	117.3	4	-52.7	0.0024902
PART-1-1	8927	117.9	4	-45.5	0.0024231
PART-1-1	8935	112.7	4	-32.3	0.0024902

图 3-41　输出的数据文件

3.4.6.2　析出相信息映射至构件级

根据所建立的析出相组织数据库，通过输出坐标节点（X、Y、Z）值或者单元编号可以得到相对应的组织形貌和统计数据，从而可以对宏观气缸盖进行组织预测，如图 3-42 所示。图 3-42（a）表示根据节点编号进行索引，不同节点编号输出相对应的组织形貌和统计数据，图中两个节点编号分别是 94 435 和 163 752，数据参数包括当前节点编号、数量密度、面积分数、长径比、平均长度和温度值。图 3-42（b）表示根据节点坐标（X、Y、Z）进行索引，数据参数包括当前节点的坐标值、数量密度、面积分数、长径比、平均长度和温度值。

如图 3-20 所示，分别在气缸盖铸件的底板鼻梁区、顶板位置和靠近底板的气道壁选择 10 个节点，统计节点上的组织信息，包括 θ' 相的平均长度、数量密度和面积分数。表 3-7、表 3-8 和表 3-9 是三个位置的取样节点信息，取平均值得出三个位置的平均长度、数量密度和面积分数，如表 3-10 所示。底板鼻梁区 θ' 相的平均长度为 12.313 nm，数量密度为 0.002 70，面积分数为 0.039 45；顶板区 θ' 相的平均长度为 12.209 nm，数量密度为 0.002 52，面积分数为 0.043 89；气道壁 θ' 相的平均长度为 12.783 nm，数量密度为 0.002 55，面积分数为 0.043 13。需要注意的是，用户根据其实验结果，主要只关心 θ' 相的形态和分布，因此这里我们主要分析了 θ' 相的特征信息。

(a)

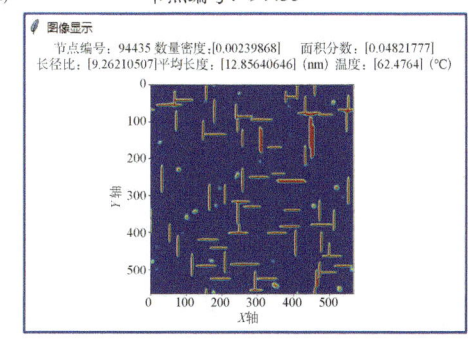

节点编号：94435　　　　　　　　　　　　　　　节点编号：163752

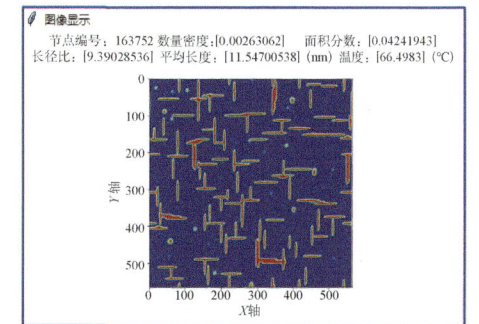

(b)

节点坐标：$X=61.0, Y=-135.3, Z=35.7$　　　　　节点坐标：$X=-113.4, Y=-76.8, Z=-60.3$

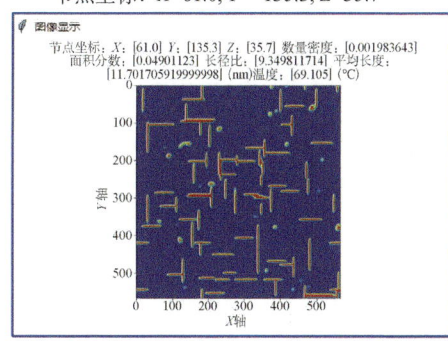

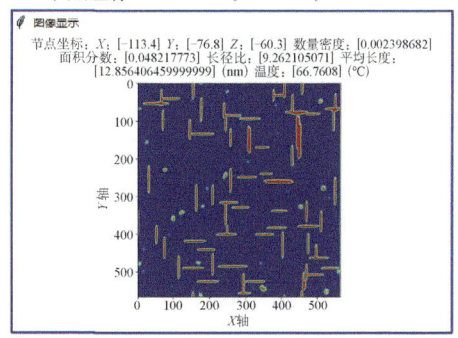

图 3-42　采用宏观节点编号或者节点坐标映射至构件级

表 3-7　底板鼻梁区 10 组预测信息

区域	编号	X	Y	Z	平均长度/nm	数量密度	面积分数
鼻梁区	1	3.6	−93.4	31.1	12.85	0.00299	0.03822
	2	13.3	−34.8	10	12.54	0.00263	0.04241
	3	26.5	−113.8	1.1	11.54	0.00249	0.04718
	4	37.1	−125.1	3.8	13.24	0.00298	0.04071
	5	18.8	−80.3	−0.5	11.54	0.00277	0.04162
	6	13.4	−63.5	9.8	11.58	0.00299	0.03821
	7	21.5	−88.7	9.7	12.91	0.00250	0.02844
	8	16.8	−11.8	−2.8	11.54	0.00261	0.03021
	9	13.3	−34.8	10.1	12.54	0.00263	0.04241
	10	14	−136.4	8	12.85	0.00236	0.04512

表 3-8　顶板区 10 组预测信息

区域	编号	X	Y	Z	平均长度/nm	数量密度	面积分数
顶板区	1	2.4	−32.7	28.8	12.85	0.00239	0.04821
	2	−3.1	−38.9	16.3	12.85	0.00241	0.04821
	3	6.5	−100.1	24.7	13.01	0.00311	0.04028

续表

区域	编号	X	Y	Z	平均长度/nm	数量密度	面积分数
顶板区	4	−6.6	−52.7	17.6	12.54	0.00263	0.04241
	5	−3.2	−115.4	16.7	11.54	0.00221	0.05078
	6	17.1	−41.2	24.8	13.01	0.00251	0.03259
	7	11.6	−121.5	15.6	11.54	0.00332	0.04833
	8	−10.3	−74.6	19.1	11.54	0.00221	0.05078
	9	−13.7	−131.3	15.8	12.2	0.00242	0.02832
	10	−20.8	−75	15.4	11.01	0.00198	0.04901

表 3-9　气道壁 10 组预测信息

区域	编号	X	Y	Z	平均长度/nm	数量密度	面积分数
气道壁	1	8.2	−57.9	8.8	13.24	0.002 984	0.040 71
	2	64.4	−62.8	2.1	13.23	0.002 851	0.046 93
	3	−41.8	−58.2	0.2	12.85	0.002 391	0.048 21
	4	59	−61.6	−10	12.1	0.002 368	0.039 18
	5	−43.4	68.5	−2.9	11.54	0.002 502	0.032 53
	6	66.3	−57.2	−5	13.23	0.002 851	0.046 93
	7	−34.3	−58.6	4.5	12.85	0.002 398	0.048 21
	8	61.5	−63.4	−4.4	13.23	0.002 850	0.046 93
	9	18.6	−70.7	−1	13.32	0.001 965	0.031 15
	10	84.7	−50.8	−4.2	12.24	0.002 307	0.050 59

表 3-10　三个取样区域统计结果

区域	平均长度/nm	数量密度	面积分数
鼻梁区	12.313	0.00270	0.03945
顶板区	12.209	0.00252	0.04389
气道壁	12.783	0.00255	0.04314

3.4.6.3　构件级三维云图显示

将统计的析出相微观组织信息进行数据映射，如图 3-43 所示，可以显示气缸盖析出相的长径比、面积分数、数量密度、平均长度的三维云图。图中例子还是以时效 30 s 时的构件温度为初始值预测的析出相分布状态云图，可以观察任意时刻、温度分布情况下的三维云图。

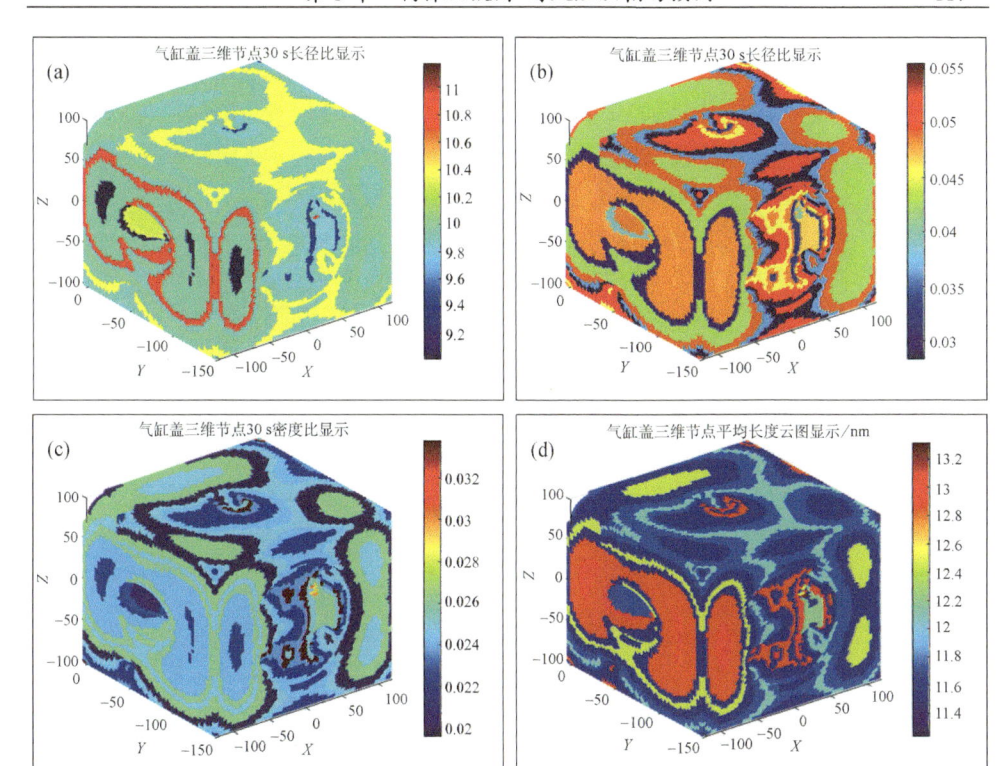

图 3-43　气缸盖三维云图显示。(a) 长径比；(b) 面积分数；(c) 数量密度；(d) 平均长度

3.5　讨论：微观非均匀温度场模拟的必要性

有观点认为，在纳米或微米尺度上研究温度梯度或非均匀温度场没有意义，因为温度本身是一个宏观统计物理量，例如对一个宏观结构件进行温度场计算，通常单元网格尺寸取毫米级，可以得到其宏观温度场分布。如果再针对某点上的一个温度值进行更细尺度划分，那确实没有实际意义。

但是，同一时刻、不同温度下的凝固时效等组织必然不同，为了反映这种差异，我们可以将宏观构件上的不同温度区域之间的"温界"类比映射至微观区域，即采用"物理温界贯通"宏微观区域，用不同温度下的微观区域组织，即"温粒组织"来表征宏观构件上不同温度位置的组织，这样既切实可行，也避免了消耗大规模组织计算所需要的计算资源。

3.5.1　非均匀温度场下的凝固组织

在凝固过程中，固液界面温度是由热扩散和溶质扩散决定的，二者共同影响固液界面的平衡形态，进而影响枝晶形貌。由于热扩散速率远大于溶质扩散，在微观相场模拟中，热扩散往往会被忽略，通常采用恒定冷却速率或"冻结温度近似"来描述系统温度变化。上述处理温度场的方式有其局限性，一方面使模拟脱离实际物理过程，另一方面还会引发累计误差，从而降低模拟准确性。

譬如，在凝固相场模型中，相场演化方程为

$$\tau\frac{\partial\phi}{\partial t} = W^2\nabla^2\phi + \phi - \phi^3 - \lambda(1-\phi^2)^2\left[U - \frac{T-T_l}{mc_l(1-k)}\right]$$

其中，ϕ 为相场序参数，t 为时间，τ 为弛豫时间，W 为界面厚度，λ 为耦合参数，U 为无量纲过饱和度，T 为温度，T_l 为液相溶质浓度 c_l 所对应的温度，m 为液相线斜率，k 为平衡分配系数。

若采用恒定冷却速率描述温度场的变化，则有

$$T = T_l - qt$$

其中，q 为冷却速率。

若采用"温度冻结近似"描述温度场的变化，则有

$$T = T_l + G(z - V_p t)$$

其中，G 为温度梯度，V_p 为提拉速度。

若采用热扩散方程描述温度场的变化，宏观温度场控制方程为

$$\rho c_p \frac{\partial T}{\partial t} = \lambda \nabla^2 T + Q$$

式中，ρ 为密度，单位为 kg/m^3；c_p 为比热，单位为 $J/(kg\cdot K)$；T 为温度，单位为 K；t 为时间，单位为 s；λ 为导热系数，单位为 $W/(m\cdot K)$，$W=J/s$；Q 为热源项，单位为 $J/(m^3\cdot s)$。重新整理方程可得

$$\frac{\partial T}{\partial t} = \frac{\lambda}{\rho c_p}\nabla^2 T + \frac{Q}{\rho c_p}$$

即

$$\frac{\partial T}{\partial t} = D_T \nabla^2 T + \frac{Q_1 + Q_2}{\rho c_p}$$

其中，$D_T = \lambda/(\rho c_p)$ 为热扩散系数，单位为 m^2/s；$Q_1 = \rho L(\partial f_s/\partial t)$ 为金属凝固时释放的潜热，L 为熔化潜热，单位为 J/kg，f_s 为固相分数；Q_2 为系统与环境的热交换。

将宏观温度场方程耦合到相场模型中，可以得到

$$\frac{\partial T}{\partial t} = \alpha \nabla^2 T + \frac{L}{2c_p}\frac{\partial \phi}{\partial t} - q \qquad (3-31)$$

式中，ϕ 为相场序参量；T 为温度，单位为 K；t 为时间；α 为热扩散系数，单位为 m^2/s；L 为熔化潜热；c_p 为比热；q 为冷却速率，$q = -Q_2/(\rho c_p)$，单位为 K/s。

方程右侧第一项表示系统热扩散，第二项表示凝固潜热释放，第三项表示系统与环境的热交换。

可见，上述三种描述温度场演化的方程中，只有热扩散方程（3-25）中（右侧第二项）考虑了凝固潜热的释放。如果采用恒定冷却速率或"冻结温度近似"来描述系统的温度变化，则方程右侧的第二项会被忽略，即没有考虑潜热释放。而凝固潜热会影响系统的热扩散过程与温度分布。

Loginova等[11]研究表明：虽然在非等温凝固模拟中，温差变化范围很小（$\Delta T < 1.6$ K），但是溶质场对温度微小变化非常敏感，如图3-44所示。凝固潜热释放，会导致熔体温度升高，从而降低凝固枝晶生长的驱动力，导致枝晶的生长速度变慢，侧枝不发达（图3-44（b））。与等温凝固（图3-44（a））相比，非等温凝固条件下的主枝晶臂长度会缩短6%。凝固潜热释放对形核过程也有重要影响，形核率会随过冷度的增加呈现指数方式增长，形核率增大对凝固组织形貌的影响要远超过枝晶生长速度变化的影响[12]。

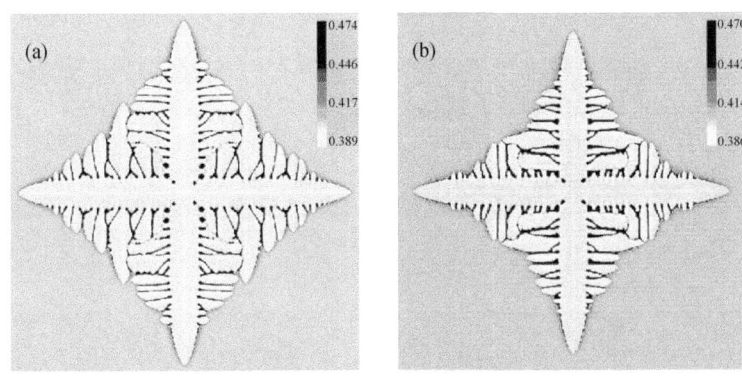

图 3-44　等温（a）和非等温（b）凝固单晶生长溶质场对比[11]

可见，凝固潜热释放不仅会影响枝晶生长速度，还会影响形核率，进而影响溶质分布和枝晶形貌。在相场模拟中耦合温度场，是考虑凝固潜热释放的重要手段。因此，在凝固组织相场模拟中计算非均匀温度场是有意义的。

3.5.2　非均匀温度场下的时效组织

Hao等[13]采用相场模拟，通过控制冷却速率，从而导致不同的相变机制，战略性地设计近β-Ti合金中的异质沉淀物显微组织。冷却速率通过来$\Delta T/t$控制。

镍基高温合金Ni-Al-Cr是燃气涡轮发动机热障涂层（Thermal Barrier Coating，TBC）材料，厚度为100～500 μm。在高温下，元素在高温合金基体和结合层之间发生互扩散，导致TBC失效。多层材料从表面到内部普遍存在温度梯度，不可避免地影响了多层材料组分的相互扩散和微观结构。因此，研究温度梯度对Ni-Al-Cr

合金的互扩散组织对金属粘结层的长期使用至关重要[14]，温度梯度为 $T = 973 + 40.96\Delta T$，单位为 $K \cdot \mu m^{-1}$。

涡轮发动机中的高温合金叶片，核燃料装置表面到中心以及电气装置的焊点中，温度梯度会影响原子扩散和相变，从而改变材料的物理力学性能。Li 等[15]假设温度梯度 $\Delta T = dT/dr$ 在模拟区域为线性分布，沿水平方向温度梯度 ΔT，r_i 位置温度可以表示为 $T_i = T_0 + r_i \times \Delta T$，$T_0$ 表示初始温度，T 值不超过 443 K，r_i 为水平轴坐标。

模拟区域为 $1024\Delta x^* \times 64\Delta y^*$，为避免周期性边界效应，在模拟单元内采用了对称温度场，如图 3-45（A）所示。利用原单元的右半部分即尺寸为 $512\Delta x^* \times 64\Delta y^*$ 来探究温度梯度下的相分离，图 3-45（B）为在温度梯度 $\Delta T = 0.1 K$ 时，初始成分 $c_0 = 0.42$ 的相分离情形，其中红色颗粒代表沉淀的富 α_1 相，其余区域表示基体。所选单元左边界初始温度设定为 $T_0 = 470 K$，不同位置的温度值于图上方给出。由图 3-45（B）(a) 可知，α_1 相在低温状态下率先于左侧析出，随着时间的推移，逐渐沿温度升高方向生长（图 3-45（B）(b)）。如图 3-45（B）(c) 所示，到 500 K 时单个 α_1 相在高温区域终止。从低温到高温的相分解过程清晰地表明了温度梯度对相分离过程的影响。

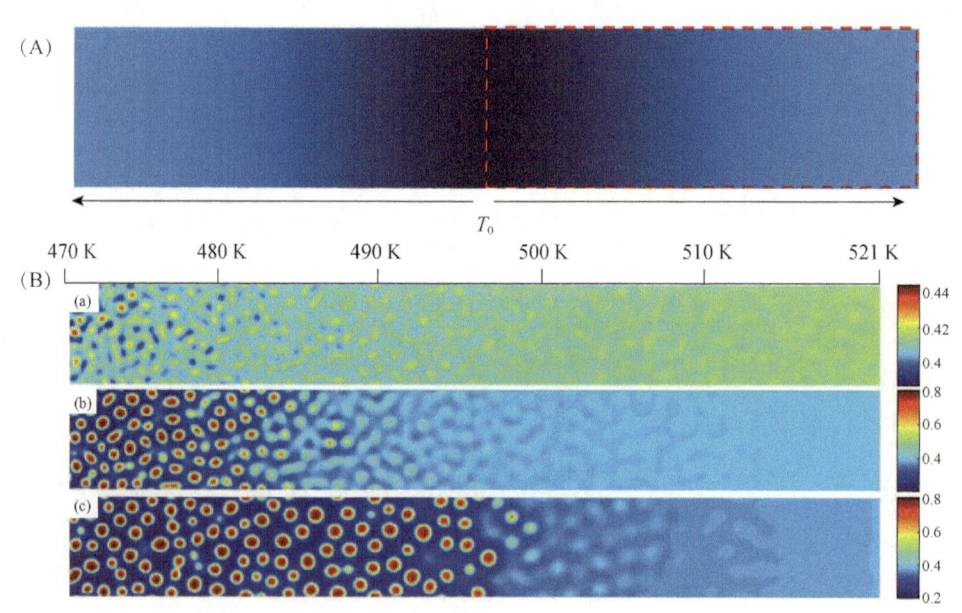

图 3-45 （A）温度沿水平方向从单元中心到边界升高，红色虚线表示选定单元格；（B）所选温度梯度下合金相分解的形貌演变[15]，$c_0 = 0.42$，$T_0 = 470 K$，$\Delta T = 0.1 K$，(a) $t^* = 50$，(b) $t^* = 150$，(c) $t^* = 400$

3.5.3 非均匀温度场下的气泡、液滴及晶粒生长

Wang 等[16]为了研究二氧化铀核燃料运行过程中存在较大温度梯度时的气泡

迁移,建立了含温度梯度 $\dfrac{\mathrm{d}T}{\mathrm{d}x}$ 的相场方程,分别研究了纳米级气泡的热扩散机制和微米级气泡的蒸汽输运过程。

Kalourazi 等[17]提出了一个相场模型,该模型与润湿边界条件耦合,以研究二元聚合物溶液中的相分离。并进一步研究了线性温度梯度对微观结构演变的影响。孔隙率、液滴数量和液滴的平均半径通过温度梯度合理化。随着温度梯度的增加,液滴尺寸分布也变得更加不规则。高温区域的液滴半径比较低的寒冷区域大得多。

Tonks 等[18]使用相场模型来研究温度梯度 $\dfrac{\partial T}{\partial x}$ 对各向同性晶粒生长的影响。晶界迁移的驱动力来自材料各种特性的梯度,包括温度、压力、缺陷密度和弹性能的梯度。由温度梯度 ∇T 引起的驱动力 P 可以表示为

$$P = \frac{\Delta S w_{\mathrm{GB}}}{\Omega_a} \nabla T \tag{3-32}$$

式中,ΔS 为 GB 和晶内的熵差;w_{GB} 为 GB 宽度;Ω_a 为材料的摩尔体积。

考虑温度梯度驱动晶粒生长模型的 Allen-Cahn 演化方程为

$$\frac{\partial \phi_i}{\partial t} = -L \left(\frac{\partial F}{\partial \phi_i} + A \nabla T \cdot \nabla \phi_i \right) \tag{3-33}$$

式中,$\phi_i = 1$ 代表晶粒,$0 < \phi_i < 1$ 代表晶界。相场模型中晶界速度方程为

$$v = -\frac{4}{3} \frac{M_{\mathrm{GB}}}{w_{\mathrm{int}}} A \frac{\partial T}{\partial x} \tag{3-34}$$

式中,M_{GB} 为晶界迁移率;w_{int} 为相场模型界面宽度;A 为定义温度梯度引起的驱动力大小的常数,其表达式为:$A = -\dfrac{3}{4} \dfrac{\Delta S w_{\mathrm{int}} w_{\mathrm{GB}}}{\Omega_a}$。

在具有显著温度梯度和大晶粒尺寸的应用中,温度梯度比在模拟中起更大的作用,临界晶粒尺寸为

$$d_{\mathrm{crit}} = \frac{\Delta S w_{\mathrm{GB}}}{2 \sigma_{\mathrm{GB}} \Omega_a} \nabla T \tag{3-35}$$

式中,σ_{GB} 为晶界能。如果平均晶粒尺寸大于 d_{crit},则温度梯度起主导作用。

线性梯度为 0.8 K/μm 的温度梯度驱动下进行双晶模拟的结果如图 3-46 所示。图 3-46(a)中为左侧温度 $T_l = 2000 \mathrm{K}$ 的双晶区域,图 3-46(b)为在三种不同左侧温度下晶界位置随时间变化的关系,虚线为解析模型结果。发现当温度梯度相等时,温度越高,晶界迁移速度越快。如图 3-47(c)所示,2000 分钟后最终晶粒结构显示,存在温度梯度时晶粒 B 消失。同时,由于温度梯度影响,冷端晶粒较小,热端晶粒较大。

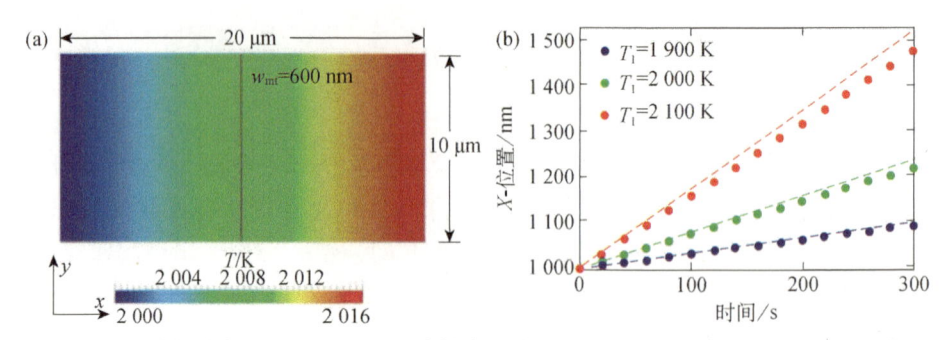

图 3-46 线性梯度为 0.8 K/μm 的温度梯度驱动下进行双晶模拟结果，(a) 左侧温度 T_l = 2000 K 的双晶区域，黑色线条表示晶界；(b) 在三种不同左侧温度下晶界位置随时间变化关系，虚线为解析模型结果[19]

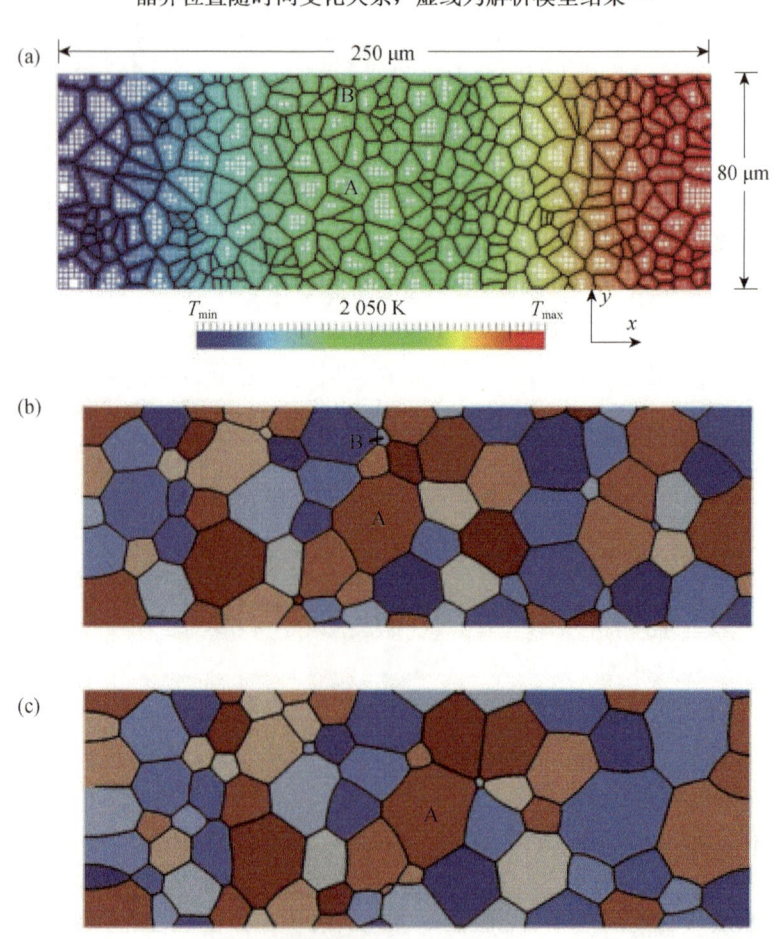

图 3-47 (a) 具有恒定温度梯度的多晶模拟区域；(b) 不存在温度梯度，$T_{min} = T_{max}$ = 2050 K；(c) 温度梯度 ∇T = 0.8 K/μm 时，T_{min} = 1950 K、T_{max} = 2150 K。图中标有 A 和 B 的晶粒位置随时间变化。2000 分钟后的最终晶粒结构显示，存在温度梯度时 (c)，晶粒 B 消失[19]

Biner[19]对简单单晶、双晶和多晶构型体系中孔隙和晶界在温度梯度下的迁移行为做了相场模拟，发现温度梯度是孔隙和晶界迁移的主要驱动力，决定着孔隙和晶界的迁移方向，还影响迁移速度。温度梯度越大，迁移驱动力越强，迁移速度也会相应增加。同时，在温度梯度作用下，孔隙和晶界还可能发生重新排列，对材料的力学性质和热导率等产生显著影响。

3.5.4 提取"温粒"间"温界特征微区"–温界贯通宏微观耦合处理方法

可见，温度不均匀会影响相变或过程的驱动力、原子扩散速率、形核率等，从而会影响物质从一种相态到另一种相态的转变。例如，在金属凝固、材料热处理等过程中，不均匀的温度分布可能导致不同区域出现不同的晶粒结构，从而影响材料的性能。温度不均匀会导致不同位置的物质在不同的温度条件下发生相变或扩散，进而影响材料内部的微观结构如晶粒形态、相界面等的演变。因此，探究非均匀温度场下的凝固组织和时效组织是有必要的。

非均匀温度场下的微观组织模拟本身是有意义的，但是宏观温度差异和微观温度变化或者微观温度梯度的设置却不可避免存在矛盾。如果按照实际宏观结构件的连续变化温度和温差范围来设置温度梯度，那么到微米和纳米尺度上，其实这个温度变化是极其微小可以忽略不计的。但这个由于温度差异而引起的微观组织的差异是确实存在的，只不过在"相当长"的"纳米或微米尺度"距离上难以观察到其差别，况且宏观模拟网格通常取 mm，如果温度变化以网格为单位，那么每个时刻在一个 mm 的网格内部只有一个温度数据，相应的微观组织也必然呈现出相同的等温稳态组织状态，而这些区域其实完全可以采用"提取特征微区"方法解决。

由于体系在温度场中同时存在原子扩散和热扩散，我们可以将每个等温区域视为一个"温粒"，各个"温粒"之间由温度变化的边界"温界"隔开，如图 3-48 所示。

那么，以二维模拟、线性温度梯度、无外场作用的情况为例，为简单起见也不考虑体系内部应力场，我们完全可以将温度发生变化的"温界"及其两侧区域（可能是两个或者多个"温粒"的"温界"）提取出一个适合于相场计算的"温界特征微区"，这个含"温界"的微区的组织差异就可以反映宏观结构件上相邻不同温区的组织差异，而"远离"温界的区域可以不予关注。这样一方面是切实可行的宏微观耦合思路，另一方面也可以节省大量不必要的计算资源的消耗。如上从一个无限大的区域里提取一个微小的"温界特征区域"来代表这个大区域，也属于一种"以小见大、见微知著"的方法，以一个微观尺度区域来承载和体现宏观温度差异，由此我们就可以直观地表示宏观结构件不同部位由于温度不同引起的微观组织的差异。

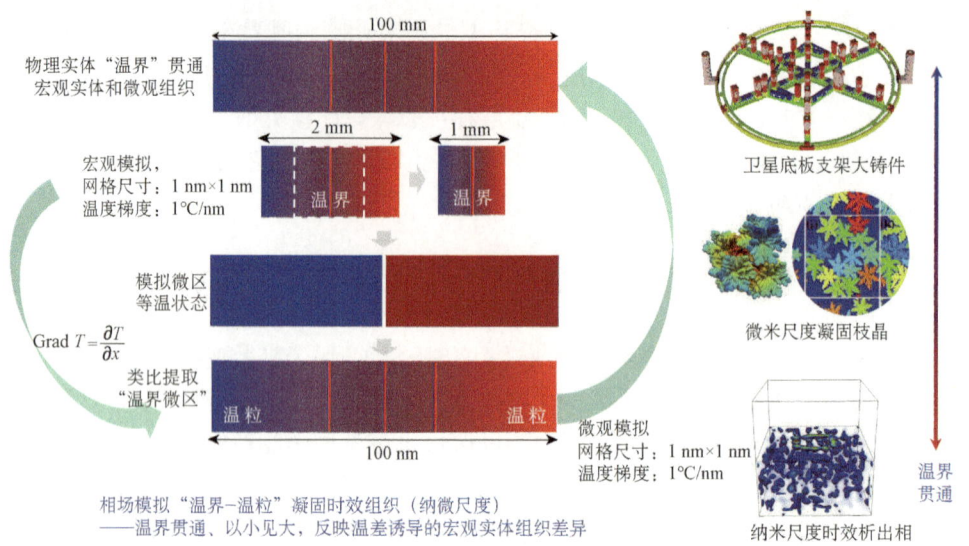

图 3-48 提取"温粒"之间"含温界特征微区"-以小见大-宏微观温界贯通耦合思路-相场模拟示意图，蓝色表示低温，红色表示高温

本书从材料级到构件级的相场模拟任务就采用了这种处理方法。

3.6 本章小结

（1）介绍了基于热力学边值一致和基于力学边值一致的宏观-微观模型耦合方法，以及宏观-微观耦合的数据映射技术。

（2）冷却速率增大，共晶 Si 相分数减小，共晶 Si 平均长径比（等效直径）也减小而发生球化。共晶 Si 在不同固溶温度下都会发生球化，固溶温度越高，球化时间越早。

（3）从实验观察发现温度场对 θ' 相与 Q' 相的时效析出过程的作用貌似相反，本章首次提出两相处于不同时效阶段的分析方法，并采用图 3-40 结合相场模拟来说明，观察到的现象是由于二者处于不同的析出阶段。对于用户的时效温度范围，Q' 相处于其生长粗化主导的阶段，而 θ' 相处于其形核主导阶段。

（4）铝硅合金气缸盖构件级共晶硅相长径比预测：底板鼻梁区为 1.749、顶板区为 1.86、气道壁为 2.417。构件级 θ' 析出相平均长度预测：鼻梁区为 12.313 nm、顶板区为 12.209 nm、气道壁为 12.783 nm。

（5）本章首次提出了一种选取"含温界特征微区"以小见大的思路，通过相场模拟各个"温粒"之间含"温界"微区组织差异来反映宏观结构构件上相邻不同温区的组织差异。由物理温界贯通是进行宏微观耦合切实可行的方法，也大幅降低计算资源的消耗。

参 考 文 献

[1] Böttger B, Eiken J, Apel M. Phase-field simulation of microstructure formation in technical castings-A self-consistent homoenthalpic approach to the micro-macro problem[J]. Journal of Computational Physics, 2009, 228(18): 6784-6795.

[2] Voigt W. Ueber die Beziehung zwischen den beiden Elasticitätsconstanten isotroper Körper[J]. Annalen der Physik, 1889, 274(12): 573-587.

[3] Reuss A. Berechnung der fließgrenze von mischkristallen auf grund der plastizitätsbedingung für einkristalle[J]. ZAMM‐Journal of Applied Mathematics and Mechanics/Zeitschrift für Angewandte Mathematik und Mechanik, 1929, 9(1): 49-58.

[4] Gierden C, Kochmann J, Waimann J, et al. A review of FE-FFT-based two-scale methods for computational modeling of microstructure evolution and macroscopic material behavior[J]. Archives of Computational Methods in Engineering, 2022, 29(6): 4115-4135.

[5] Moulinec H, Suquet P. A fast numerical method for computing the linear and nonlinear mechanical properties of composites[J]. Comptes Rendus de l'Académie des Sciences. Série II. Mécanique, Physique, Chimie, Astronomie, 1994, 318(11):1417-1423

[6] Gierden C, Kochmann J, Waimann J, et al. Efficient two-scale FE-FFT-based mechanical process simulation of elasto-viscoplastic polycrystals at finite strains[J]. Computer Methods in Applied Mechanics and Engineering, 2021, 374: 113566.

[7] Kochmann J, Ehle L, Wulfinghoff S, et al. Efficient multiscale FE-FFT-based modeling and simulation of macroscopic deformation processes with non-linear heterogeneous microstructures[J]. Multiscale Modeling of Heterogeneous Structures, 2018: 129-146.

[8] Duan Y, Zhang F, Yao D, et al. Multiscale fatigue-prediction method to assess life of A356-T6 alloy wheel under biaxial loads[J]. Engineering Failure Analysis, 2021, 130: 105752.

[9] Min K M, Jeong W, Hong S H, et al. Integrated crystal plasticity and phase field model for prediction of recrystallization texture and anisotropic mechanical properties of cold-rolled ultra-low carbon steels[J]. International Journal of Plasticity, 2020, 127: 102644.

[10] 赵宇宏. 镍基合金沉淀过程相场法计算机模拟[D]. 西安：西北工业大学，2003.

[11] Loginova I, Amberg G, Ågren J. Phase-field simulations of non-isothermal binary alloy solidification[J]. Acta Materialia, 2001, 49(4): 573-581.

[12] 李俊杰. 多晶凝固及晶粒长大的相场法数值模拟[D]. 西安：西北工业大学，2010.

[13] Hao M Y, Wang D, Wang Y L, et al. Heterogeneous precipitate microstructure design in β-Ti alloys by regulating the cooling rate[J]. Acta Materialia, 2024, 269: 119810.

[14] Li Y S, Wang H Y, Chen J, et al. Temperature gradient driving interdiffusion interface and

composition evolution in Ni-Al-Cr alloys[J]. Rare Metals, 2022, 41(9): 3186-3196.
[15] Li Y S, Pang Y X, Wu X C, et al. Effects of temperature gradient and elastic strain on spinodal decomposition and microstructure evolution of binary alloys[J]. Modelling and Simulation in Materials Science and Engineering, 2014, 22(3): 035009.
[16] Wang Y, Xiao Z, Hu S, et al. A phase field study of the thermal migration of gas bubbles in UO_2 nuclear fuel under temperature gradient[J]. Computational Materials Science, 2020, 183: 109817.
[17] Kalourazi S F, Wang F, Zhang H D, et al. Phase-field simulation for the formation of porous microstructures due to phase separation in polymer solutions on substrates with different wettabilities[J]. Journal of Physics: Condensed Matter, 2022, 34(44): 444003.
[18] Tonks M R, Zhang Y F, Bai X M, et al. Demonstrating the temperature gradient impact on grain growth in UO_2 using the phase field method[J]. Materials Research Letters, 2014, 2(1): 23-28.
[19] Biner S B. Pore and grain boundary migration under a temperature gradient: a phase-field model study[J]. Modelling and Simulation in Materials Science and Engineering, 2016, 24(3): 035019.

第4章 铝硅合金共晶组织相场软件设计

4.1 引　　言

根据用户需求，开发一款铝硅合金气缸盖铸件凝固共晶组织相场模拟专用软件，旨在预测凝固共晶 Si 相在凝固过程的生长演化和在固溶处理过程的熔断与球化。首先对气缸盖宏观模拟结果实施预先处理，之后导入相场软件生成多种共晶组织形貌模拟文件，提供固相分数、长径比和等效直径等统计数据。这些数据文件经过后处理和存储，提供给后续气缸盖多尺度组织信息叠加软件使用，实现从材料级相场模拟映射至构件级观察。研发过程包括软件设计需求、系统模块与功能需求、界面需求、软件结构及流程设计、软件设计与开发，以及安全性设计等内容。

4.2 软件设计需求

4.2.1 基本功能需求

4.2.1.1 输入

（1）文件类型：txt。
（2）编码格式：UTF-8。
（3）单个文件大小：最大 105 MB。
（4）存储路径：Easyphase_Al-Si_Eutectic.exe 所在文件夹。
（5）访问权限：公开。
（6）文件名及具体信息：如表 4-1 所示。

表 4-1　文件及输入条件

序号	文件名	具体内容	输入条件
1	气缸盖节点文件.txt	从 Abaqus 软件中直接导出 txt 格式宏观节点文件	"欢迎"界面选择"文件"模块中"前处理"功能"选择文件"
2	凝固时间总节点文件.txt	气缸盖节点输入文件（节点编号、X 坐标、Y 坐标、Z 坐标、凝固时间）	每个功能界面中"气缸盖文件"的"选择文件"

续表

序号	文件名	具体内容	输入条件
3	枝晶参数导入.txt	属性名称=值	"初生枝晶相场模拟"界面选择"参数导入"功能
4	共晶参数导入.txt	属性名称=值	"共晶 Si 相场模拟"界面选择"参数导入"功能
5	固溶参数导入.txt	属性名称=值	"固溶热处理过程相场模拟"界面选择"参数导入"功能

4.2.1.2 具体功能

（1）对气缸盖节点文件完成基本数据处理使符合导入规范，根据用户输入的筛选区间对数据进行筛选，提取冷却速率特征值。

（2）对气缸盖进行材料级共晶相预测。将气缸盖铸件温度场宏观网格节点文件中数据与材料级参数（冷却速率）关联，输入不同冷却速率、固溶温度，可以得到不同共晶组织形貌、固相分数、长径比和等效直径结果。

（3）运行软件，得到不同计算结果的数据文件，写入初始气缸盖节点文件，便于后续提供给多尺度叠加软件使用。

首先介绍一个标准的用户用例示意图，如图 4-1 所示。主要包括：用户进行前处理、用户选择输入文件、系统筛选用户文件、决定工艺类型。之后系统执行以下其中一种工作：初生枝晶相场模拟、共晶 Si 相场模拟、固溶热处理过程相场模拟。用户可以查看实时模拟结果。

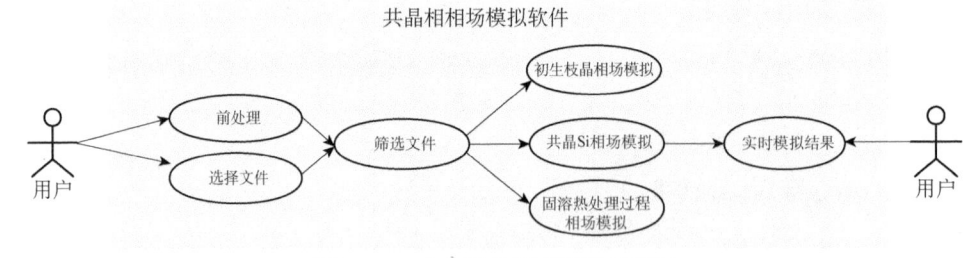

图 4-1　一个标准的用户用例示意图

4.2.1.3 输出设计

（1）文件类型：txt。

（2）编码格式：UTF-8。

（3）单个文件大小：最大 6.08 MB。

（4）文件数量：此次任务共计 10 个文件。

（5）存储路径："文件"模块"新建"功能所选的路径。

（6）访问权限：公开。

（7）文件名及具体信息：如表 4-2 所示。

表 4-2 文件及输出条件

序号	文件名	具体内容	对应功能
1	_solidification-time.txt	气缸盖节点输出文件(节点编号、X 坐标、Y 坐标、Z 坐标、凝固时间、冷却速率、长径比、共晶 Si 固相分数、固溶热处理共晶 Si 固相分数)	软件运行结束选择"文件"模块"导出"功能
2	Outparameter.txt	输出参数文件（包含相应功能界面所有的计算参数）	每个功能界面下方勾选"输出参数文件.txt"
3	_solid_faction.txt	固相分数参数文件	选择"查看"模块"固相分数"功能
4	LDratios_file.txt	长径比文件	选择"查看"模块"长径比"功能
5	equivalent_diameter.txt	等效直径文件	选择"查看"模块"等效直径"功能
6	select_RT_filterdata.txt	指定筛选区间，筛选后的气缸盖节点文件（节点编号、X 坐标、Y 坐标、Z 坐标、凝固时间、冷却速率）	软件运行结束
7	time_.vtk	枝晶形貌随时间演化图	软件运行到每个间隔步数
8	eutime_.vtk	共晶 Si 形貌随时间演化图	软件运行到每个间隔步数
9	sstime_.vtk	固溶热处理过程共晶 Si 形貌随时间演化图	软件运行到每个间隔步数
10	Images 文件夹	实时模拟结果（png 格式）	软件运行到每个间隔步数

4.2.2 非功能性需求

工程软件开发同时需要设计一系列非功能性需求，以确保软件系统的计算效率、可靠性、安全性、易用性和可维护性。

1）计算效率

工程软件需要具备高效的计算能力，譬如，在实施"固溶热处理过程相场模拟"时，要求模拟计算时间尽可能短，以支持实时或近实时的工程需求。当前主要途径有：优化算法避免冗余计算，例如减少每次迭代计算量或采用近似算法来提高计算效率；或者采用并行计算技术或机器学习代理模型[1]；以及改进硬件条件等。本次任务主要通过优化算法满足了用户需求。

2）可靠性

主要包含系统的稳定性和结果的准确性。软件应在长时间、高负载运行情况下保持稳定，无崩溃或异常退出，因此软件设计要考虑全面的异常处理和错误报告机制。同时，软件应提供高准确度模拟结果，保证模拟数据与实际实验数据吻合，本次设计主要采用经过验证的相场模型和计算方法进行验证测试，并与已有实验数据进行比较以验证结果准确性。

3）安全性

用户上传的气缸盖节点文件和模拟结果需要严格保护，以防止数据丢失或泄露。本次设计主要采用加密算法存储和传输技术，确保敏感数据的安全。

4）易用性

（1）界面友好。

用户界面需要满足共晶相场模拟具体操作需求，提供直观的功能入口和操作提示，使用户方便进行文件处理、模拟设置和结果分析。本次设计采用了直观的图形用户界面（GUI），包括简洁菜单、清晰操作提示和实时反馈，以提升用户操作体验。

（2）操作效率。

高效的操作流程可以减少用户在设置模拟参数和查看结果时的步骤和时间。本次设计采用了便利的操作向导，优化了模拟任务的执行流程。

5）可维护性

（1）代码结构。

代码需要具有良好的模块化结构和详尽注释，可读性越高越便于理解、维护和扩展。本次设计采用模块化、结构化和规范化的程序设计，辅以详细注释。

（2）文档支持。

本次设计撰写编制了完整的用户需求报告、开发报告、用户手册和测试报告。

4.2.3 配置环境要求

（1）处理器：Intel Core i7，推荐配置 Intel Core i7 10700k。

（2）内存：16 GB 或更高配置。

（3）存储：至少 256 GB SSD 存储空间。

（4）操作系统版本：Windows 7 及以上版本。

（5）编程语言：Python 3.11。

（6）屏幕要求：支持 1920×1080 或更高分辨率显示器。

（7）依赖管理工具：pip 3.7 版本。

4.2.4 用户特点需求

本系统适用于材料科学与工程专业相关的本科生、研究生和工程技术人员参考使用。

4.3 系统模块与功能需求

4.3.1 主要模块设计需求

共晶组织相场模拟软件的主要功能模块如图 4-2 所示，包含前处理、主体计算和后处理模块。

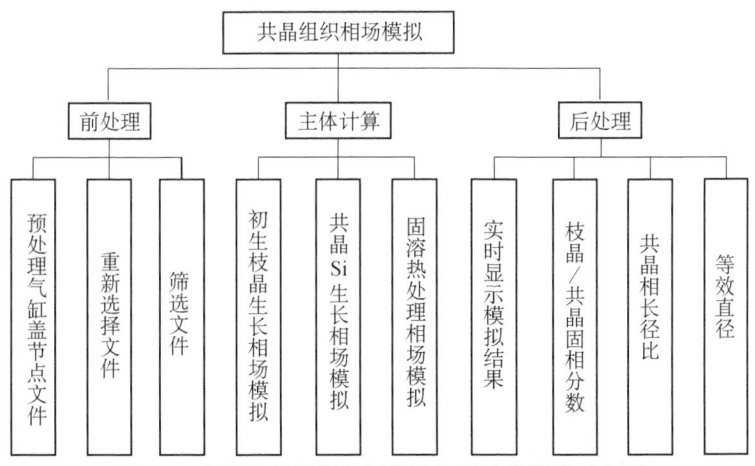

图 4-2 凝固共晶组织相场软件主要功能模块示意图

4.3.1.1 前处理模块

主要负责预处理用户提供的气缸盖铸件文件，保证其符合后续相场计算要求。

1）预处理气缸盖节点文件

功能：对气缸盖节点文件进行初步检查，包括验证文件有效性和完整性。

输入：用户上传的气缸盖节点文件。

输出：进度条显示和数据预先处理成功提示（弹出"气缸盖数据处理完成"）。

接口：与文件系统（指存储和管理文件的逻辑结构和协议。常见文件系统类型包括本地文件系统（如 Windows 的 NTFS、Linux 的 EXT4）和分布式文件系统（如 HDFS））接口，读取已上传的气缸盖节点文件并验证文件内容的有效性。

2）重新选择文件

功能：允许用户在进入功能模块后重新选择已处理完毕符合后续模拟要求的文件。

输入：用户选择的新的符合格式的气缸盖节点文件（例如：节点编号、X 坐标、Y 坐标、Z 坐标、凝固时间）。

输出：重新选择的文件被接受并准备接受筛选。

接口：与用户界面接口，用于文件选择操作。

3）筛选文件

功能：根据用户输入的筛选区间，进一步筛选，确保所提取的特征值适用于后续计算。

输入：用户提供的气缸盖铸件相关文件。

输出：筛选成功则提示"文件处理并输出成功"，失败则提示"验证文件错误"。

接口：与文件解析和验证模块接口，进行文件内容分析。

4.3.1.2 主体计算模块

负责执行不同过程的相场计算，譬如：枝晶生长、共晶 Si 生长和固溶 Si 形态演化。

1）初生枝晶生长计算

功能：数值求解枝晶生长过程相场和溶质场控制方程。

输入：经过前处理模块中筛选文件功能得到的数据（select_RT_filterdata.txt）以及凝固枝晶参数导入.txt。

输出：枝晶形态随时间演化的 vtk 文件（time_.vtk）、结果数据 txt 文件（Outparameter.txt）。

接口：与前处理模块接口，得到 select_RT_filterdata.txt 文件；存储 time_.vtk 计算结果，与后处理模块接口。

2）共晶 Si 生长计算

功能：数值求解共晶 Si 生长过程的相场和溶质场控制方程。

输入：经过前处理模块中筛选文件功能得到的数据（select_RT_filterdata.txt）和凝固共晶参数导入.txt。

输出：共晶 Si 形态随时间演化的文件（eutime_.vtk）、参数文件（Outparameter.txt）。

接口：与前处理模块接口，得到 select_RT_filterdata.txt 文件；存储 eutime_.vtk 计算结果，与后处理模块接口。

3）固溶热处理过程相场模拟

功能：数值求解共晶 Si 在固溶热处理过程的相场控制方程。

输入：经过前处理模块中筛选文件功能得到的数据（select_RT_filterdata.txt）和固溶参数导入.txt。

输出：固溶 Si 形态随时间演化的文件（sstime_.vtk）、计算结果数据文件（Outparameter.txt）。

接口：与前处理模块接口，得到 select_RT_filterdata.txt 文件；存储计算结果

sstime_.vtk，与后处理模块接口。

4.3.1.3 后处理模块

负责分析和可视化计算数据。

1）实时显示模拟结果

功能：将枝晶、共晶 Si 和固溶 Si 形态随时间变化的过程实时展示给用户，以便用户跟踪进度。

输入：计算过程中生成的实时数据，例如，枝晶形态随时间演化 vtk 文件（time_.vtk）、共晶 Si 形态随时间演化文件（eutime_.vtk）和固溶 Si 相随时间演化文件（sstime_.vtk）。

输出：实时计算结果以.png 格式存储到 Images 文件夹并传送到界面。

接口：与主体计算模块接口，得到实时数据；与用户界面接口，实时显示结果。

2）枝晶/共晶固相分数

功能：计算并显示枝晶和共晶 Si 的固相分数。

输入：枝晶形态随时间演化的 vtk 文件（time_.vtk）、共晶 Si 形态随时间演化的文件（eutime_.vtk）。

输出：枝晶/共晶相的固相分数的数据文件（_solid_faction.txt）。

接口：与主体计算模块接口，得到 time_.vtk、eutime_.vtk 计算结果；与用户界面接口，实时调用_solid_faction.txt 中的数据，在用户界面上绘制固相分数变化曲线。

3）共晶相长径比

功能：提供共晶 Si 相的长径比参数，用于结果评价。

输入：共晶 Si 相形态随时间演化文件（eutime_.vtk）。

输出：长径比 txt 数据文件（LDratios_file.txt）。

接口：与主体计算模块接口，得到 eutime_.vtk 计算结果；与用户界面接口，实时调用 LDratios_file.txt 中的数据，在用户界面上绘制长径比变化曲线。

4）等效直径

功能：计算并展示等效直径，提供更全面的模拟结果评估。

输入：共晶 Si 形态随时间演化文件（eutime_.vtk）、固溶 Si 随时间演化文件（sstime_.vtk）。

输出：等效直径 txt 数据文件（equivalent_diameter.txt）。

接口：与主体计算模块接口，得到 eutime_.vtk 和 sstime_.vtk 计算结果；与用户界面接口，实时调用 equivalent_diameter.txt 中的数据，在用户界面上绘制等效直径变化曲线。

4.3.1.4 模块接口和关联

主体计算模块核心，前处理和后处理模块为用户提供基础的数据处理和结果展示功能。模块之间关联如图 4-3 所示，彼此依赖，层层递进。

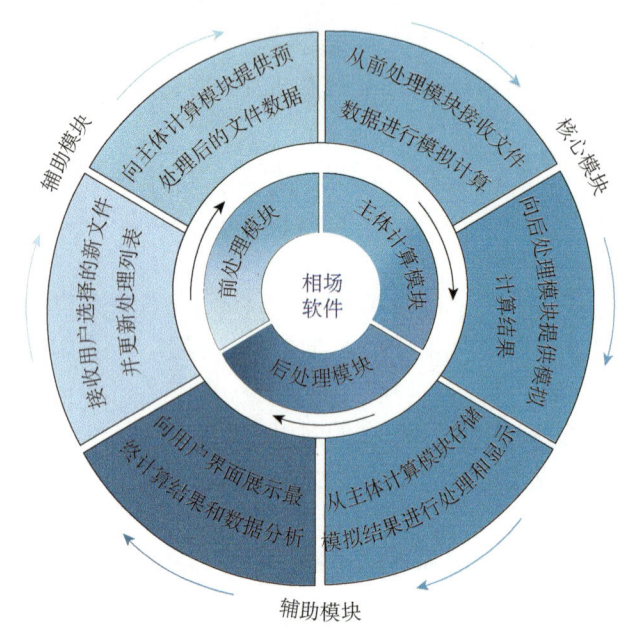

图 4-3 模块接口与关联示意图

4.3.2 数据需求

4.3.2.1 前处理数据

1）预处理气缸盖节点文件

（1）数据类型：包含节点编号、X、Y、Z 坐标、凝固时间和冗余信息的.txt 格式文件。

（2）数据流：用户上传文件→文件系统前处理模块→主体计算模块。

（3）数据存储：

暂存：用户上传的原始文件暂存在文件系统中，以待后续调用。

预处理结果：处理后的数据存储在中间数据存储区，供主体计算模块使用。

（4）数据格式要求：

上传文件：用户方进行 Abaqus 模拟导出的气缸盖节点文件.txt。

预处理之后数据：需转化为内部处理格式，删除冗余信息，标准化坐标格式，内容只包括节点编号、X 坐标、Y 坐标、Z 坐标和凝固时间。

2）重新选择文件

（1）数据类型：包含节点编号、X、Y、Z 坐标和凝固时间的.txt 格式文件，文件结构与预处理之后气缸盖节点数据相同。

（2）数据流：用户界面→前处理模块→主体计算模块。

（3）数据存储：重新选择的文件替换旧气缸盖节点文件，并重新存储在文件系统中。

（4）数据格式要求：选择的文件内容应当与预处理后的数据文件格式一致，没有冗余信息，只包括节点编号、X 坐标、Y 坐标、Z 坐标、和凝固时间的 txt 格式数据文件（select_RT_filterdata.txt）。

3）筛选文件

（1）数据类型：该数据类型是用户提供的文件及筛选区间，选择的气缸盖节点文件.txt 包含节点编号、X、Y、Z 坐标和凝固时间，筛选区间为正整数格式。

（2）数据流：用户界面→前处理模块→主体计算模块。

（3）数据存储：应在中间数据存储区中存储筛选结果。

（4）数据格式要求：根据筛选区间进行筛选得到的包括节点编号、X 坐标、Y 坐标、Z 坐标和凝固时间指定格式。

4.3.2.2 主体计算数据

1）初生枝晶生长相场模拟

（1）数据类型：前处理模块输出的气缸盖节点数据文件（select_RT_filterdata.txt）包括节点编号、X 坐标、Y 坐标、Z 坐标和凝固时间数据；导入的参数文件（凝固枝晶参数导入.txt）包括模拟使用的参数和对应键值。

（2）数据流：前处理模块→主体计算模块（初生枝晶部分）→数据存储模块→后处理模块。

（3）数据存储：模拟过程中生成的数据（time_.vtk）和结果（.png 图片），需按照输出间隔依次存储在数据存储模块中，供后处理模块使用。

（4）数据格式要求：计算结果文件格式（.vtk 和.png）需与存储格式一致，确保可以正确读写。

2）共晶 Si 生长相场模拟

（1）数据类型：前处理模块输出的某时刻的气缸盖节点数据文件（select_RT_filterdata.txt）包括节点编号、X 坐标、Y 坐标、Z 坐标和所需凝固时间数据，导入的共晶参数导入.txt 包括共晶 Si 生长相场模拟使用的参数和对应键值。

（2）数据流：前处理模块→主体计算模块（共晶 Si 部分）→数据存储模块→后处理模块。

（3）数据存储：计算过程生成的数据（eutime_.vtk）和结果（.png），按照输出间隔依次存储，供后处理使用。

（4）数据格式要求：.vtk 和.png 格式，须与存储格式一致，确保结果可靠一致。

3）固溶热处理过程相场模拟

（1）数据类型：前处理模块输出的新的气缸盖节点数据文件（select_RT_filterdata.txt）包括节点编号、X 坐标、Y 坐标、Z 坐标和所需凝固时间数据，导入的固溶参数导入.txt 包括固溶热处理过程相场模拟使用的参数和对应键值。

（2）数据流：前处理模块→主体计算模块（固溶热处理部分）→数据存储模块→后处理模块。

（3）数据存储：模拟过程中生成的数据（sstime_.vtk）和结果（.png 图片）需按照输出间隔依次存储在数据存储模块中，供后处理模块使用。

（4）数据格式要求：结果数据采用.vtk 和.png 存储格式，使数据有效保存和读取。

4.3.2.3 后处理模块数据

1）实时显示模拟结果

（1）数据类型：数据存储模块中的实时计算数据。

（2）数据流：主体计算模块→后处理模块→用户界面。

（3）数据存储：需要在内存中高效提取和显示。

（4）数据格式要求：实时数据流格式（.png 格式）需要支持实时更新和高效传输。

2）枝晶/共晶固相分数

（1）数据类型：计算结果数据.txt，数值为浮点数（精度为8）。

（2）数据流：主体计算模块→后处理模块→用户界面。

（3）数据存储：需要在后处理模块中暂存计算结果（_solid_faction.txt），之后重新读取固相分数数据，绘制曲线。

（4）数据格式要求：数值和图片格式，便于显示和存储分析。

3）共晶相长径比

（1）数据类型：数据存储模块中的计算结果（.txt 格式），数值为浮点数（精度为8）。

（2）数据流：主体计算模块→后处理模块→用户界面。

（3）数据存储：需要在后处理模块中暂存计算结果（LDratios_file.txt），之后重新读取长径比数据，绘制曲线。

（4）数据格式要求：数值和图片格式，便于显示和存储分析。

4）等效直径

（1）数据类型：数据存储模块中的计算结果（.txt 格式），数值为浮点数（精度为8）。

（2）数据流：主体计算模块→后处理模块→用户界面。

（3）数据存储：需要在后处理模块中暂存计算结果（equivalent_diameter.txt），之后重新读取等效直径数据，绘制曲线。

（4）数据格式要求：数值和图片格式，便于显示和存储分析。

4.3.3 接口需求

接口定义包括接口、功能和要求，以确保系统的高效性和稳定性。

4.3.3.1 前处理模块接口

1）预处理气缸盖节点文件

接口：与文件系统接口。

功能：读取用户上传的气缸盖节点文件.txt，对文件进行前处理。

要求：校验文件完整性和有效性，反馈处理状态（成功、失败或进度）。

2）重新选择文件

接口：与用户界面接口。

功能：接收并处理用户选择的新气缸盖节点文件。

要求：支持文件选择操作并更新处理列表中文件信息，更新界面文件路径反映文件选择状态。

3）筛选文件

接口：与文件解析和验证模块接口。

功能：对气缸盖节点文件进行筛选和验证，确保文件符合模拟要求。

要求：根据筛选区间进行筛选文件，返回筛选结果（select_RT_filterdata.txt）及详细信息（如筛选成功）。

4.3.3.2 主体计算模块接口

1）初生枝晶生长相场计算

接口1：与前处理模块接口。

功能：获取经过前处理和筛选的文件数据用于计算。

要求：支持从前处理模块导入数据（select_RT_filterdata.txt和枝晶参数导入.txt），确保数据完整准确。

接口2：与数据存储模块接口。

功能：保存和检索计算结果数据（time_.vtk）。

要求：支持数据存储、检索及管理；确保数据持久化存储，支持结果查询和恢复。

2）共晶 Si 生长相场计算

接口 1：与前处理模块接口。

功能：获取经过前处理的文件数据用于计算。

要求：确保数据从前处理模块正确导入（select_RT_filterdata.txt 和共晶参数导入.txt）；支持数据的兼容性和准确性。

接口 2：与数据存储模块接口。

功能：保存和管理模拟结果数据（eutime_.vtk）。

要求：支持结果数据的存储、检索和管理；确保数据的完整性和持久性。

3）固溶热处理过程相场模拟

接口 1：与前处理模块接口。

功能：获取处理后的文件数据（select_RT_filterdata.txt）用于模拟。

要求：确保数据从前处理模块正确导入（select_RT_filterdata.txt 和固溶参数导入.txt）；支持数据的完整性和准确性。

接口 2：与数据存储模块接口。

功能：保存和管理模拟结果数据（sstime_.vtk）。

要求：支持数据的持久化存储和检索；确保结果数据的完整性和管理。

4.3.3.3 后处理模块接口

1）实时显示计算结果

接口 1：与主体计算相应模块接口。

功能：获取相场和溶质场计算过程实时数据文件（time_.vtk、eutime_.vtk 和 sstime_.vtk）。

要求：实时数据传输，确保数据及时性和准确性，支持实时更新和数据流处理。

接口 2：与用户界面接口。

功能：实时显示相场和溶质场分布。

要求：用户界面需要支持实时数据显示（实时调用 Images 文件夹中的.png 文件），确保数据显示准确及时。

2）枝晶/共晶固相分数

接口 1：与相应的相场主体计算模块接口。

功能：获取相场、溶质场计算数据文件（time_.vtk、eutime_.vtk 和 sstime_.vtk）进行固相分数计算。

要求：支持数据的准确传输和计算，确保计算结果准确性。

接口 2：与用户界面接口。

功能：显示固相分数计算结果（_solid_faction.txt）。

要求：支持枝晶/共晶的固相分数的多种显示格式（如图表、数值等）。

3）共晶相长径比

接口 1：与主体计算模块接口。

功能：获取共晶相的相场和溶质场数据文件（eutime_.vtk 和 sstime_.vtk）计算长径比。

要求：数据准确传递、处理，支持长径比准确计算。

接口 2：与用户界面接口。

功能：显示共晶相长径比计算结果（LDratios_file.txt）。

要求：支持共晶相长径比的多种显示格式（如图表、数值等）。

4）等效直径

接口 1：与主体计算模块接口。

功能：获取计算的共晶相数据文件（eutime_.vtk 和 sstime_.vtk）进行等效直径计算。

要求：确保数据准确传输，支持准确计算共晶相等效直径。

接口 2：与用户界面接口。

功能：显示共晶相等效直径计算结果（equivalent_diameter.txt）。

要求：正确显示共晶相等效直径，支持图表、数值等多种显示格式。

4.4 用户界面设计需求

4.4.1 界面布局需求

共晶组织相场模拟软件的主界面布局主要包括：顶部操作导航区和中部内容显示区。

1）顶部操作导航区

操作导航区提供各个模块及子模块的功能入口，支持用户快速访问相关功能，主要包括以下功能菜单：

（1）文件：包括打开、保存、导入、导出等操作。

（2）功能：提供初生枝晶相场模拟、共晶 Si 相场模拟、固溶热处理相场模拟功能的入口。

（3）查看：允许用户实时查看计算过程、固相分数、长径比和等效直径变化曲线和 txt 数据文件。

（4）运行：启动和停止计算进程。

（5）帮助：提供软件使用帮助文档和技术支持。

2）中部内容显示区

内容显示区主要显示各个模块的操作界面。

4.4.2 界面设计需求

（1）欢迎界面：显示经典模拟案例图片、介绍软件功能和应用场景。

（2）主体计算模块界面，例如，以"初生枝晶相场模拟"模块的界面为例：

①基础设置：用户可以在此设置模拟的模型参数，包括网格数量 N_x、网格数量 N_y、固相扩散系数、液相扩散系数、熔点、冷却速率、网格大小 d_x、网格大小 d_y、平衡分配系数、液相线斜率和溶质浓度。

②形核设置：提供形核条件的设置选项，包括形核半径和枝晶形核数。

③输出设置：设置计算结果的总步长、间隔步数，并选择结果存储路径。

④进度显示：显示计算完成需要的时间和进度条，方便用户实时关注计算进程。

（3）"共晶 Si 相场模拟"模块的界面：

显示共晶 Si 生长相场模拟界面，详细设置选项与"初生枝晶相场模拟"模块类似。

（4）"固溶热处理过程相场模拟"模块的界面：

显示固溶热处理过程相场模拟界面，布局和结构与其他模块界面保持一致，便于用户操作使用。

4.4.3 交互界面需求

（1）返回功能：单击"返回"按钮，用户可以从当前界面返回到上一级界面，实现界面间的流畅交互。

（2）功能导航：用户可以随时通过顶部的操作导航区切换到需要的功能模块，并在内容显示区查看和操作对应的界面内容。

总之，界面设计宗旨是：简洁直观，便于进行参数设置和提供准确可靠模拟结果，提高用户使用效率。

4.5 共晶相场软件结构及流程设计

4.5.1 系统基本流程

共晶组织相场模拟软件设计流程如图 4-4 所示。

用户开始运行软件后，进入主界面进行数据处理和筛选，然后选择所需要的功能，例如枝晶生长相场模拟、共晶 Si 生长相场模拟、固溶热处理过程相场模拟。

用户创建新的文件夹用于存储输入数据和输出结果，以便管理和查看。

用户输入气缸盖铸件宏观模拟得到的冷却速率等相关参数，软件根据输入参数进行数据处理和计算准备，之后指定筛选范围进行数据筛选，并提取关键节点特征，程序开始执行。

软件对计算结果进行数据处理和分析，生成组织演化结果、固相分数、长径比、等效直径数据等。然后检查结果的合理性和准确性，进行数据校对和修正。

用户可以查看和保存输出文件，用于后续分析和应用。数据文件可以导出为常见格式，如 vtk 或 txt 文件，方便外部调用处理。

程序执行完毕后，用户可以继续进行其他操作或关闭软件。

最后，用户根据输出结果安排进一步的工作。

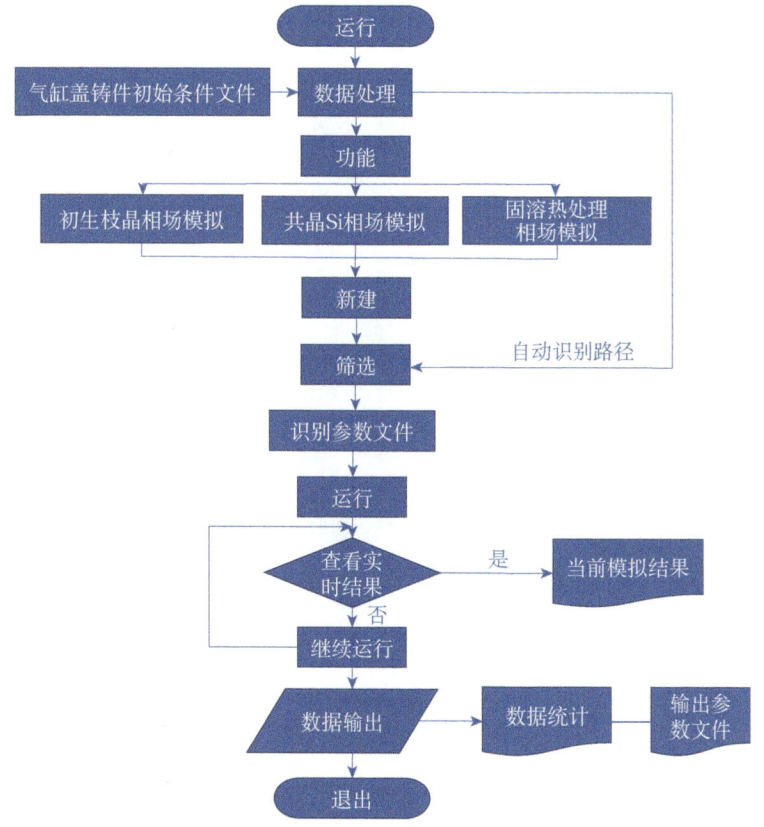

图 4-4　共晶组织相场模拟软件设计流程示意图

4.5.2　系统基本结构

整个 EasyPhase（或称 EPhase）相场模拟系统可以分为用户、主体计算、数据库、后处理四个模块，每一模块向用户提供不同的功能，模块之间彼此关联。不同模块之间的耦合根据其相关程度包含有内容耦合、公共耦合、外部耦合、控制耦合、标记耦合、数据耦合和非直接耦合七种。本系统中各个模块的耦合方式为控制耦合，耦合程度较低，模块独立性较高。各个模块功能明确，易于开发与维护。

  EasyPhase 相场模拟系统运行过程中各个模块之间的交互如图 4-5 所示。用户在输入材料物性参数和选择完输出参数文件后，将启动 EasyPhase 主体计算模块进行初步模拟。将此次计算的输出数据写入数据库，以便选择是否实时查看模拟结果，进行数据库查询。EasyPhase 获得的全部数据可以将其可视化并进行结构分析，此时用户能够观察到相场和溶质场的演化结果。同时用户可以在后处理软件中处理数据，在这个过程中，软件模块通过参数传递数据与数据库进行交互，属于数据耦合模式，有利于系统的模块化、可维护性和可扩展性。

  这种高度模块化的系统架构使得开发过程中每个模块都能相对独立地进行开发和测试，有利于降低 Bug 出现的可能性。当系统中某个模块需要进行调整时，只需修改该模块内部与其他模块之间的接口，无需涉及其他模块的内部细节设计，从而显著提高了系统的可维护性和扩展性，有利于系统的持续发展和维护。

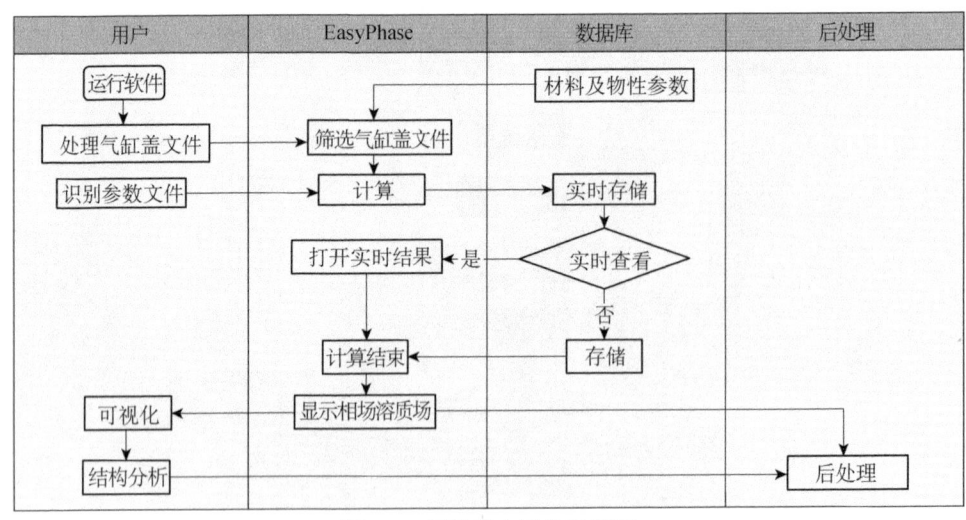

图 4-5 系统基本结构示意图

4.5.3 数据流图

  用户与气缸盖节点信息文件数据和运行计算数据的交互流程如图 4-6 所示。主要包括初始气缸盖节点文件预处理、数据匹配、冷却速率选择、程序运行、模拟结果回传等步骤，最终实现对计算补充更新之后的气缸盖节点文件的输出。

  （1）初始文件预处理：用户首先将初始气缸盖节点文件进行前处理，包括初始数据的准备和输入。

（2）筛选与更新：前处理完成后，系统对文件进行筛选。筛选后的文件可以进行更换，确保文件完整性和适用性。

（3）数据匹配：将预处理文件传递给数据匹配模块。这里的数据匹配包括对长径比、固相分数、等效直径等关键参数的匹配。

（4）冷却速率：根据匹配的数据，用户需要选择合适的冷却速率。同时，也可以将冷却速率信息反馈给用户，指导进一步选择。

（5）运行程序与可视化结果：选定冷却速率后，用户可以启动程序运行以进行计算分析。程序运行过程中会生成实时的 png 文件来显示计算进程。同时，模拟结果以 vtk 文件格式输出，用户可以通过这些输出文件查看具体的模拟分析结果。

（6）回传和反馈：计算结果返回给用户，用户可以根据这些结果做进一步的分析或决定。长径比、固相分数、等效直径等数据通过反馈机制回传至数据匹配模块，形成闭环，优化后续的模拟分析。

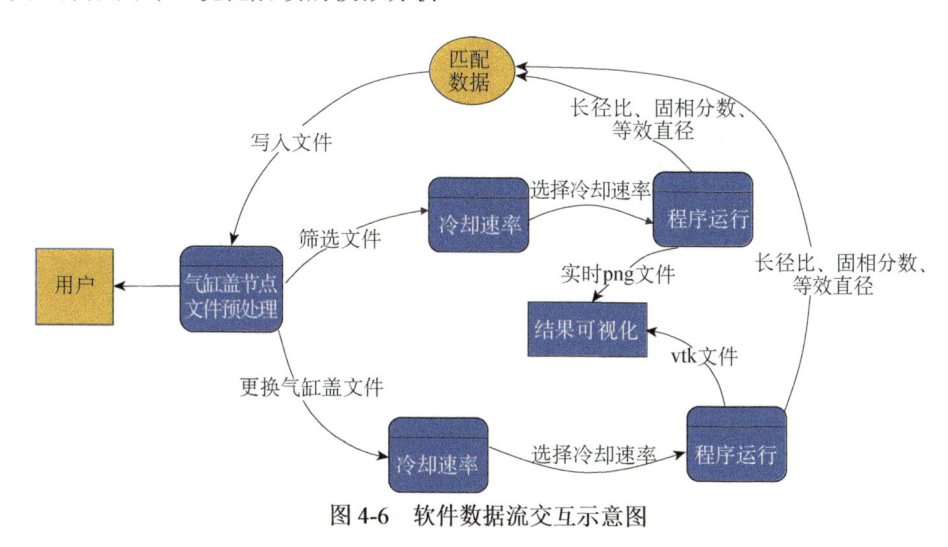

图 4-6　软件数据流交互示意图

4.5.4　宏微观数据映射 ER 图

图 4-7 所示为气缸盖宏观模拟节点信息数据与共晶组织相场模拟软件的数据映射关系 ER 图（Entity-Relationship Diagram）。整个气缸盖按照空间坐标细分为不同的小区域，每个区域有对应的网格节点信息和相应的凝固时间，从而可以通过这些参数计算获得冷却速率这个关键参数，再映射到材料级共晶相软件。基于铝硅合金材料参数、枝晶生长相场模型、共晶生长相场模型和固溶热处理相场模型进行编译程序，得到成材料级共晶相组织形貌及参数信息。

图 4-7　宏观-微观数据映射 ER 图

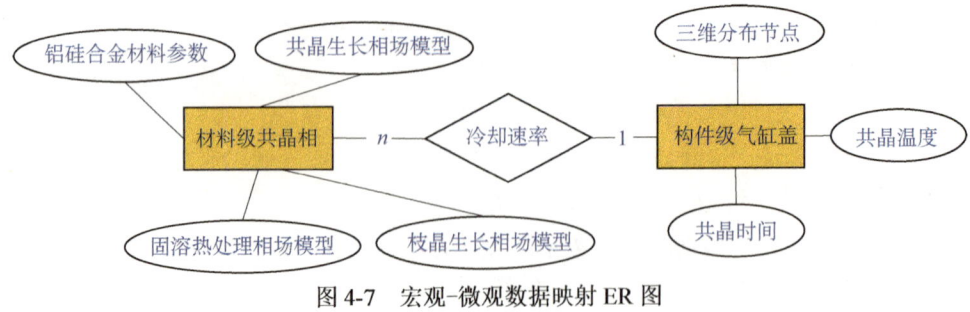

4.6　软件设计与开发

4.6.1　模块设计

共晶组织相场模拟软件主要包含前处理、主体计算和后处理三部分，总体设计如图 4-8 所示。

前处理模块：

（1）预处理气缸盖节点文件：将相关数据文件进行预处理，生成的文件自动传递至功能页面，用于后续计算。

（2）重新选择文件：系统允许用户更新所选文件。

（3）筛选文件：用户可以根据筛选区间手动选择文件进行筛选处理。

主体计算模块：

（1）初生枝晶生长相场模拟：用户输入铝硅合金的相关物性参数（如平衡分配系数、液相线斜率、熔点、固相和液相扩散系数），设计序参量 ϕ_α 表示 α-Al 初生枝晶，开始运行程序，实现 α-Al 初生枝晶生长过程模拟。

（2）共晶 Si 生长相场模拟：用户输入铝硅合金的相关物性参数（如 α 相平衡分配系数、β 相平衡分配系数、α 相液相线斜率、β 相液相线斜率、α 相浓度、β 相浓度、共晶温度），设计序参量 ϕ_β 表示 β 共晶 Si 相，ϕ_L 表示液相，运行程序，实现 α-Al 枝晶和共晶硅耦合两相生长过程模拟。

（3）固溶热处理过程相场模拟：用户输入铝硅合金的相关物性参数（如界面能、界面厚度、界面动力学系数、固溶温度），设计序参量 ϕ 表示固溶硅相，开始运行程序，实现共晶硅相在固溶过程的形态演变模拟。

每个计算模块都包括：参数设置、初始条件、边界条件、数值求解和输出设置五部分，相互关联耦合，从而实现了对凝固枝晶-凝固共晶-固溶热处理共晶相的多流程耦合模拟。

后处理模块：

（1）实时显示模拟结果：用户可以实时查看共晶相模拟曲线和数据文件，实时、直观可视化。

（2）枝晶/共晶固相分数：实时显示固相分数数据，用户可以随时了解共晶相随时间的变化。

（3）共晶相长径比：提供共晶相长径比数据文件和变化曲线，与实验数据进行对比验证。

（4）等效直径：提供等效直径数据文件和变化曲线，便于用户进一步分析研究。

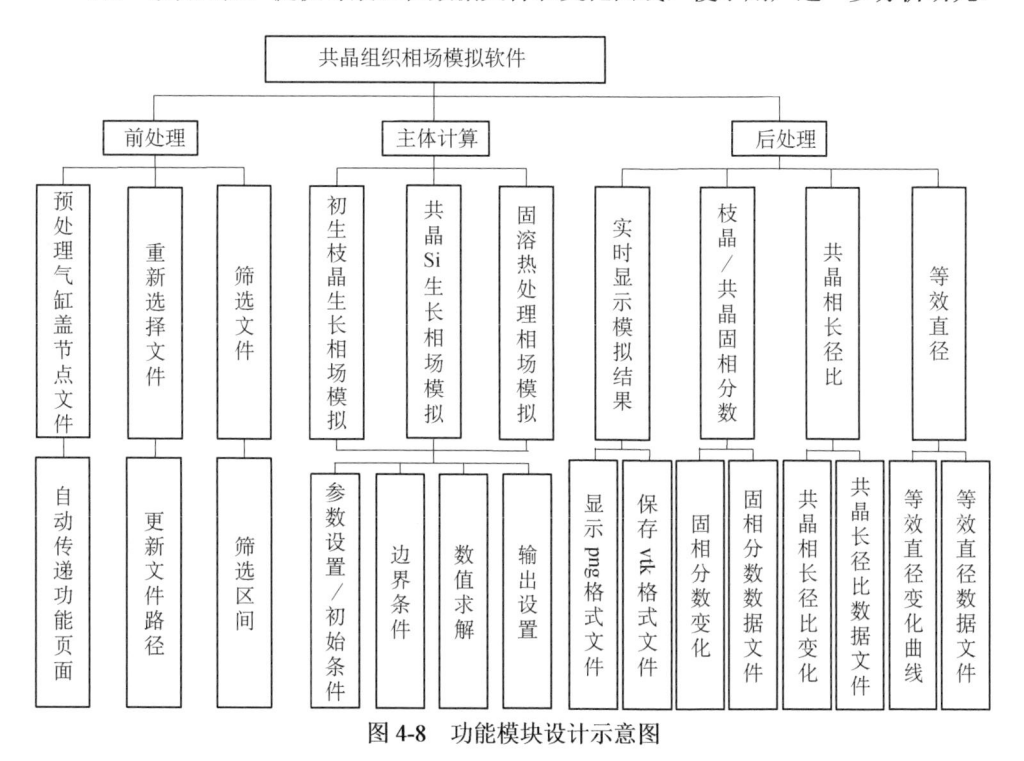

图 4-8 功能模块设计示意图

4.6.2 数据结构设计

表 4-3 列举了铝硅合金共晶相相场模拟软件的输入数据及其数据类型，实际开发中可根据需求调整。表 4-4 所示为主要输出参数的七个文件，程序初步计算结束之后自动生成。

表 4-3 共晶组织相场模拟的部分输入数据

变量名	数据类型	输入示例
Nx	int	350
Ny	int	350

续表

变量名	数据类型	输入示例
Nuc	int	6
rad	float	5.0
dt	float	0.01
dx	float	0.8
TE	float	850.15
Ce	float	0.7
iSteps	int	6 000
Dl	float	1.0×10^{-12}
Ds	float	3.0×10^{-9}
slope	float	−6.5
partition	float	0.13
TM	float	933.6
cooling	float	0.04
eu_iSteps	float	25 000
eu_Nuc	int	20
eu_rad	int	7
eu_c	float	11.57
eu_D	float	0.5×10^{-12}
solu_iSteps	int	20 000
solu_delta	float	0.1×10^{-6}
solu_muk	float	5.0×10^{-17}
solu_sigma	float	1.0
solu_T	float	833.15
Tempr	float	923.6
filterfile	float	5.0

表 4-4 共晶组织相场模拟的部分输出文件

文件名	文件描述
time_vtk	组织形貌随时间演化图
Outparameter.txt	输出参数文件
_solid_faction.txt	固相分数文件
LDratios_file.txt	长径比文件
equivalent_diameter.txt	等效直径文件
select_RT_filterdata.txt	指定筛选范围文件
_solidification-time.txt	气缸盖导出文件

4.6.3 多线程算法设计

本软件开发我们采用了多线程，线程是操作系统调度的最小执行单位，通过多线程编程可以实现并发执行任务，提高程序性能和响应速度，同时也需要注意线程安全和并发控制，确保程序正确性和稳定性，具体线程状态如图 4-9 所示。

其中，各个模块之间的调用和返回是一个核心功能。我们使用线程来实现多个模块的并行处理，其优势在于：

（1）提高效率：通过多线程，能够同时处理多个任务，充分利用多核处理器，显著提高计算效率和软件响应速度。

（2）减少等待时间：在某些计算密集型任务（如相场和溶质场计算）中，单线程处理会导致长时间等待。多线程允许在后台执行这些计算，同时前端用户界面保持响应。

（3）增强用户体验：多线程确保软件在处理复杂计算时，界面不会冻结，用户可以继续进行其他操作，提升用户体验。

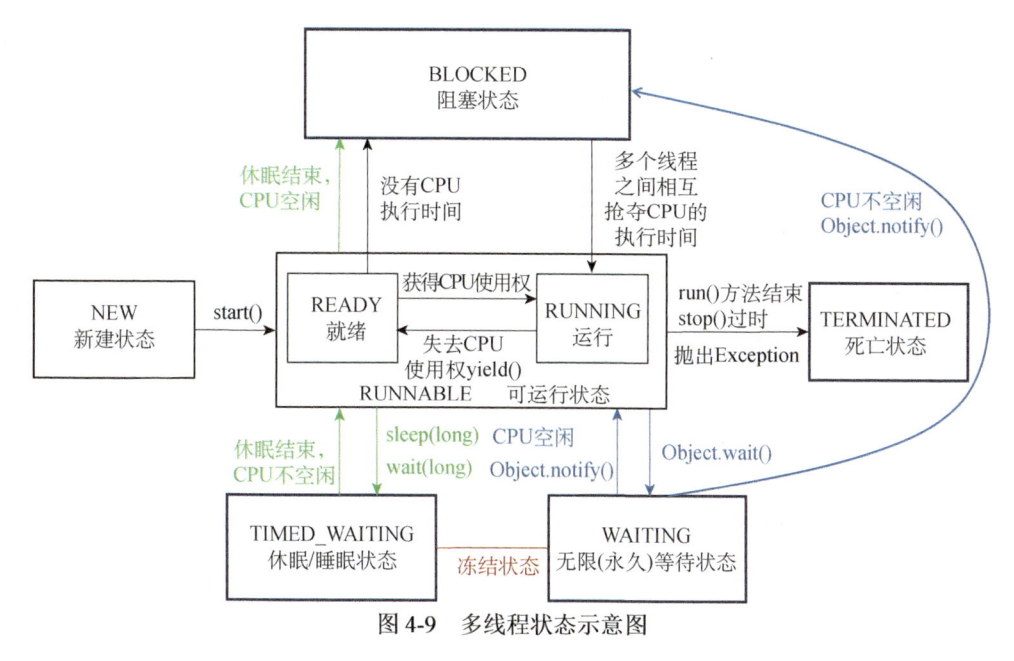

图 4-9 多线程状态示意图

具体名词解释如下：

NEW：至今尚未启动的线程状态。

RUNNABLE：线程已经启动，可以在 Java 虚拟机中执行的线程状态。

READY：线程已经准备好运行，但当前未得到 CPU 时间片的线程状态。

RUNNING：线程当前正在执行，获取到了 CPU 时间片。

BLOCKED：受阻塞并等待某个监视器锁的线程状态。
WAITING：无限期等待另一个线程来执行某一特定操作的线程状态。
TIMED_WAITING：等待另一个线程来执行、取决于指定等待时间的操作线程状态。
TERMINATED：已退出的线程状态。
阻塞状态：具有 CPU 执行资格，等待 CPU 空闲时执行。
休眠状态：放弃 CPU 执行资格，CPU 空闲，也不执行。

4.6.4 流程设计

图 4-10 所示为系统流程图，包括：气缸盖节点文件处理、计算以及结果输出和重新生成。

气缸盖节点文件（节点编号、坐标、凝固时间）：系统从初始气缸盖节点文件开始，其中包含了气缸盖的节点编号、坐标和凝固时间等数据。

计算冷却速率：从气缸盖节点文件中提取的数据用于计算冷却速率。这一步将根据初始文件中的凝固时间等信息计算冷却速率。

主程序运行：通过主程序运行，执行一系列预定计算和处理步骤。主程序是整个系统的核心，协调整个计算过程的运作。

相场、溶质场：主程序进一步细化计算，生成材料的相场和溶质场，可以提供多相和成分分布。

输出：相场和溶质场数据可以生成 png 格式的图片输出，用于视觉化展示。相场和溶质场数据也可生成 vtk 格式的文件输出，用于科学计算和可视化工具分析。

计算等效直径：基于相场和溶质场数据，计算共晶相的等效直径。这是材料科学和工程中的一个重要指标，用于评估材料颗粒或晶粒尺寸。

计算固相分数：进一步计算固相分数，这一数据表明材料在凝固过程中固相和液相的比例，用于材料性能评估。

计算长径比：这是描述材料形貌的一项指标，表示材料中颗粒或晶粒的长径比率。

气缸盖节点文件（更新）：将上面所有计算所得的数据（包括节点编号、坐标、凝固时间、冷却速率、等效直径、固相分数、长径比）更新到气缸盖节点文件中，生成新的气缸盖节点文件。

图 4-10 展示了数据从原始输入到各个处理步骤，再到输出和更新的流程，有助于理解整个系统的工作逻辑和数据流向。

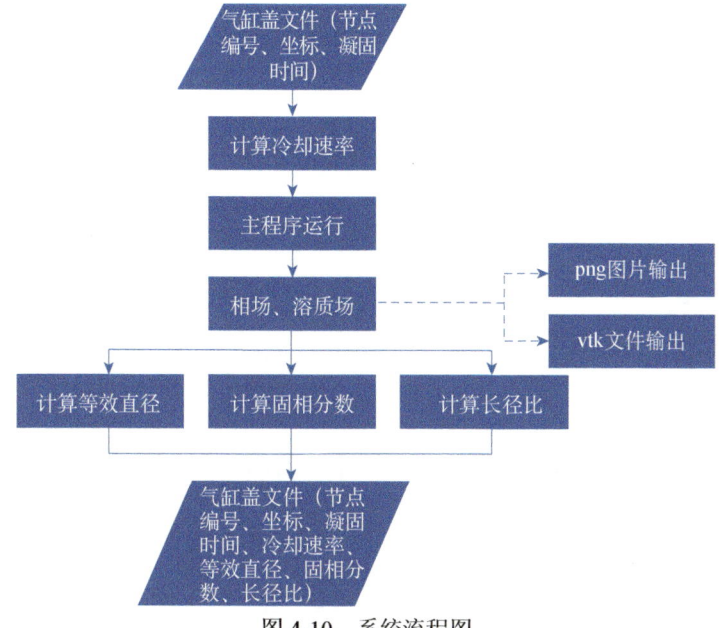

图 4-10　系统流程图

4.6.5　接口设计

包括接口功能、数据格式、协议、输入输出要求和实现细节，以确保系统高效和稳定性。

4.6.5.1　前处理模块接口设计

1）前处理气缸盖节点文件

接口名称：文件处理接口。

描述：读取用户上传的气缸盖节点文件并进行前处理。

数据格式：支持 txt 格式，UTF-8 编码。

协议：HTTP POST 请求，文件上传。

输入：气缸盖节点文件。

输出：处理状态、进度、错误信息。

要求：校验文件有效性，限制文件格式。

2）重新选择文件

接口名称：文件选择接口。

描述：接收新气缸盖节点文件并更新处理列表。

数据格式：文件路径（字符串），文件格式（txt）。

协议：HTTP POST 请求，表单数据。

输入：新文件路径。

输出：文件更新状态及信息。

要求：校验文件有效性，限制文件格式。

3）筛选文件

接口名称：文件筛选接口。

描述：筛选和验证气缸盖节点文件。

数据格式：筛选条件（JSON），筛选结果（JSON）。

协议：HTTP POST 请求，JSON 数据。

输入：筛选条件。

输出：筛选结果和详细信息。

要求：支持自定义筛选条件，返回详细筛选结果。

4.6.5.2 主体计算模块接口设计

三个主体计算模块（初生枝晶生长相场模拟、共晶 Si 生长相场模拟和固溶热处理过程相场模拟）都分别设计接口 1 和接口 2 如下：

接口 1：数据导入接口。

描述：获取前处理数据用于模拟。

数据格式：模拟数据（JSON）。

协议：HTTP GET 请求。

输入：数据标识符。

输出：文件数据。

要求：确保数据正确导入。

接口 2：数据存储接口。

描述：保存和检索模拟结果。

数据格式：模拟结果（JSON）。

协议：HTTP POST 请求。

输入：模拟结果数据。

输出：存储状态。

要求：支持数据持久化存储、检索及管理。

4.6.5.3 后处理模块接口设计

1）实时显示计算结果

接口 1：实时数据接口。

描述：获取实时模拟数据。

数据格式：实时数据（JSON）。

协议：WebSocket 连接。
输入：模拟数据标识符。
输出：实时数据流。
要求：数据的及时性和准确性。
接口 2：数据显示接口。
描述：显示实时模拟结果。
数据格式：数据显示格式（JSON）。
协议：HTTP GET 请求。
输入：实时数据。
输出：界面显示内容。
要求：准确显示实时数据。

2）枝晶/共晶固相分数
接口 1：固相分数计算数据接口。
描述：获取相场模拟结果进行固相分数计算。
数据格式：模拟结果数据（JSON）。
协议：HTTP GET 请求。
输入：相场计算结果数据。
输出：固相分数数据。
要求：数据传输和计算准确。
接口 2：固相分数显示接口。
描述：显示固相分数计算结果。
数据格式：计算结果（JSON）。
协议：HTTP GET 请求。
输入：固相分数数据。
输出：固相分数显示内容。
要求：支持图表和数值展示。

3）共晶相长径比
接口 1：长径比计算数据接口。
描述：获取数据进行长径比计算。
数据格式：模拟结果数据（JSON）。
协议：HTTP GET 请求。
输入：模拟结果数据。
输出：长径比数据。
要求：数据准确传递和处理。
接口 2：长径比显示接口。

描述：显示长径比计算结果。
数据格式：计算结果（JSON）。
协议：HTTP GET 请求。
输入：长径比数据。
输出：长径比显示内容。
要求：支持图表和数值展示。

4）共晶相等效直径

接口1：等效直径计算数据接口。
描述：获取相场模拟数据进行等效直径计算。
数据格式：模拟结果数据（JSON）。
协议：HTTP GET 请求。
输入：模拟结果数据。
输出：等效直径数据。
要求：数据传输和计算准确。

接口2：等效直径显示接口。
描述：显示等效直径计算结果。
数据格式：计算结果（JSON）。
协议：HTTP GET 请求。
输入：等效直径数据。
输出：等效直径显示内容。
要求：支持图表和数值展示。

4.6.6 菜单和界面设计

合理友好的界面设计可以减少用户操作失误、提高用户工作效率，本软件总体界面设计如图 4-11 所示。

直观操作界面：简洁直观的操作界面设计，让用户能够快速理解并使用。通过清晰的布局、明确的按钮和菜单，引导用户按照使用手册快速进入工作状态。

实时模拟显示：设计实时计算结果显示界面，以实时数据更新的形式显示共晶组织相场模拟过程，用户可以直观地欣赏和观察相变组织的演化过程。

交互友好性：设计响应迅速的界面，减少用户等待时间。同时，设置运行倒计时和进度条，给予用户清晰明了的反馈。

基于以上我们设计了简明风格界面，欢迎界面如图 4-12 所示。界面布局主要分为两部分，顶部是操作导航区，中间是内容显示区。操作导航区提供了各个菜单及其子菜单的功能入口，包括文件、功能、查看、运行和帮助。内容显示区主要是对各个菜单的操作界面内容进行显示。

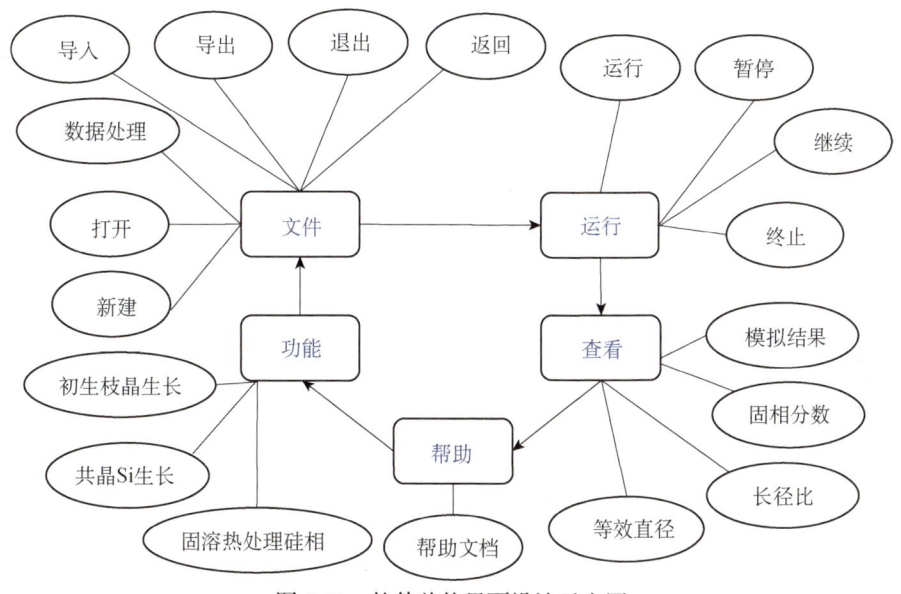

图 4-11　软件总体界面设计示意图

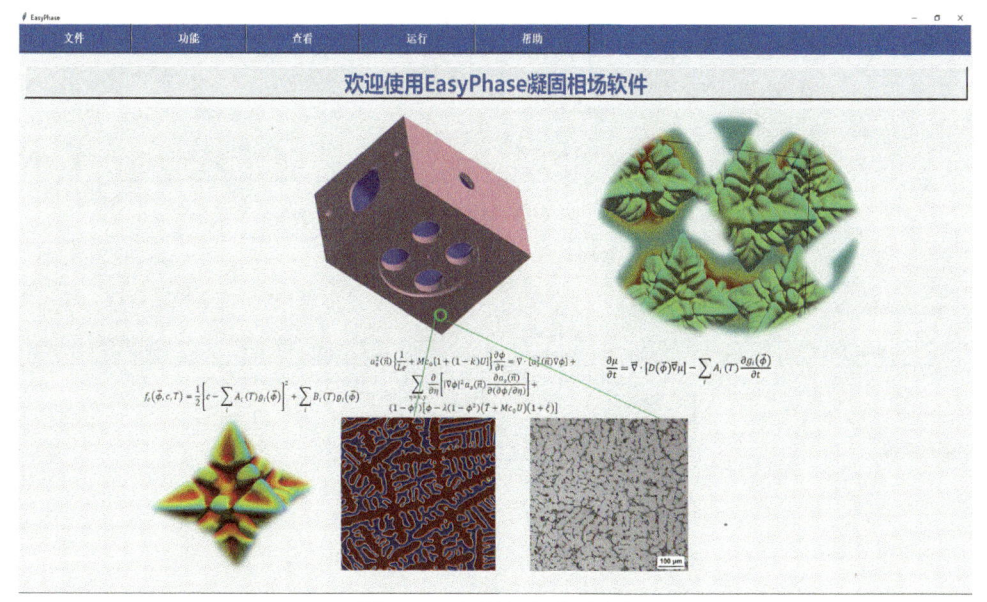

图 4-12　"欢迎界面"设计

4.6.6.1　"新建"菜单

文件夹选择界面如图 4-13 所示，正确选择文件夹后会弹出提示框"成功选择文件夹"，并自动识别之前数据处理完的文件路径，界面设计如图 4-14 所示。

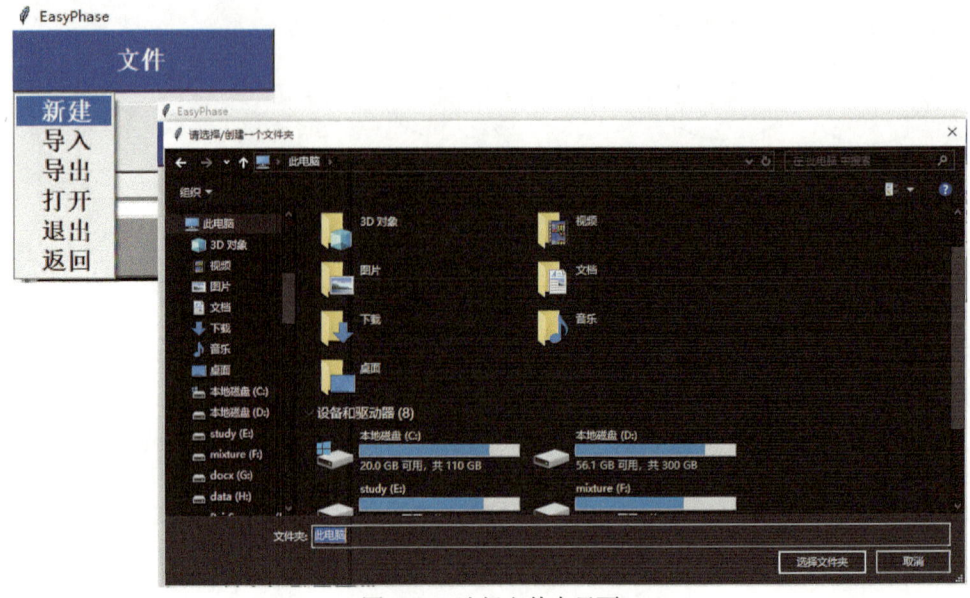

图 4-13　选择文件夹界面

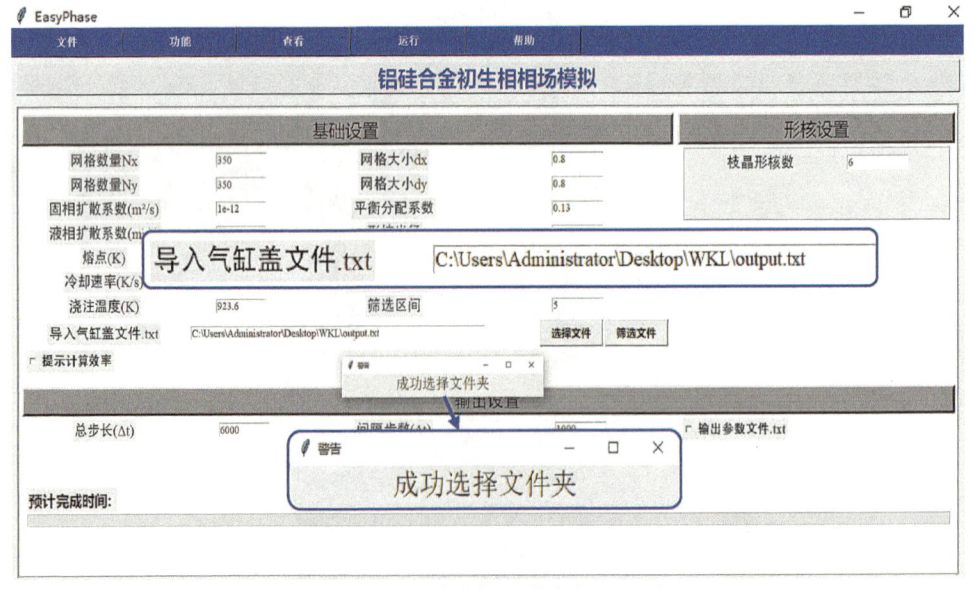

图 4-14　成功选择文件夹提示界面

导入任意路径的参数文件（.txt），对应控件会显示自动识别的参数值，如图 4-15 所示。

在完成程序运行之后，可以导出气缸盖节点文件（.txt），在之前导入的文件（节点编号、X 坐标、Y 坐标、Z 坐标、凝固时间）基础上，增加了冷却速率、初生枝

图 4-15 导入参数文件后弹出提示框

晶固相分数、共晶 Si 固相分数、共晶 Si 长径比、固溶处理共晶 Si 固相分数、固溶处理共晶 Si 长径比、共晶 Si 等效直径、固溶处理共晶 Si 等效直径，如图 4-16 所示。

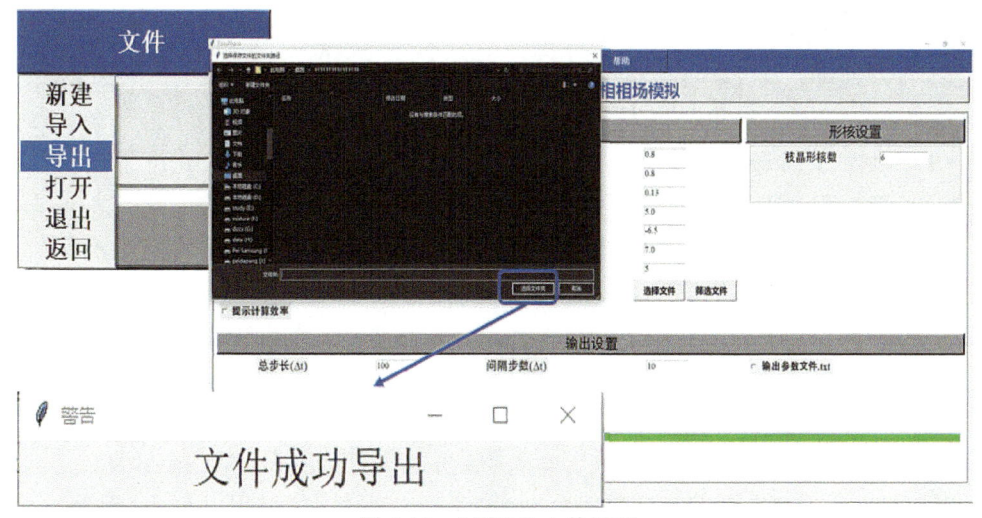

图 4-16 "导出"文件界面

可以选择"打开"文件夹中已存在的参数文件，如图 4-17 所示。

单击选择"返回"，在使用其他功能时，可以返回上一级界面如图 4-18 所示。

图 4-17 点击"打开"后出现选择文件界面

4.6.6.2 "主体计算"功能菜单

"初生枝晶相场模拟"功能界面设计如图 4-19 所示。界面显示分为四个部分，分别为基础设置（网格数量 Nx、网格数量 Ny、固相扩散系数、液相扩散系数、熔点、冷却速率、浇注温度网格大小 dx、网格大小 dy、平衡分配系数、形核半径、液相线斜率和溶质浓度）、形核设置（枝晶形核数）、输出设置（总步长、间隔步数、输出参数文件）以及进度显示，界面下方显示程序预计完成时间和进度条，方便用户实时关注程序运行过程。

"共晶 Si 相场模拟"功能界面设计如图 4-20 所示。界面显示分为四个部分，分别为基础设置（网格数量 Nx、网格数量 Ny、固相扩散系数、液相扩散系数、熔点、冷却速率、网格大小 dx、网格大小 dy、α 相平衡分配系数、β 相平衡分配系数、α 相液相线斜率、β 相液相线斜率、溶质浓度、共晶温度、共晶浓度、α 相浓度和 β 相浓度）、形核设置（枝晶形核数、枝晶形核半径、共晶相形核数和共晶形核半径）、输出设置（枝晶总步长、共晶相总步长、间隔步数和输出参数文件），以及进度显示，界面下方显示程序预计完成时间和进度条，方便用户实时关注程序运行过程。

"固溶热处理过程相场模拟"功能的界面设计如图 4-21 所示。界面显示分为四个部分，分别为基础设置（网格数量 Nx、网格数量 Ny、固相扩散系数、液相扩散系数、熔点、冷却速率、网格大小 dx、网格大小 dy、α 相平衡分配系数、β 相平衡分配系数、α 相液相线斜率、β 相液相线斜率、溶质浓度、共晶温度、共晶浓

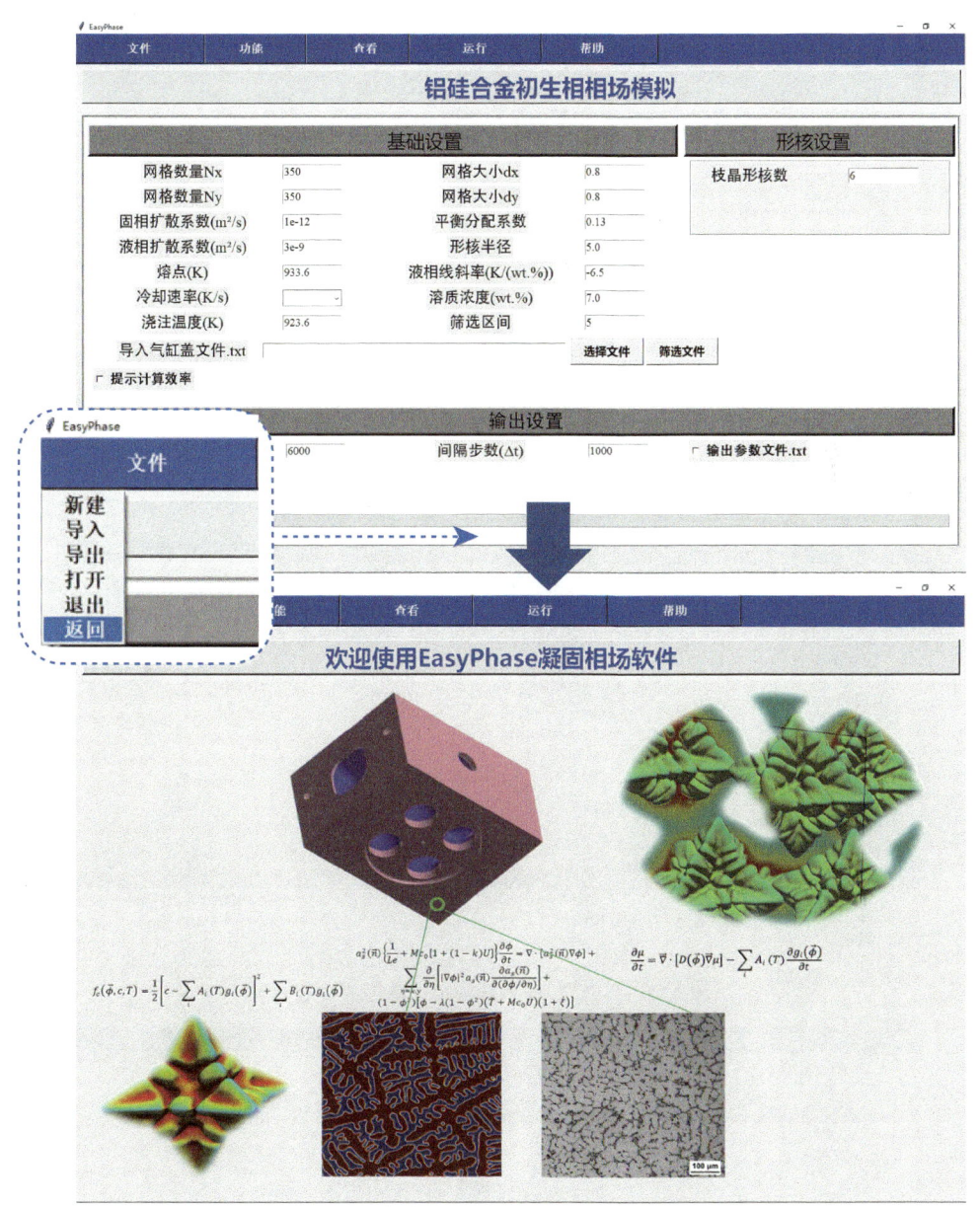

图 4-18 点击"返回"后回到上一级界面

度、α 相浓度、β 相浓度、界面动力学系数、界面能、界面厚度和固溶温度）、形核设置（枝晶形核数、枝晶形核半径、共晶相形核数和共晶形核半径）、输出设置（枝晶总步长、共晶相总步长、固溶总步长、间隔步数和输出参数文件），以及进度显示，界面下方显示程序预计完成时间和进度条，方便用户实时关注程序运行过程。

图 4-19 "初生枝晶相场模拟"功能界面设计

图 4-20 "共晶 Si 相场模拟"功能界面设计

图 4-21 "固溶热处理过程相场模拟"功能界面设计

4.6.6.3 "查看"菜单界面

实时查看计算结果界面设计如图 4-22 所示。

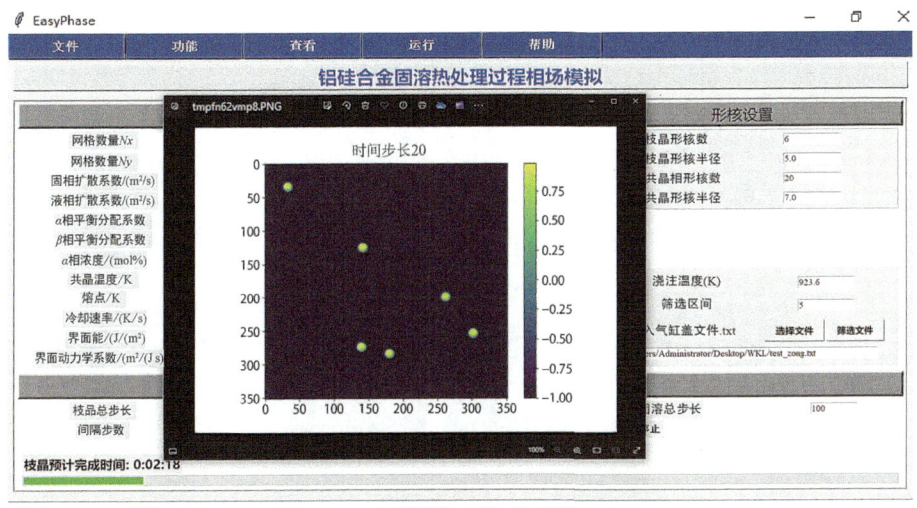

图 4-22 "模拟结果"功能界面设计

实时统计固相分数界面设计如图 4-23 所示。

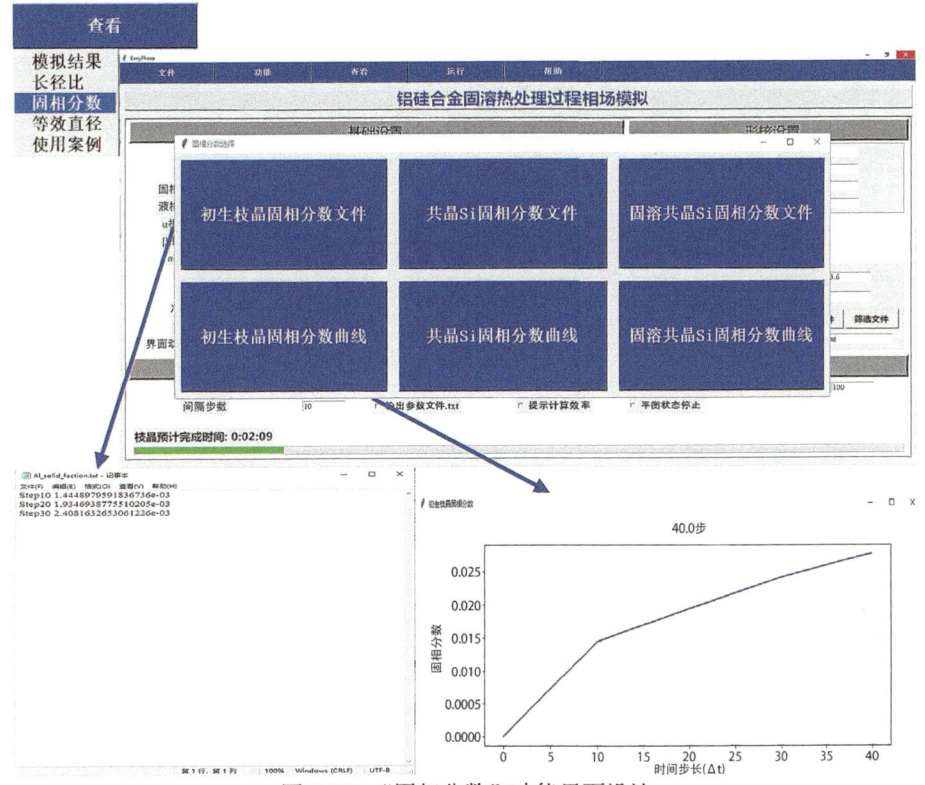

图 4-23 "固相分数"功能界面设计

实时统计的长径比界面设计如图 4-24 所示。

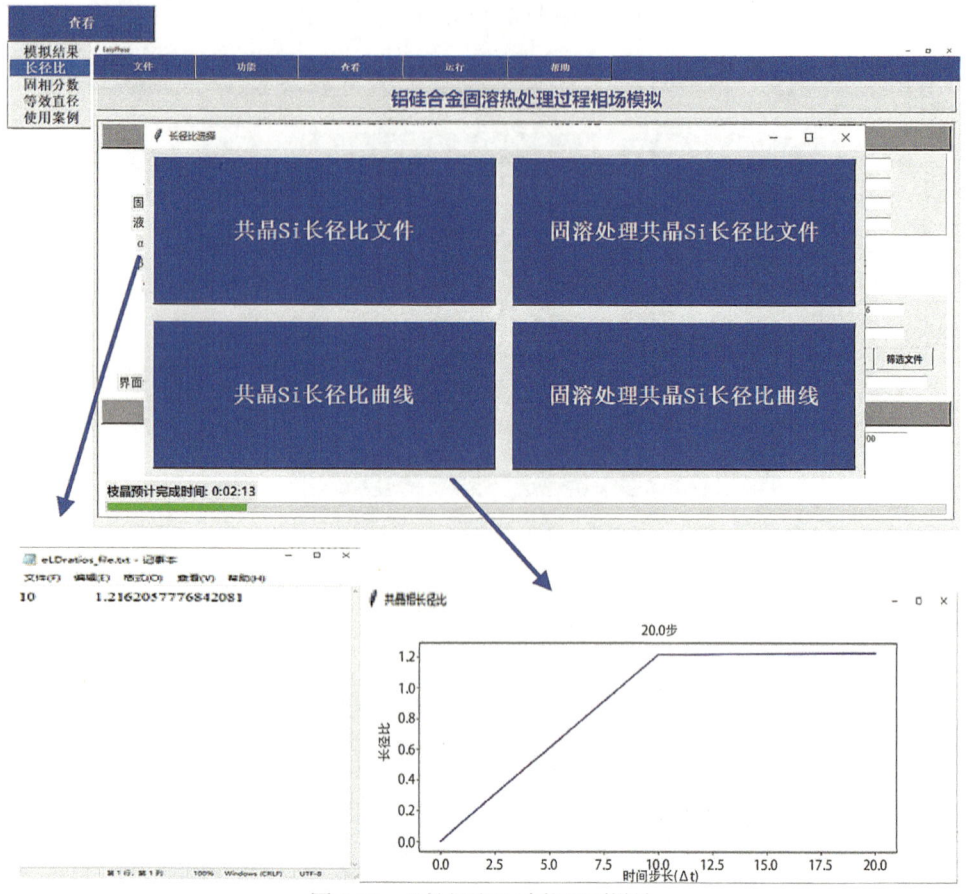

图 4-24 "长径比"功能界面设计

实时统计的等效直径界面设计如图 4-25 所示。

4.6.6.4 "帮助"菜单界面

"帮助文档"界面设计如图 4-26 所示。

4.6.7 异常处理设计

  软件的异常处理设计是为了确保系统在各种异常情况下能够稳定运行并提供适当反馈，包括异常类型分类、检测机制、处理策略和测试验证。本软件开发过程主要抛出的异常类型为输入/输出异常（I/O Errors）和逻辑异常（Logical Errors）。

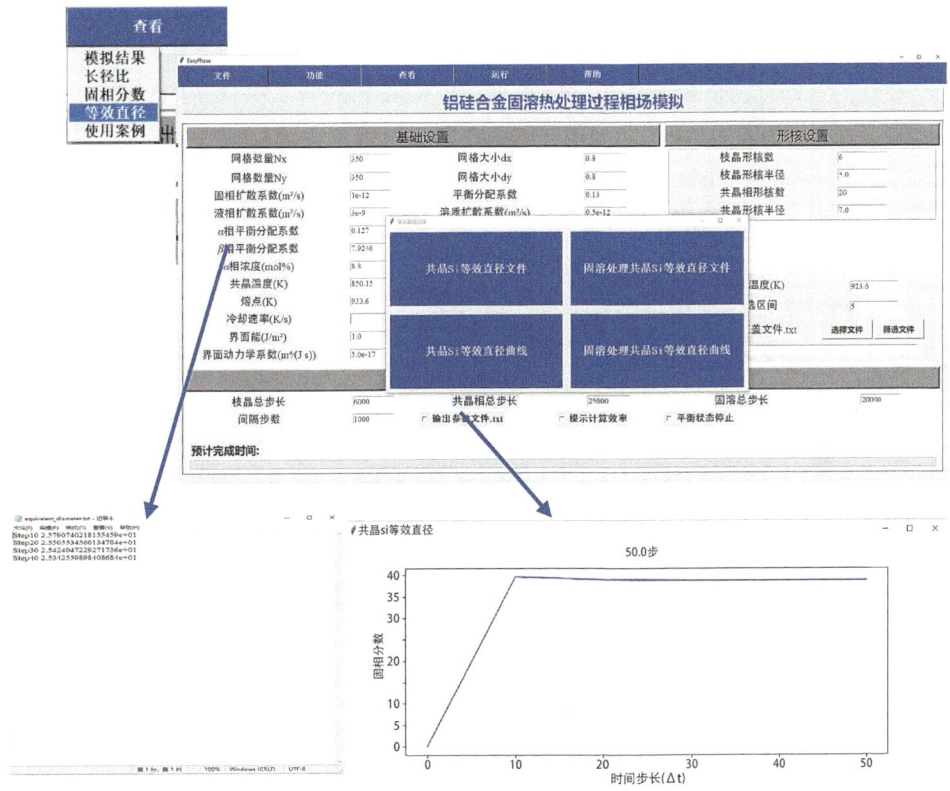

图 4-25 "等效直径"功能界面设计

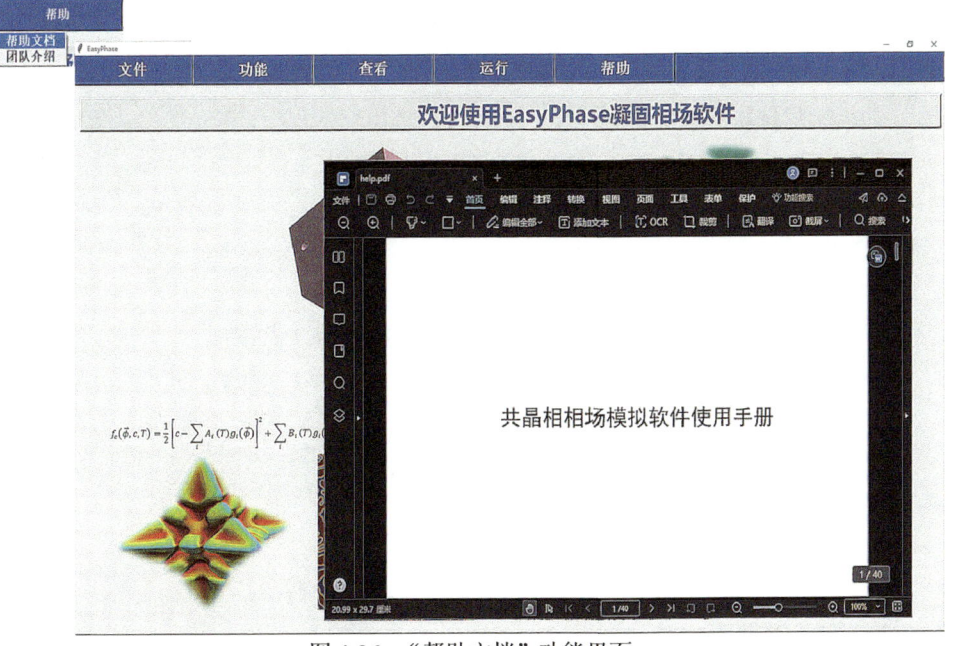

图 4-26 "帮助文档"功能界面

4.6.7.1 输入/输出异常（I/O Errors）

（1）文件未找到（FileNotFoundError）：试图打开一个不存在的文件。
选择路径异常

  def select_file():
 try: #选择文件路径程序
  except FileNotFoundError:
 print("没有找到指定文件")
  except Exception as e:
 messagebox.showerror("错误", f"发生错误: {e}")
 return None

（2）EOF 错误（EOFError）：在读取文件或流时，遇到文件或流的末尾。
打开动图异常

  def openSi():
 try: #打开 gif 动图程序
  except EOFError:
  pass

4.6.7.2 逻辑异常（Logical Errors）

（1）值错误（ValueError）：函数或操作接收到的参数类型正确但值不合适。
筛选文件异常

  def show_coolrate():
 try: #筛选所选文件程序
  def on_combobox_select(event):
  selected_value = cooling_combobox.get()
  try: #获取所选冷却速率程序
  except ValueError:
   messagebox.showerror("错误", "无法转换为浮点数")
   print("无法转换为浮点数的值:", repr(selected_value))
  except Exception as e:
  messagebox.showerror("错误", f"发生错误: {e}")
  print(f"Error: {e}")
  except Exception as e:
  messagebox.showerror("错误", f"发生错误: {e}")

验证输入值是否有效异常

```
def validate_input(value_if_allowed):
    if value_if_allowed == "":
        return True
    try:
        float(value_if_allowed)
        return True
    except ValueError:
        return False
```

判断是否符合输入条件异常

```
def compare_values_and_show_error(TS, TE):
    try:
        if TS > TE:
            output_msg = "错误：固溶温度不能大于共晶温度"
            return output_msg
    except ValueError:
        return "输入值必须为数字"
```

（2）索引错误（IndexError）：试图访问不存在的列表、元组或数组索引。

输出信息异常

```
if (t_loop % file_skip) + 1 == 1 or t_loop == 0:
    try: #获取实时固相分数程序
    except IndexError as e:
        print(f"IndexError occurred: {e}, row: {row}")
    try: #将模拟结果写入气缸盖节点文件程序
    except FileNotFoundError:
        print(f"File '{output_file_path}' not found.")
    except Exception as e:
        print(f"An error occurred: {e}")
```

4.7　安全性设计

　　安全设计旨在保护软件系统免受恶意攻击和不当使用的影响。它确保系统能够有效地防御各种安全威胁，包括数据泄露、身份盗窃等。通过充分考虑安全性，在软件设计早期阶段就能够识别潜在安全风险，并采取相应措施降低风险，这样可以提高系统可靠性和稳定性。

4.8 部署与运维

4.8.1 实施计划

（1）分析课题组的 Fortran 源代码，了解其逻辑结构和功能实现方式。

（2）编写 Python 脚本，按照 Fortran 程序的逻辑将功能逐步转换为 Python 代码。

（3）使用 Python 中的适当库和工具来实现与 Fortran 相同或类似的功能，例如 NumPy 用于数值计算、SciPy 用于科学计算等。

（4）进行测试和调试，确保 Python 程序功能与原 Fortran 程序一致，并且正确运行。

（5）设计界面布局和样式，包括主界面和各个功能模块布局。使用 GUI 框架或工具包，如 Tkinter、PyQt 等，创建界面的各个组件，如按钮、输入框、菜单等。

（6）将 Python 程序与界面进行连接，实现用户操作与程序功能交互。添加适当功能模块，如参数设置、模拟结果显示等，确保界面能够完整地呈现共晶相模拟软件功能。

（7）进行界面测试和调试，确保界面能够正常显示和响应用户操作。

4.8.2 遇到的问题及解决方案

在调试程序过程中，经常会遇到各种各样的 Bug，这些 Bug 可能来源于代码逻辑错误、语法问题、数据处理异常等多方面。为了有效解决 Bug 并提高程序稳定性，设计期间尽量详细记录如表 4-5 所示。

表 4-5 Bug 记录及解决

序号	Bug 标题	Bug 具体描述	错误原因	解决方法
1	判断是否符合输入条件异常	TypeError: solumain.\<locals\>.compare_values_and_show_error() takes 0 positional arguments but 2 were given	在调用 compare_values_and_show_error() 函数时，传递了参数 gurongT_value 和 eu_TE_value，但是在函数定义中并没有接受这些参数。	将 TS 和 TE 作为参数传递给 compare_values_and_show_error() 函数，并在 on_gurongT_focus_out 函数中捕获异常并处理。
2	控件自动识别 txt 参数文件中的值	ValueError: not enough values to unpack (expected 2, got 1)	在尝试拆分一行文本时出现了问题，可能是因为某些行没有包含预期的分隔符"："，导致无法正确拆分。	在拆分之前检查行是否包含分隔符"："，如果不包含则跳过这一行。

续表

序号	Bug 标题	Bug 具体描述	错误原因	解决方法
3	读取导入文件数据	'gbk' codec can't decode byte 0x87 in position 198: illegal multibyte sequence	由于尝试使用错误的解码方式导致的。	在使用 open() 函数打开文件时,可以指定 encoding='UTF-8' 参数来使用 UTF-8 编码方式。
4	依据筛选区间进行文件筛选	IndexError: list index out of range	尝试访问列表中不存在的索引。在提供的文件中,错误可能是因为在处理某些行时,line.split() 返回的列表比预期的要短,尝试访问一个不存在的索引。	查看在 line.split() 后返回的列表长度,以确定是否存在问题。如果某些行并不符合预期格式,那么 split() 可能不会返回足够多的元素,从而导致索引溢出。
5	前处理气缸盖节点文件	raise source.error (msg,len(this)+1+len(that)) re.error: bad character range T-\d at position 5	正则表达式中的字符范围 (T-\d) 有问题。可能是由于漏写了字符类的一部分,或者是需要转义某些字符。	正确导入了 re 模块,并将该正则表达式传递给 re.compile() 或其他 re 模块函数。
6	实时输出固相分数的值	ValueError: setting an array element with a sequence.	NumPy 数组的某个元素需要被赋值为一个标量值,而不是一个序列(如列表)。	对问题行进行调试以确认变量 fs 在被赋给 IN[m] 之前的值。确保 fs 的值是单个标量值而不是一个序列。
7	读取文件内容	报错 An error occurred: "delimiter" must be a 1-character string	delimiter 参数必须是一个单字符字符串,不能是空字符串(")。无法将空字符串作为分隔符。	如果数据是空格分隔的,请使用 delimiter=' ' 来读取文件。确保在处理每列数据时,去除空格(col.strip()),以避免空字符串或其他意外行为。
8	将所筛选的数据写入输出文件	ValueError: could not broadcast input array from shape (7,) into shape (6,)	尝试将一个形状为 7 的数组赋值给一个形状为 6 的数组位置。numpy 数组在赋值时需要形状匹配。	使用列表临时存储更新后的行:在循环中将每一行更新后存储到列表中,确保形状一致;重新转换为 numpy 数组:完成更新后,将列表重新转换为 numpy 数组。
9	计算冷却速率并写入	AttributeError: 'numpy.ndarray' object has no attribute 'append'\	numpy.ndarray 对象不支持 append 方法	在修改 numpy.ndarray 时,使用 numpy.append 方法来添加元素
10	筛选凝固时间	ValueError: max() arg is an empty sequence	row_number 是一个空序列,所以 max() 函数在计算 max_length 时引发了 ValueError。	在计算 max_length 前,检查了 row_number 和 filtered_results 是否为空。如果为空,则跳过相关操作,避免了 ValueError。
11	绘制等效直径曲线	TypeError: unsupported format string passed to numpy.ndarray.__format__	尝试使用 Python 的格式化语法直接将 NumPy 数组 eEQ 格式化为字符串。NumPy 数组不支持这种直接的字符串格式化,因为它们设计用于保存同类型的数据,而不是用于字符串格式化。	将 eEQ 转换为可以写入文件的字符串格式。
12	显示数据处理进度条	NameError: name 'Progressbar' is not defined	需要从 tkinter.ttk 模块中导入 Progressbar 组件	from tkinter.ttk import Progressbar,这样可以正确导入 Progressbar 组件。
13	识别数据文件	SyntaxWarning: invalid escape sequence '\s'data1=pd.read_csv (new_filename, sep='\s+', header=None)	在 Python 字符串中,反斜杠用于转义特殊字符。例如,\n 表示换行符,\t 表示制表符。但是,如果你在字符串字面量中使用文件路径,反斜杠也会被解释为转义字符	字符串前缀为 r(表示原始字符串)或反斜杠被加倍。data1=pd.read_csv (new_filename, sep=r'\s+', header=None) 或 data1=pd.read_csv (new_filename, sep='\\s+', header=None)

续表

序号	Bug 标题	Bug 具体描述	错误原因	解决方法
14	计算长径比	ZeroDivisionError: float division by zero	计算长径比的地方有可能出现 ZeroDivisionError，特别是当 region.minor_axis_length 为零时	在计算长径比之前会检查 region.minor_axis_length 是否为零。如果是零，则跳过该区域，避免了除以零的错误。

其余问题：

（1）语法问题：拼写错误、缺少冒号、缩进错误等。修复手段：通过反馈错误提示信息和检查代码解决。

（2）数据处理异常：在处理数据时可能会出现异常情况，如数组越界、类型转换错误等。修复手段：Python 语言数组定义默认从 0 开始，修改数组定义方式和涉及数组的 for 循环。

（3）环境依赖问题：Python 程序运行环境依赖于特定的库、模块或者外部工具。修复手段：Pip install 导入使用的包、库、模块。

（4）逻辑错误：容器重叠，导致点击运行后原有页面空白；点击返回按钮后不能再次选择其他功能。修复手段：仔细检查程序逻辑，确保容器中元素或对象按照预期方式进行处理；返回操作后要更新页面状态，销毁根窗口中所有子部件。

（5）并发和线程问题：如果程序涉及多线程或者并发操作，可能会出现死锁（指两个或两个以上进程在执行过程中，由于竞争资源或者由于彼此通信而造成的一种阻塞现象，若无外力作用，它们都将无法推进下去。此时称系统处于死锁状态或系统产生了死锁）。修复手段：多个功能同时实现时需要创建主线程和守护线程 import threading T=threading. Thread(target=main)。

4.9 维护与更新

（1）问题：当前版本程序运行速度较慢，有待进一步优化主体程序，提高计算效率。

（2）反馈机制：收集用户对软件的使用情况和反馈意见，及时发现和解决存在的问题。

4.10 本章小结

本章介绍了共晶组织相场模拟软件设计过程，主要包括文件筛选处理、参数设置、实时查看模拟结果、导出固相分数、长径比及等效直径等核心功能，以及提供查看案例和帮助文档等辅助功能,旨在计算与用户的铝硅合金气缸盖铸件宏观模拟节点逐一对应的共晶硅相形态演化数据和相关参数,为铝硅合金气缸盖设计和铸造成型工艺优化提供理论和数据支持。

参 考 文 献

[1] Zhao Y H. Understanding and design of metallic alloys guided by phase-field simulations[J]. npj Computational Materials, 2023, 9: 94.

第 5 章 铝硅合金时效组织相场软件设计

5.1 引 言

Al-Si-Cu-Mg 合金时效过程中形成的纳米级 θ'-Al$_2$Cu 和 Q'-Al$_5$Cu$_2$Mg$_8$Si$_6$ 析出相是该合金的主要强化相,研究这些析出相的形成和演化机制,具有重要意义。

本章主要介绍如何设计铝硅合金气缸盖材料级析出组织相场模拟专用软件,针对铝硅合金气缸盖的时效工艺参数与析出相组织之间关系,设计材料级析出相组织形貌表征与统计方法,同时运用热传导方程、相场方程和图像识别算法等,开发反映"成分-工艺-组织"的析出相预测相场模拟软件,有助于低成本、快速获得气缸盖材料级时效工艺参数和析出相组织对应关系。

本章主要内容包含:项目概况、软件需求分析、软件整体设计、析出相软件开发内容、析出相软件页面流程、程序报错及解决方案和小结。

5.2 软件设计需求分析

软件主要设计需求和目标:

(1)功能设计需求:包括核心功能、辅助功能等,以满足用户业务需求。

(2)性能设计要求:软件可以使用不同配置的电脑稳定运行,在规定时间内给出响应,提供良好的用户体验。

(3)系统设计:包括系统架构、模块划分、界面设计等,确保系统整体质量和易用性。

(4)测试与验收:制定测试策略、验收标准,确保软件满足预期要求。

本章主要设计铝硅合金时效过程 θ'-Al$_2$Cu 和 Q'-Al$_5$Cu$_2$Mg$_8$Si$_6$ 析出相演化的相场模拟软件,可以统计析出相的数量密度、面积分数和平均长度等,主要步骤如下:

(1)耦合热传导方程与相场控制方程,设计多层级序参量,建立双相析出的连续相场模型。

(2)采用半隐式傅里叶求解方法求解表征溶质扩散的 C-H 方程和表征析出相

分布的 A-C 方程以及温度热传导方程，实现多种析出相组织演化相场模拟。

（3）运用图像识别技术结合相应公式统计析出相平均长度、数量密度、体积分数，与实验结果对比验证。

（4）优化用户体验，提升用户满意度。

（5）确保软件的稳定性、安全性和可维护性。

5.2.1 功能设计需求

5.2.1.1 核心功能

核心功能是系统的关键组成部分，主要包括：

（1）程序控制：求解相场方程并进行模拟计算，支持程序运行、暂停、结束、终止和重新开始功能。

（2）参数设置：包括材料成分、热力学参数、动力学参数、弹性能参数，同时设置模拟网格大小、网格间距、模拟步长、峰值时效平均长度和输出间隔。

（3）结果可视化：根据任务要求提供准确的模拟结果，比如析出相组织形貌、成分分布等，可以显示统计平均长度、数量密度等基本曲线。

（4）数据导入导出：支持用 txt 文档进行参数导入和析出相统计信息导出，保存相应模拟结果和数据处理结果，同时生成.vtk 文件，方便用户进行后处理。

5.2.1.2 辅助功能

辅助功能为核心功能提供支持，提高用户体验和系统效率，如：

（1）参数范围提示：当参数设置超出预设范围时给出报错。

（2）通知提醒：程序运行过程中，对用户进行重要事件提醒，如设置参数、新建文件夹、程序不收敛、程序终止、结果保存等。

（3）帮助文档：提供详细使用手册和联系方式，方便用户解决问题。

（4）案例查看：预先保存常用模拟结果，方便用户查看。

（5）监视器：实时查看模拟结果及统计信息，方便用户实时掌握模拟信息。

5.2.2 性能设计要求

性能需求规定系统在运行过程中的效率、响应时间、资源消耗等标准，如：

（1）响应时间：系统应在用户可接受的时间内响应，复杂操作不超过 5 秒。

（2）数据处理能力：系统能在规定时间内处理大量数据，并保证模拟结果准确性。

（3）资源利用：优化资源使用，确保 CPU 和内存使用率在合理范围内。

（4）模拟精度：析出相平均长度预测值与实测值偏差≤5%。

5.2.3 运行环境要求

（1）处理器：Intel Core i7，推荐配置 Intel Core i7 10700k。
（2）内存：16 GB 或更高配置。
（3）存储：至少 100 GB SSD 存储空间。
（4）操作系统：Windows 7 及以上版本。
（5）编程语言：Python 3.7.6。
（6）显示器：支持 1920×1080 或更高分辨率显示器。
（7）依赖管理工具：pip 3.7 版本。

5.2.4 用户需求

（1）系统稳定：系统稳定运行，故障和错误降到最少。
（2）操作简便：提供直观、易操作的用户界面。
（3）功能完善：满足用户业务需求，包括核心功能和辅助功能。
（4）性能优化：快速响应用户操作，提高工作效率。
（5）数据安全：具备数据安全和隐私保护的安全机制。

5.3 软件整体设计

5.3.1 系统架构

主要由以下部分构成：
用户界面：提供用户输入数据和查看结果的界面。
计算模块：执行相场方程迭代求解计算。
数据存储：存储输入参数和计算结果。
接口层：提供与外部系统或模块交互。

5.3.1.1 技术路线

设计多层级序参量描述析出相形核长大过程，软件设计主要技术路线如下（图 5-1）：
（1）建立相场模型：建立多组元铝硅合金浓度序参量场模型（C-H 方程）和结

构序参量场模型（A-C 方程）。

（2）构建系统的自由能函数：包括化学自由能密度函数 f_{ch}、界面梯度能函数，以及弹性能密度函数 f_{el}。

（3）获取热力学参数：纯组元吉布斯自由能 G_i^φ、相互作用参数 $L_{i,j}^\varphi$ 和 $L_{i,j,k}^\varphi$、频率因子 $D_i^{\varphi 0}$，以及扩散激活能 Q_i^φ。

（4）耦合温度场：反映模拟区域温度变化诱发析出相分布不均匀的规律。

（5）迭代求解控制方程（迭代计算求得 t 时刻浓度序参量场 c_i、结构序参量场 η_p，并进行逆傅里叶变换）。

（6）分析处理数据：得到不同温度梯度下析出相随时间演化过程和析出相参数（形貌、平均长度、体密度等）。

（7）软件开发：建立数据库、搭建用户界面、功能模块化和数据可视化。

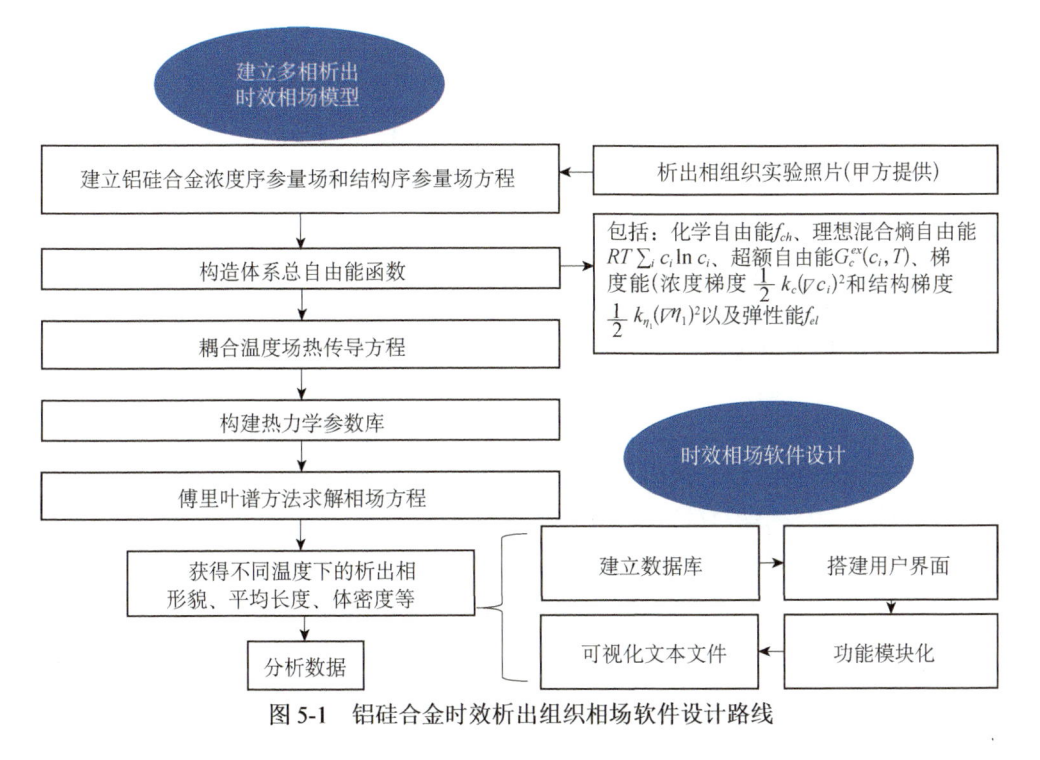

图 5-1　铝硅合金时效析出组织相场软件设计路线

5.3.1.2　系统基本流程

时效析出相模拟软件流程如图 5-2 所示，首先需要获得材料和工艺的基本参数，然后进入 EasyPhase（或 EPhase）系统设置模拟参数，导入 Pandat 热力学数据库进行时效相场计算，最后统计析出相信息（尺寸、密度、分布、长径比），对比实验结果，输出预测结果。

图 5-2 系统基本流程图

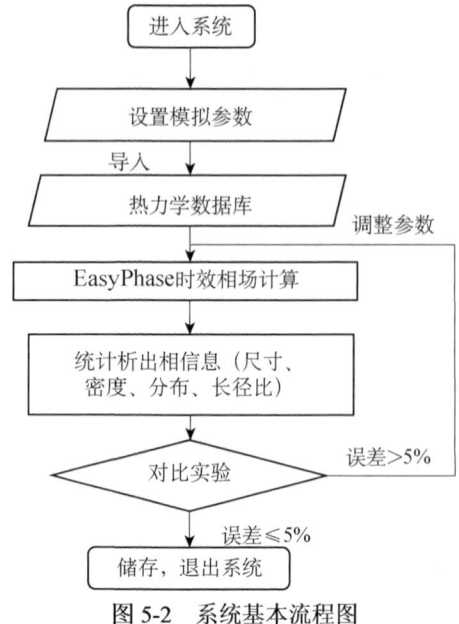

为避免大量耗时，将模拟结果（生成.vtk 文件）储存在数据库中，通过维护一个动态数据库来提高整个系统的运行效率。

程序基本流程如图 5-3 所示。

5.3.2 系统基本结构设计

图 5-4 为软件系统基本结构设计示意图。主要包含设置模型参数、主体计算、统计输出结果和实验对比四部分。设置模拟参数包括基本材料参数设置、热/动力学参数设置、弹性能参数设置。其中基本参数设置包括 ZL118 合金成分输入、模拟区域设置、模拟时间和输出间隔设置；热力学参数由 Pandat 软件计算导入，动力学、弹性能参数自己计算得出；将这些参数代入相场控制方程，同时设置好边界条件，采用傅里叶谱方法数值求解，进行主体计算。然后将计算结构可视化。最后，将统计结果与实验结果对比验证，实现气缸盖材料级析出相预测。

用户在输入气缸盖温度的文件后，将参数传递到数据库模块请求查询数据库，同时传递用于查询数据库的索引信息并等待数据库返回。若返回信号表示未在数据库中查询到对应信息，则系统将继续将相同的数据发送到 EasyPhase 系统，并给出信号令其开始计算。在计算完成后，系统将得到的数据再保存到数据库中备用。

5.3.2.1 系统数据流图

数据流图以图形方式表达系统的逻辑功能、数据在系统内部的逻辑流向和逻

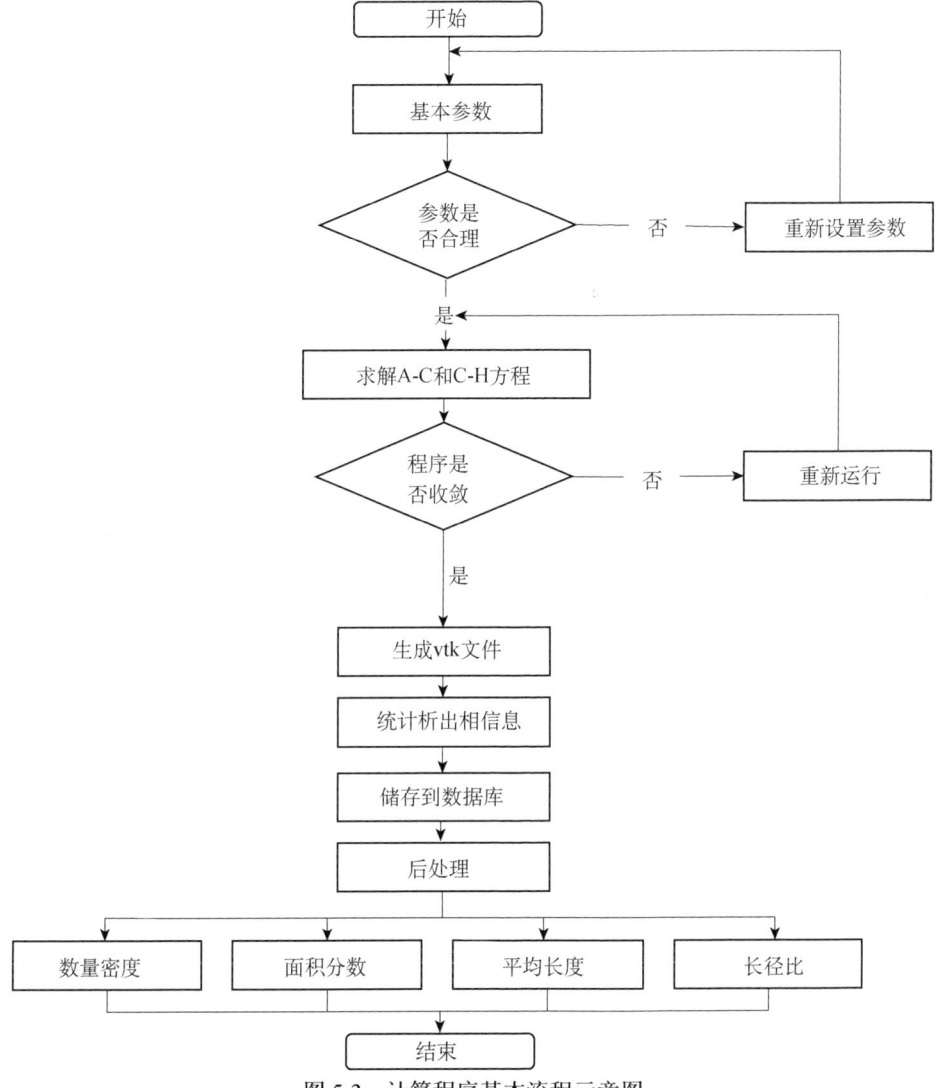

图 5-3 计算程序基本流程示意图

辑变换过程,是结构化系统分析方法的主要表达工具,是表示软件模型的一种图示方法,时效析出相场模拟软件的数据流如图 5-5 所示。

源点:用户。

终点:用户。

处理:录入初始条件、求解相场方程、保存计算数据、核对数据、分析和统计(分布、尺寸、密度和长径比)及保存。

数据流:初始条件和模型参数、浓度序参量场和结构序参量场、析出相长度和密度统计等。

数据存储:析出相形貌演化、长度/密度数据曲线、统计数据文档。

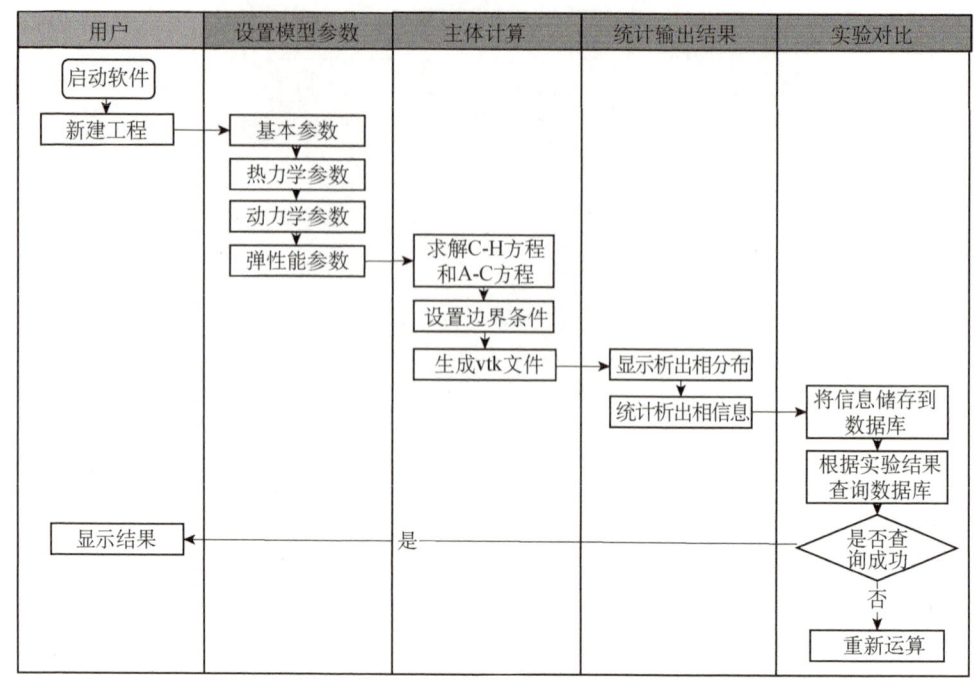

图 5-4 系统基本结构图

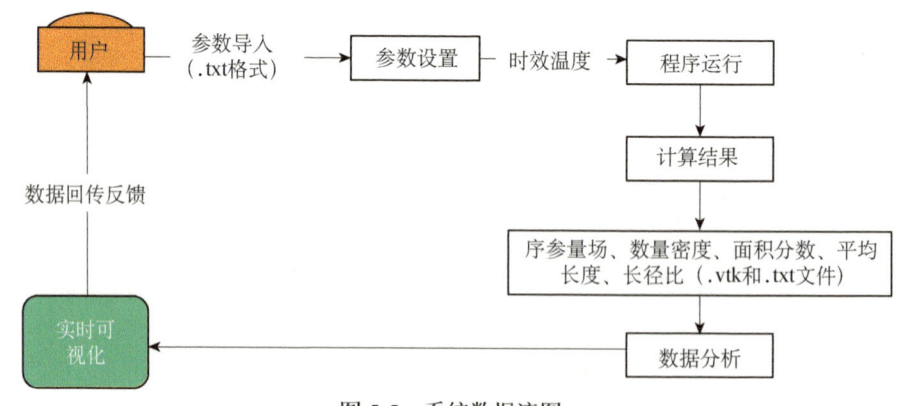

图 5-5 系统数据流图

5.3.2.2 系统数据信息

本系统数据字典主要包括材料参数、模型参数、浓度序参量场和结构序参量场信息、析出相数据统计信息和析出相曲线统计信息五个部分，分别如表 5-1～表 5-5 所示。

表 5-1 材料参数

定义	材料参数信息=材料成分+热力学参数+动力学参数+弹性能参数
位置	输入系统参数输入端

表 5-2 相场模型参数

定义	基本信息=模拟区域+初始条件+边界条件+模拟步长参数+输出间隔参数+程序终止参数
位置	输入系统参数输入端

表 5-3 浓度和结构序参量场

定义	浓度场和结构序参量场信息=析出相分布+析出相元素分布+应力场分布
位置	输出到视图功能

表 5-4 析出相数据计算

描述	描述析出相分布和性质，是验收指标
定义	析出相数据统计=析出相数量密度+面积分数+平均长度+长径比
位置	输出到视图功能

表 5-5 析出相数据统计曲线

描述	实时查看析出相分布状态
定义	析出相统计信息=析出相数量密度曲线+面积分数曲线+平均长度曲线
位置	输出到视图功能

5.3.2.3 系统 ER 图

实体-联系图（Entity-Relationship Diagram），称为 ER 图。利用 ER 图有助于设计者清晰地理解数据结构，包括实体、属性和它们之间的关系。气缸盖宏观温度场节点信息数据与合金析出组织相场软件的数据映射关系如图 5-6 所示，整个气缸盖按照空间坐标细分为不同小区域，每个区域具有对应的网格节点信息和时效热处理温度信息，这些参数作为时效析出的输入参数，映射到材料级析出相软件。通过合金材料参数、双相析出相场模型可以编译程序，得到析出相的材料级组织形貌和参数信息。

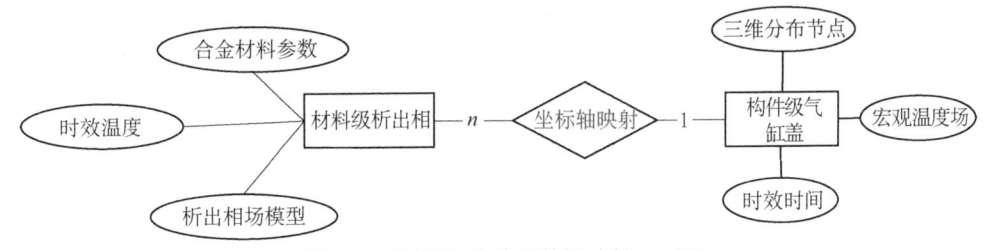

图 5-6 材料级-构件级数据映射 ER 图

5.3.2.4 系统运行状态图

如图 5-7 所示为系统的整体运行状态示意图。

首先是欢迎界面，在此界面上用户可以进行计算记录，包括记录计算次数、计算组数等信息；如果暂时不想运行程序，可以进入游客模式，直接退出程序。

而后，在欢迎界面上点击"新建"项目进行析出相计算设置。点击"选择"界面选择相应合金元素和模拟维度，单击后进入系统主界面，主界面包括基本参数设置和热动力学参数设置。在主界面上设置网格参数、合金浓度、模拟步数和输出间隔等常用参数，然后在热力学、动力学和弹性能参数界面中进行相应设置。

计算参数设置好之后，进入相场程序运行模块，点击"新建文件夹"保存模拟结果，然后进入"运行"菜单，设置有运行、暂停、继续和结束按钮，如果有突发情况可以人为终止计算。

本系统计算结果目前设置有两种后处理方式，一种是生成.vtk 文件借助 Paraview 等软件可视化；另一种是直接利用可视化模块查看二维和三维结果，支持显示析出相形貌、元素分布和应力状态。

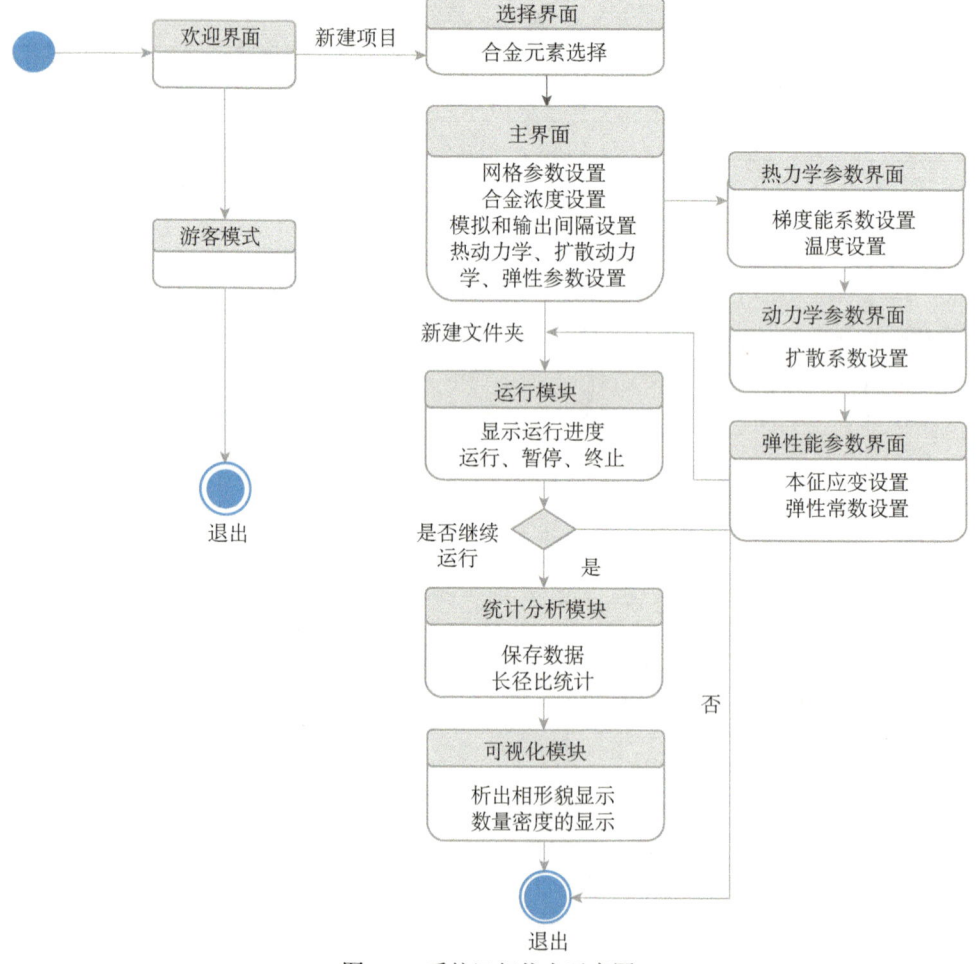

图 5-7　系统运行状态示意图

5.3.3 模块功能设计需求

系统具有以下几个核心模块：

（1）参数设置模块，负责系统中所有参数设置，包括基本参数、热力学参数、动力学参数和弹性能参数。

（2）求解模块，负责相场方程构建和迭代求解。

（3）数据统计及可视化模块：负责模拟结果显示，统计析出相数量密度、面积分数、长径比和平均长度信息，并显示相应曲线，为用户决策提供支持。

（4）结果保存模块：负责生成.jpg 格式、.vtk 格式和.txt 格式文件，使模拟结果安全、稳定保存。

此外，还包括以下辅助模块：

（1）通知提醒模块：负责提醒发生事项消息，确保用户可以正确使用软件。

（2）案例查看模块：负责查看已经存在的结果，帮助用户校对模拟结果。

（3）监视器模块：负责实时监视运算过程，确保实时掌握模拟进展。

如图 5-8 所示为系统功能示意图。主要包括核心模块（参数设置、相场序参量计算、数据统计与可视化和结果保存）和辅助模块（通知提醒、案例查看和监视器）。

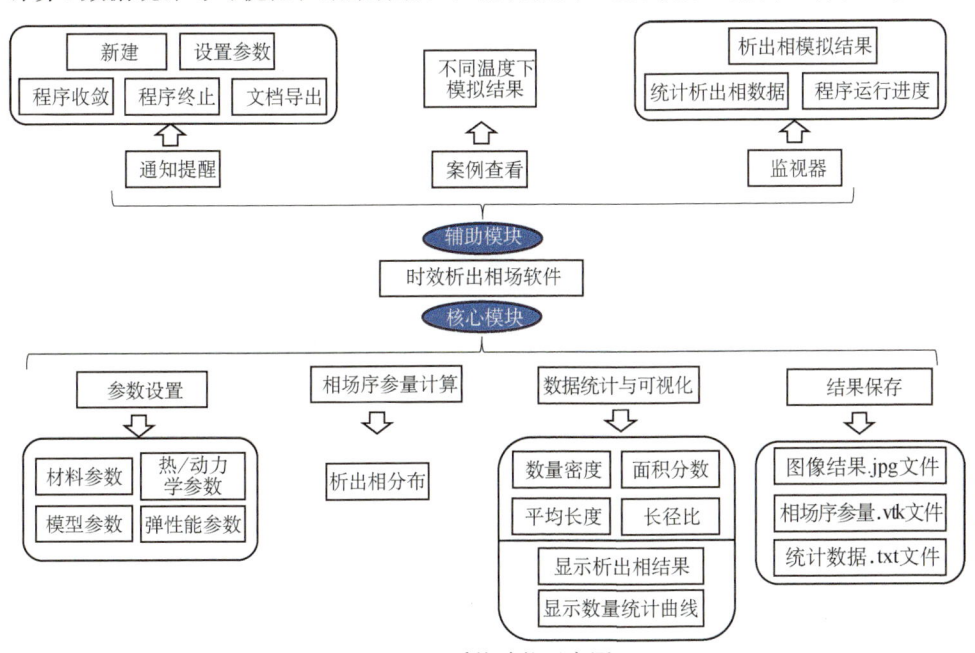

图 5-8 系统功能示意图

核心模块具体如下：

（1）参数设置：为相场序参量计算提供必要参数，主要包括材料参数、模型参数、热力学参数、动力学参数和弹性能参数。模型参数包括模拟区域设置、程序运行步数、输出间隔、程序收敛参数和程序终止参数,热/动力学和弹性能参数可根据铝合金材料参数进行查找和计算,包括合金的初始浓度信息、梯度能系数、本征应变、实际热处理工艺温度等,该模块主要是用户输入模块。

(2) 相场序参量计算:是核心功能。首先将参数导入相场序参量控制方程,利用半隐式傅里叶谱方法求解 C-H 和 A-C 方程,根据收敛条件进行收敛判断,最终计算得到浓度序参量场 c_i、结构序参量场 η_p、和应力应变场数值。

(3) 数据统计与可视化:包括数量密度、面积分数、平均长度和长径比的统计,并将统计信息输出为曲线,同时显示析出相组织演化图。通过该模块,用户可以方便快捷的查看析出相组织图和统计曲线信息。

(4) 结果保存:保存演化图文件(.jpg)、析出相文件(.vtk)和统计文件(.txt),该模块作用是将模拟结果进行保存输出,便于用户进行下一步分析。

辅助模块主要包括通知提醒模块、案例查看模块和监视器模块。

(1) 通知提醒模块需求:贯穿用户整个操作过程,包括:提醒用户建立文件夹用于储存计算结果,设置参数和参数报错提示用于使参数合理化、提高计算效率,程序收敛及终止提示用于提醒用户程序运行状态,文档导出提示则提示用户是否导出成功。

(2) 案例查看模块需求:方便用户提前查看不同温度场下的模拟结果。

(3) 监视器模块需求:方便用户实时查看模拟结果及统计的数据信息,对整个程序运行过程进行监视记录。

5.3.4 系统接口需求

(1) 处理导入参数。

接口:与文件系统接口。

功能:读取用户上传的数据参数文件,对文件进行处理。

要求:校验文件的完整性和有效性。

(2) 参数设置。

接口:与参数设置模块接口。

功能:识别并修改参数文件,将参数传递给相场模型计算模块。

要求:支持从文件导入数据,参数传递需准确无误。

(3) 相场方程计算。

接口:与相场计算模块接口。

功能:读取相场计算的结构序参量场、浓度序参量场等数据,传递给数据统计及可视化模块。

要求:参数传递需准确无误。

(4) 数据统计及可视化。

接口：与数据统计及可视化模块接口。

功能：统计并显示析出相模拟结果和分布状态。

要求：准确统计、清晰可视化。

(5) 结果保存。

接口：与结果保存模块接口。

功能：保存模拟结果和统计结果数据。

要求：支持数据的存储、检索及管理；确保数据持久化储存，支持结果查询和恢复。

(6) 监视器。

接口：与监视器模块接口。

功能：获取并显示相场模拟结果和后处理统计数据。

要求：支持从相场计算和数据统计及可视化模块传递、检索数据，数据要实时更新。

5.3.5 界面设计需求

界面设计遵循简洁、易用、美观原则，以下为部分关键界面设计：

(1) 首页：展示析出相场软件的主要模拟结果、相场方程、菜单栏导航等，便于用户快速了解软件。

(2) 参数设置页面：包括铝合金的材料参数、相场模型参数、热力学/动力学参数和弹性能参数界面。相场模型参数界面需要包括初始条件设置（网格数量、网格间距和合金初始浓度），边界条件设置（计算时间步长、输出间隔步长和用于判断是否终止计算的析出相平均长度），热力学参数界面包括梯度能系数和模拟温度，动力学参数界面包括合金元素的频率因子和扩散激活能，弹性能参数包括元素的本征应变、基体相和析出相的弹性常数。参数设置界面提供修改参数和超出参数范围报错的功能。

(3) 可视化页面：在菜单栏设置显示功能，展示析出相二维和三维等高线结果，包括析出相形貌、元素分布和应力应变分布；展示析出相的统计信息，包括析出相的平均长度、数量密度和面积分数曲线，允许用户保存结果。

(4) 结果保存：提供所有计算结果的保存功能和数量密度、面积分数和平均长度数据的 txt 文档导出功能。

(5) 监视器界面：提供程序运行进度条显示、实时的析出相模拟结果和统计的平均长度曲线信息和文本信息，便于用户实时监控程序运行过程。

5.3.6 数据结构类型

表 5-6、表 5-7 列出析出相软件的输入数据及输出数据，实际开发中可以随时调整。

表 5-6 析出相输入数据

变量名	数据类型	输入实例	数据描述
Nx	int	128	网格大小
Ny	int	128	网格大小
dx	float	1.0	网格间距
dy	float	1.0	网格间距
temp	int	443	模拟温度
CAl	float	0.9211	Al 元素浓度
CSi	float	0.068	Si 元素浓度
CCu	float	0.0064	Cu 元素浓度
CMg	float	0.0045	Mg 元素浓度
cm11	float	133.2e9	基体相弹性常数 c11
cm12	float	62.6e9	基体相弹性常数 c12
cm44	float	22.5e9	基体相弹性常数 c44
cpQ11	float	150.94e9	Q' 相弹性常数 c11
cpQ12	float	41.08e9	Q' 相弹性常数 c12
cpQ44	float	31.6e9	Q' 相弹性常数 c44
cpthea11	float	169.25e9	θ' 相弹性常数 c11
cpthea12	float	76.59e9	θ' 相弹性常数 c12
cpthea44	float	31.45e9	θ' 相弹性常数 c44
ei0si	float	0.00342	Si 元素本征应变
ei0cu	float	0.001073	Cu 元素本征应变
ei0mg	float	0.00286	Mg 元素本征应变
nstep	int	10000	模拟步长
dtime	float	0.1	时间间隔
ALength	float	18.2	峰值时效长度
grcoef_si	float	3.5e-15	Si 的梯度能系数
grcoef_cu	float	3.5e-15	Cu 的梯度能系数
grcoef_mg	float	3.5e-15	Mg 的梯度能系数
D0Al	float	1.76e-4	Al 的频率因子
Q0Al	float	1.265e5	Al 的扩散激活能
D0Si	float	0.35e-4	Si 的频率因子
Q0Si	float	1.239e5	Si 的扩散激活能
D0Cu	float	0.31e-4	Cu 的频率因子
Q0Cu	float	1.17e5	Cu 的扩散激活能
D0Mg	float	1e-4	Mg 的频率因子
Q0Mg	float	1.34e5	Mg 的扩散激活能

表 5-7 析出相输出数据

文件名	文件描述
time_nstep.vtk	析出相形貌文件
Aspect Ratio.txt	析出相长径比文件
Number density.txt	析出相数量密度文件
Area Fraction.txt	析出相面积分数文件
Average Length.txt	析出相平均长度文件

5.4 时效析出相场软件设计

5.4.1 基础界面设计

设计并实现用户友好的软件界面，包括菜单栏和状态栏等，便于用户轻松使用软件功能。单个界面设计流程如图 5-9 所示，主要利用 Tkinter 工具包创建和设计窗口、按钮、文本框。根据框架依次进行菜单栏设计和状态栏设计，界面框架创建好之后，在菜单栏和显示界面中设置功能按钮，再利用相应的文本框和标签框显示相应的功能信息。

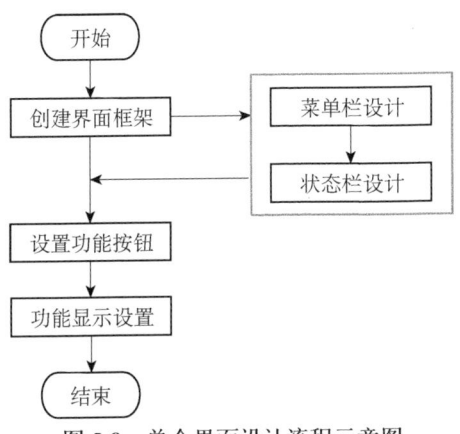

图 5-9 单个界面设计流程示意图

如图 5-10 所示的单界面设计。首先根据使用需求设置菜单栏和状态栏，菜单栏位于界面顶部，状态栏位于界面中部和底部。菜单栏包括"文件（F）"、"编辑（E）"、"视图（V）"、"数据库（D）"、"运行（R）"和"帮助（H）"菜单，直接用鼠标点击即可选取。

在"文件"工具菜单中设置了"新建项目"、"选择文件夹"、"文件导出"、"导入参数"和"退出"功能。

基本界面的状态栏包括主界面状态栏和监视器状态栏，用于显示当前模拟步数、模拟进度、析出相形貌、统计析出相信息，析出相状态曲线，便于用户实时监控整个程序运行状态。

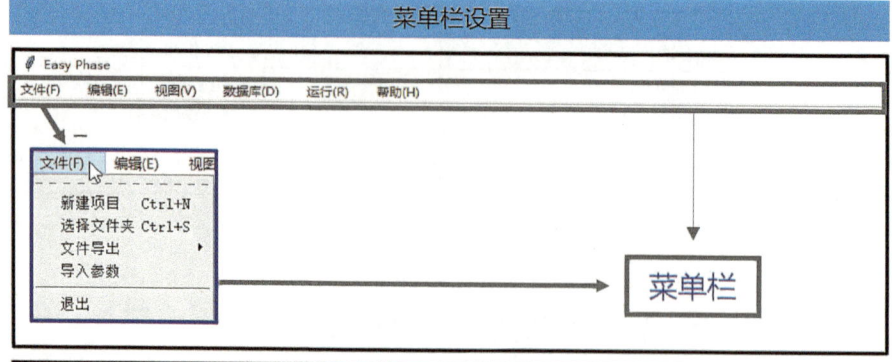

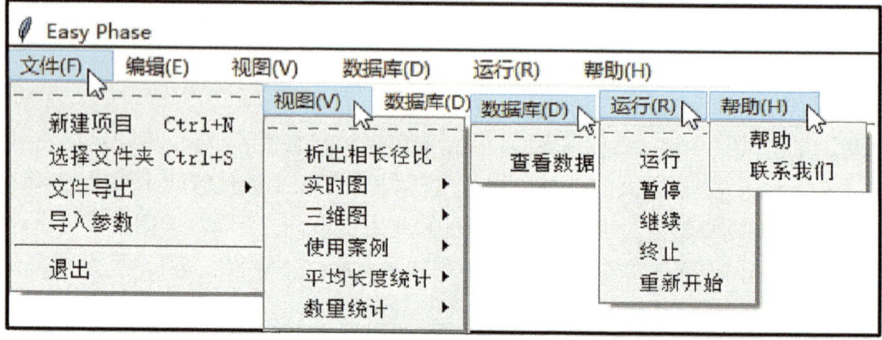

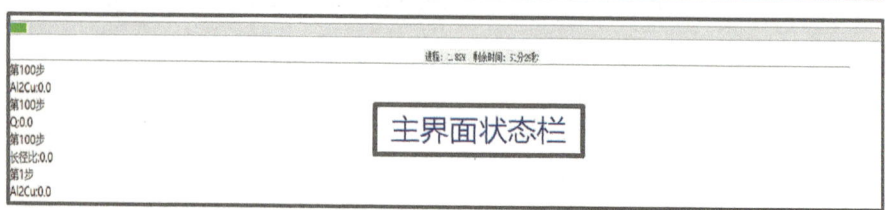

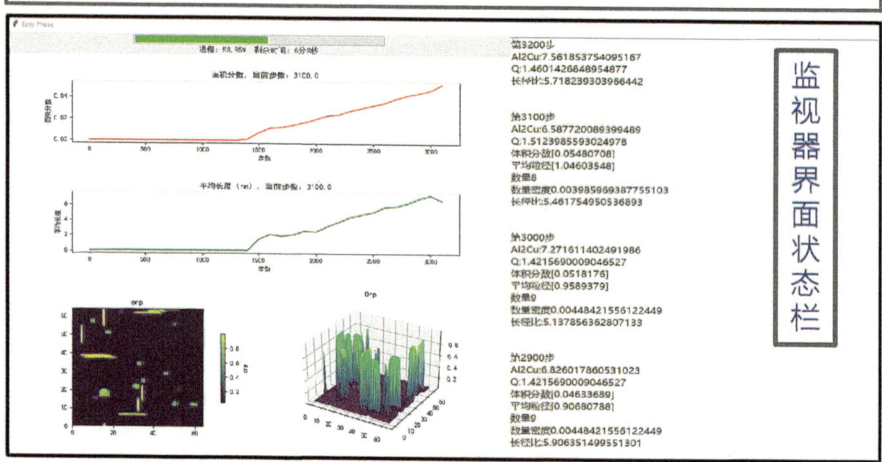

图 5-10 单个界面设计举例

5.4.2 模型参数设置界面

如图 5-11 所示，模拟参数设置界面除了基本的菜单栏和状态栏外，还包括程序运行的初始条件、边界条件和材料的物性参数。在主界面设置了程序的初始条件和边界条件，子界面设置了材料的物性参数。初始条件包括模拟区域的网格数量、网格间距和材料初始浓度，边界条件包括模拟时间步长、输出间隔和程序收敛判断，材料物性参数包括材料的热力学参数、动力学参数和弹性能参数。

主要代码：
selected_items = listbox.curselection()：获取用户选择的元素。
selected_items = [listbox.get(i) for i in selected_items]：获取选择的具体元素。
frame1.destroy()：销毁当前框架。
frameAlSiCuMg = Frame(root, bg='white'：创建新框架。
frameAlSiCuMg.pack()：配置新框架。
root.geometry("650×650")：设置窗口几何属性。
root.title("AlSiCuMg 实验模拟界面")：设置窗口标题。
text_zhujiemian = tk.Text(frameAlSiCuMg, font= height=5)：创建一个多行文本框。
grid_num = StringVar()：定义并初始化参数变量。
设置标签：
C Label(frameAlSiCuMg, text = "网格设置").grid row=1, column=0)
Label(frameAlSiCuMg, text = "初始浓度设置")
grid (row = 6, column = 0)
u_concentration = StringVar()在框架中创建标签
def read_params_from_file(filename)：定义函数。
params = {}：初始化参数字典。
with open(filename, "r") as file：打开文件。
return params：返回参数字典。
param_vars = {：创建字典，将参数名与 StringVar 对象关联。
"grid_num": grid_num,
"grid_len": grid_len,
"Cu_concentration": Cu_concentration,
def update_params_from_file(filename)：定义函数。
params = read_params_from_file(filename)：读取文件参数。
for param, value in params.items()：遍历参数字典。
if param in param_vars：检查参数是否在字典中。
param_vars[param].set(value)：更新界面参数。

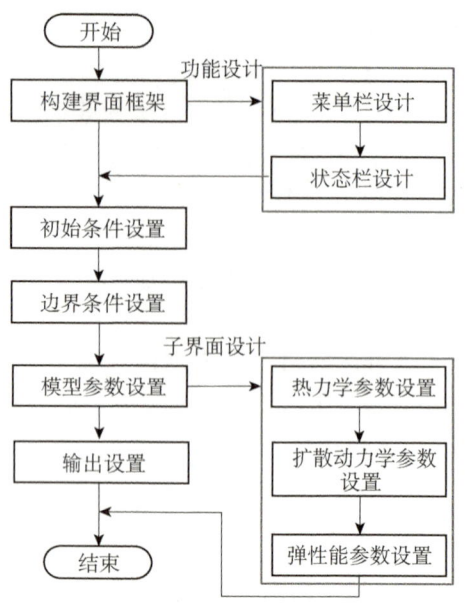

图 5-11 模型参数界面设计流程图

如图 5-12 所示为完成的参数界面。

图 5-12（a）为主界面，包含计算区域设置（网格设置、输出设置、快捷按钮）、合金成分设置（合金初始浓度）以及模型参数设置（由于合金的热力学/动力学参数和弹性能参数较多，所以单独设置三个参数界面）。

图 5-12（b）为材料热力学参数子界面之一，显示了材料梯度能系数，以及模拟温度，用户可以根据不同温度需求设置温度范围。

图 5-12（c）为材料动力学参数子界面，包括合金元素的频率因子和扩散激活能。

图 5-12（d）为弹性能参数设置子界面，包括基体和析出相的弹性模量、本征应变和外加应力设置。

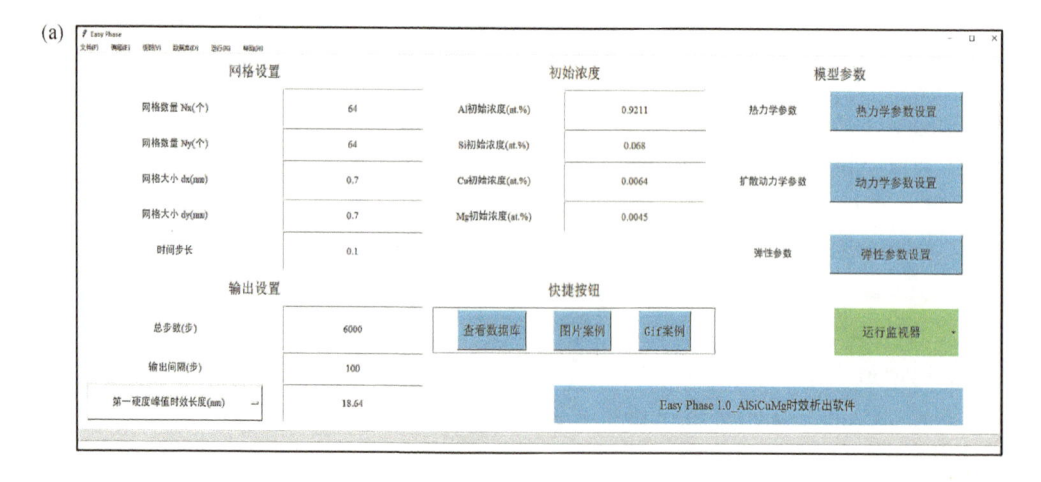

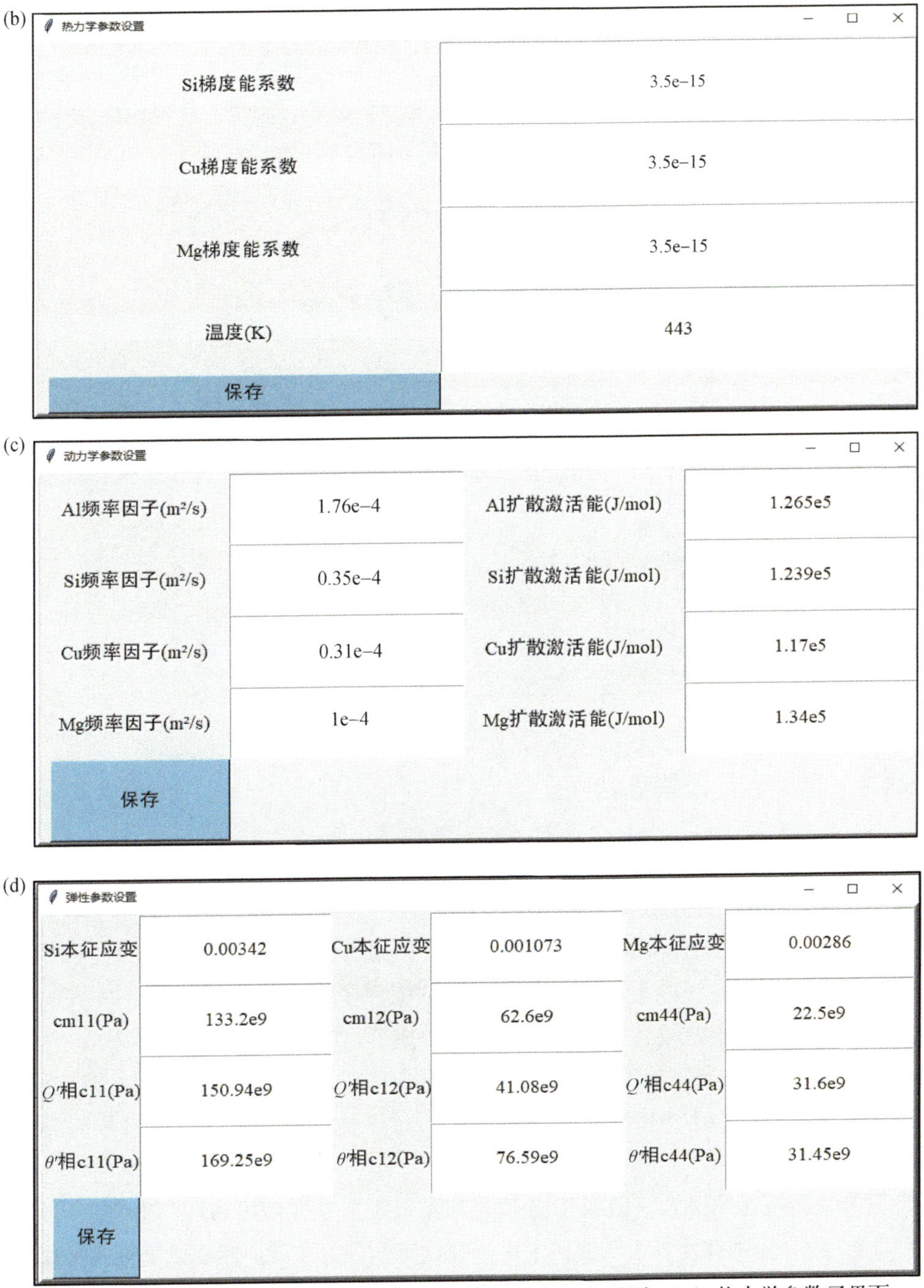

(b) 热力学参数设置

Si梯度能系数	3.5e-15
Cu梯度能系数	3.5e-15
Mg梯度能系数	3.5e-15
温度(K)	443

保存

(c) 动力学参数设置

Al频率因子(m²/s)	1.76e-4	Al扩散激活能(J/mol)	1.265e5
Si频率因子(m²/s)	0.35e-4	Si扩散激活能(J/mol)	1.239e5
Cu频率因子(m²/s)	0.31e-4	Cu扩散激活能(J/mol)	1.17e5
Mg频率因子(m²/s)	1e-4	Mg扩散激活能(J/mol)	1.34e5

保存

(d) 弹性参数设置

Si本征应变	0.00342	Cu本征应变	0.001073	Mg本征应变	0.00286
cm11(Pa)	133.2e9	cm12(Pa)	62.6e9	cm44(Pa)	22.5e9
Q'相c11(Pa)	150.94e9	Q'相c12(Pa)	41.08e9	Q'相c44(Pa)	31.6e9
θ'相c11(Pa)	169.25e9	θ'相c12(Pa)	76.59e9	θ'相c44(Pa)	31.45e9

保存

图 5-12 Al-Si-Cu-Mg 合金时效析出相模拟界面设计。(a) 主界面；(b) 热力学参数子界面；(c) 动力学参数设置子界面；(d) 弹性能参数设置子界面

完成基本参数界面设置之后，还设计了四种提示界面，用来提醒用户选择文件

夹进行参数设置，如图 5-13 所示，分别为"未选择文件夹"、"请先设置热力学参数"、"请先设置扩散动力学参数"和"请先设置弹性参数"界面。用户在使用时，如果已经选择了文件夹并设置了参数，不会弹出提示框；如果未选择相应命令，则需要按照提示信息操作后，提示框才会消失，进入下一步。

图 5-13 提示界面设计

5.4.3 程序运行模块设计

程序运行模块主要包括相场方程迭代求解和程序运行过程中的"暂停"、"运行"、"终止"和"重新开始"命令的设置，如图 5-14 所示。

程序开始运行后，判断状态是否暂停，如果选择暂停，则继续判断，如果判断为否，则进入是否终止程序判断，如果是则程序终止，结束运行。如果为否，则进行相场方程求解设置，首先导入合金的成分、时效温度、热力学参数、动力学参数和弹性能参数，设置初始条件和边界条件，然后求解相场方程，得到浓度序参量场 c_i、结构序参量场 η_p，判断是否收敛，最后生成 .vtk 文件，保存相应数据，结束。

运行和保存结果界面如图 5-15 所示，参数设置完成后可通过单击左上角菜单栏"文件"下"选择文件夹"选择本次计算结果的保存位置，图中以文件夹"3333"中的"output"文件夹为例。选择完成后，单击菜单栏"运行"的"运行"按钮开始运行程序。其余按钮功能如下：

"暂停"：暂停程序（建议暂停时间不要超过 50s，否则暂停键会失效）；

"继续"：解除暂停，程序继续运行；

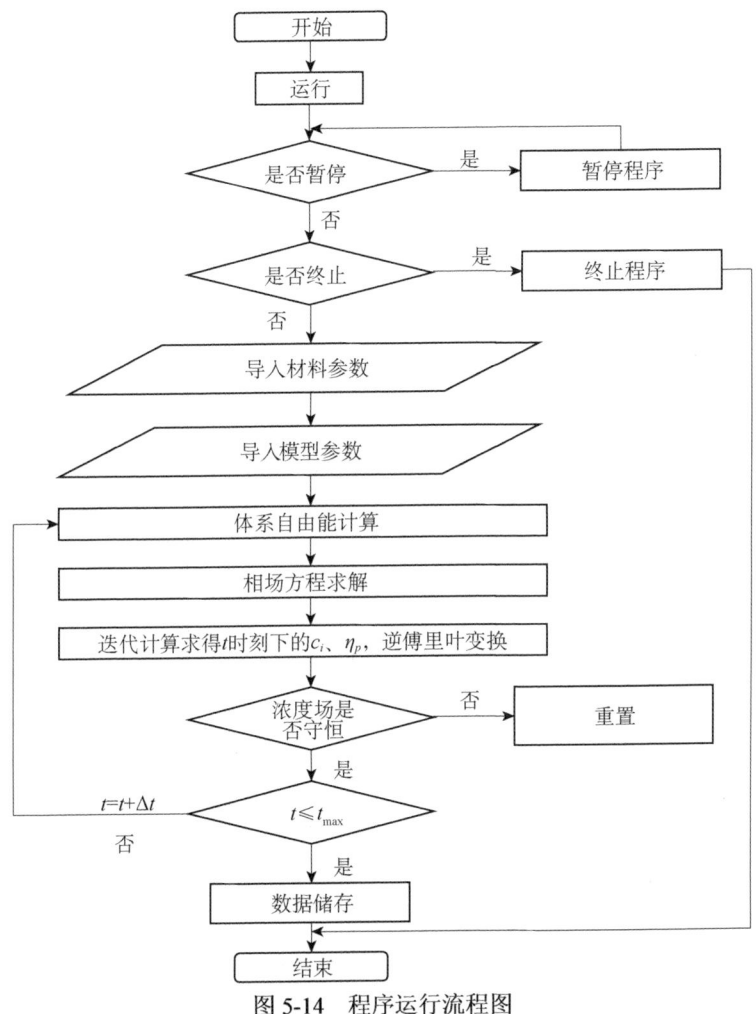

图 5-14 程序运行流程图

"终止":终止本次模拟,无法通过"继续"开始模拟;

"重新开始":清空上次缓存,点击后可通过单击"运行"重新开始计算。

主要涉及的运行控制类伪代码有:

将 pause_event 事件设置为已触发(即调用 pause_event.set()),表示程序应该进入暂停状态。

打印"pause"到控制台。

(可选)将"\n 暂停"插入到 text_log 文本框中。

清除 pause_event 事件(调用 pause_event.clear()),表示程序应该恢复运行。

打印"resume"到控制台。

(可选)将"\n 继续"插入到 text_log 文本框中(注释行)。

图 5-15　运行及保存模拟结果界面设计

5.4.4　后处理设计

　　数据统计和可视化主要用以统计析出相长径比、显示析出相形貌、组元浓度分布和周围应力状态。可视化可以利用 Paraview 软件，同时也开发了可以实时显示计算结果的代码，如图 5-16 所示，主要思路是储存数据和数据实时显示，设置有多种显示色标，所有结果都可以保存为图片，便于后续分析调用。

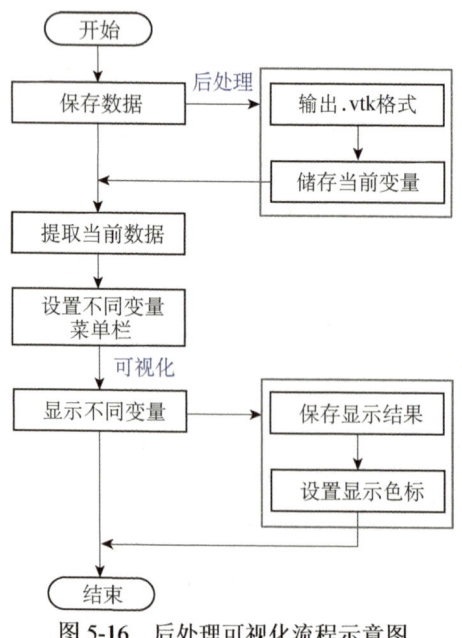

图 5-16　后处理可视化流程示意图

我们以二维模拟结果的可视化为例,如图 5-17 所示,点击"视图"然后选择"实时图",就可以展开所有输出的变量名,包括双析出相和单析出相。然后点击"双相",可在单独窗口显示二维双相的模拟结果。在窗口上方设置"文件"和"视图"两个菜单栏,在"文件"菜单栏中设置"保存图片"按钮,点击"保存图片",选择文件夹即可保存当前结果,"视图"菜单栏中设置色标,可根据实际需求更换色标。

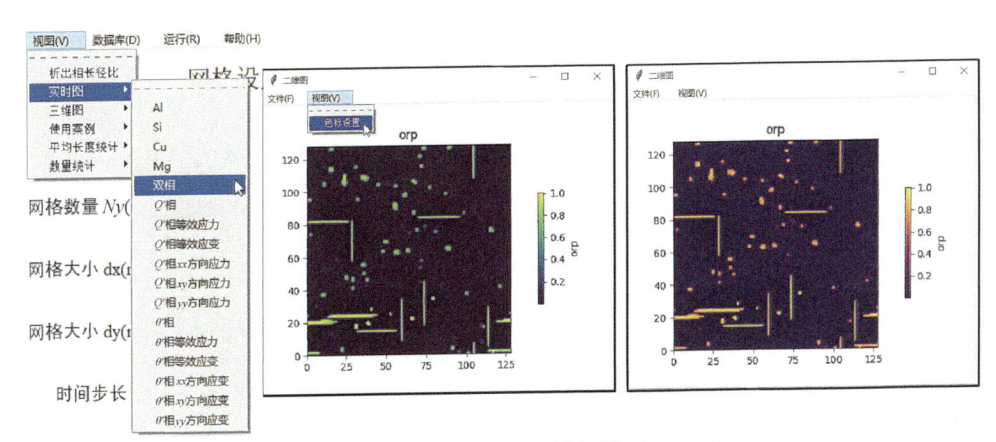

图 5-17　二维双相析出相场模拟结果显示界面

5.4.4.1　析出相长径比统计

"析出相长径比统计"是一个单独的功能模块,利用图像识别技术,考虑对图像中多个对象或者多个轮廓进行统计计算,这里主要考虑析出相的平均长径比和标准长径比。

"平均长径比"是指所有长径比值总和除以长径比值个数。它是描述数据集中趋势的一种指标,可以反映数据整体的平均水平。平均长径比越大,表示数据整体倾向于较大长径比值,反之则表示数据整体倾向于较小长径比值。"标准长径比"衡量数据集合中各个长径比值与平均长径比之间的差异程度。标准长径比越大,表示数据分布越分散,数据点之间差异性越大;标准长径比越小,表示数据分布越集中,数据点之间差异性越小。

(1) 计算平均长径比。

①先对图像进行边缘检测和轮廓提取,获取所有物体轮廓;

②针对每个轮廓,计算其长径比,然后将所有长径比值求和;

③将求和的值除以轮廓数量,即得到平均长径比。

$$aspect\_ratio = \frac{l}{b} \tag{5-1}$$

式中，$aspect\_ratio$ 为长径比；l 为单个轮廓的长度；b 为单个轮廓的宽度。

$$average\_aspect\_ratio = \frac{total\_aspect\_ratio}{count} \quad (5\text{-}2)$$

式中，$average\_aspect\_ratio$ 为平均长径比；$total\_aspect\_ratio$ 为长径比；$count$ 为轮廓个数。

（2）计算标准长径比。

①求出每个轮廓的方差；

②将方差值取平方根，即得标准长径比。

长径比方差值为

$$squared\_diff = \frac{1}{count}\sum_{i=1}^{count}(aspect\_ratio - average\_aspect\_ratio)^2 \quad (5\text{-}3)$$

式中，$squared\_diff$ 为长径比方差值；$aspect\_ratio$ 为单个轮廓的长径比；$average\_aspect\_ratio$ 为单个轮廓的平均长径比。

标准长径比为

$$standard\_squared\_diff = \sqrt{squared\_diff} \quad (5\text{-}4)$$

"析出相长径比"界面如图 5-18 所示。图中以已有文件夹"3333"中的"图片 8"和"图片 9"为例。点击"视图"菜单栏的下拉菜单中的"析出相长径比"，然后选中目标图片，图 5-18（b）和（c）分别为文件夹中"图片 8"和"图片 9"的统计结果。

主要可视化代码：

（1）用户选择图像文件。

changjingbi_window.geometry("{}x{}+{}+{}".format(window_width, window_height, x, y + 50))设置窗口位置和大小，使其在屏幕上居中显示。

filedialog.askopenfilename(title = "选择图像文件", filetypes = [("Image files", "*.png;*.jpg;*.jpeg;*.gif")])打开文件对话框，让用户选择一个图像文件。

io.imread(image_path)读取用户选择的图像文件。

image.shape[-1] == 4 检查图像是否包含 alpha 通道。

image = image[:, :, :3]如果图像包含 alpha 通道，移除 alpha 通道，将图像转换为标准 RGB 格式。

（2）将彩色图像转化为灰度图像。

color.rgb2gray(image)将彩色图像转换为灰度图。

filters.threshold_otsu(gray_image)使用 Otsu 阈值法计算灰度图二值化阈值。

gray_image > threshold_value 使用计算阈值对灰度图进行二值化。

morphology.remove_small_objects(bw_image)从二值图像中移除小对象（噪声）。

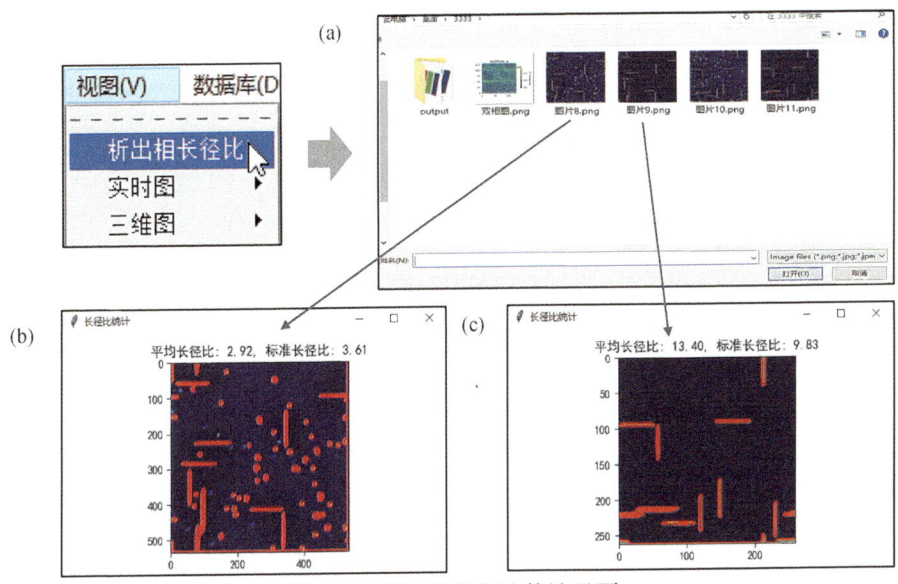

图 5-18 析出相长径比统计界面

（3）找到图像轮廓进行统计。

measure.find_contours(bw_image, 0.5)在二值图中找到轮廓。

measure.label(bw_image)标记二值图中连通区域。

measure.regionprops(label_image)计算每个连通区域属性（如面积、质心、主轴长度等）。

[region.major_axis_length / region.minor_axis_length for region in regions]计算每个区域纵横比（长径比）。

np.mean(aspect_ratios)计算所有区域长径比均值。

np.std(aspect_ratios)计算所有区域长径比标准差。

（4）绘制图像。

plt.subplots()创建一个新的 Matplotlib 图形和子图。

ax.imshow(image)在子图中显示原始图像。

ax.plot(boundary[:, 1], boundary[:, 0], 'r', linewidth=2)在图像上绘制轮廓。

FigureCanvasTkAgg(fig, master=changjingbi_window)创建一个 Tkinter 画布，将 Matplotlib 图形嵌入到 Tkinter 窗口中。

5.4.4.2 析出相平均长度显示

在"视图"菜单栏中设置有三个"平均长度"，包括"θ'相平均长度"、"Q'相平均长度"和"总平均长度"三个选项，用户根据实际需求导出平均长度曲线，平均长度界面显示结果如图 5-19 所示。

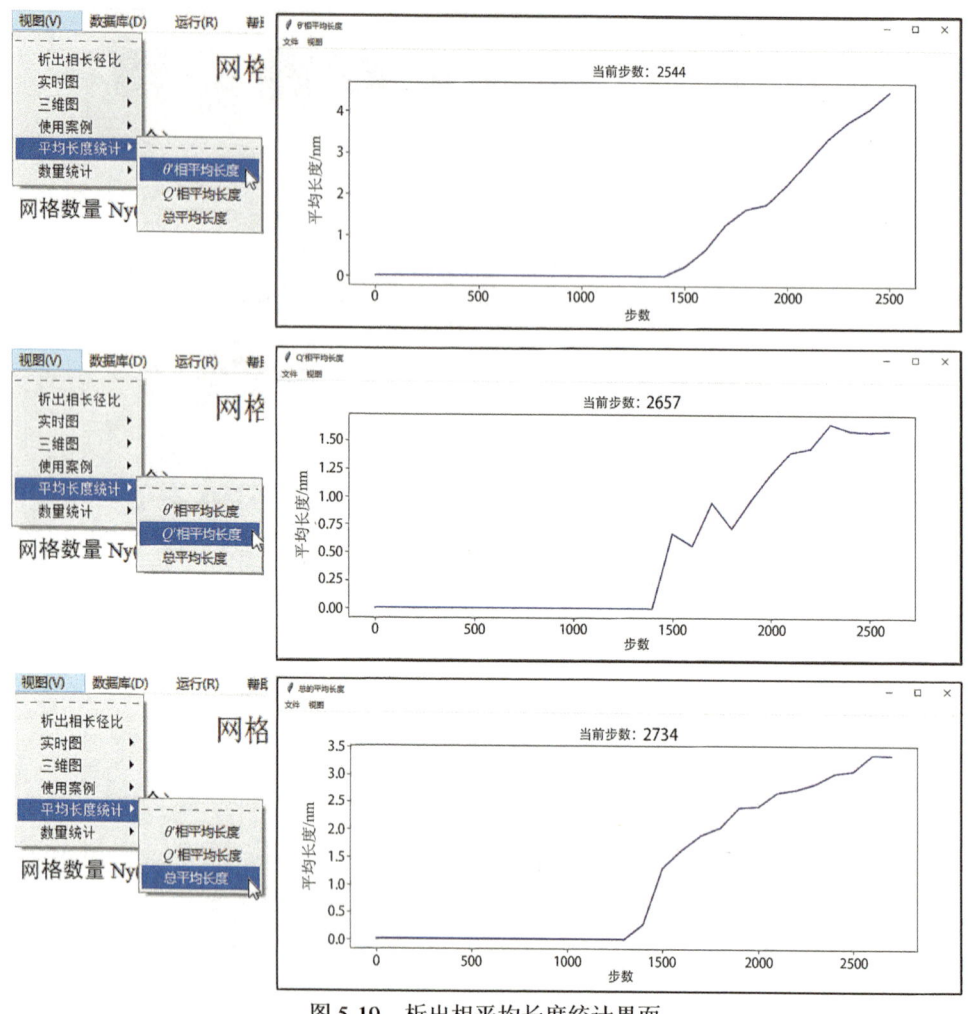

图 5-19　析出相平均长度统计界面

5.4.4.3　析出相数量密度显示

在"视图"菜单栏中设置有三个选项分别是"平均粒径"、"面积分数"和"数量密度",设计的界面及结果如图 5-20 所示。

5.4.4.4　参数导入功能

在"文件"的下拉菜单中设置"导入参数"选项,点击"打开文件夹",用户点击具体的参数文档即可导入文件,之后系统根据数据名称自行读取并匹配数据。参数导入功能的界面如图 5-21 所示。

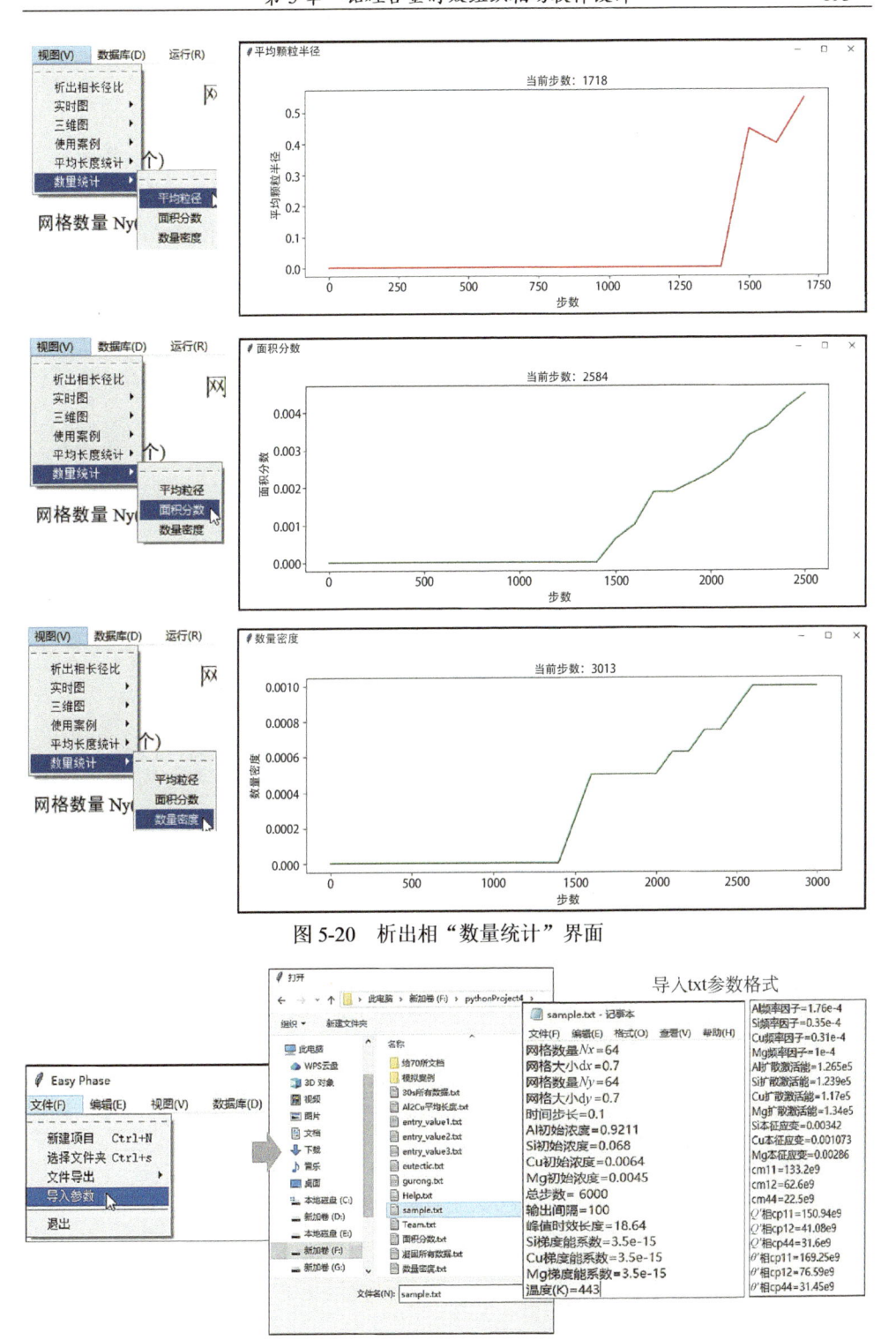

第 5 章　铝硅合金时效组织相场软件设计

图 5-20　析出相"数量统计"界面

图 5-21　"导入参数"界面设计

5.4.4.5 文件导出功能

文件导出功能主要是将析出相平均长度、面积分数和数量密度按文本形式导出，导出位置是最初选择的文件夹。点击"文件导出"后，提示相对应的"θ' 相-平均长度导出成功"、"面积分数导出成功"或"数量密度导出成功"，导出文件格式左侧为计算时间步数，右侧为数据。导出功能相应界面如图 5-22 所示。

图 5-22 "文件导出"界面

文件导出类主要代码为：

def Al2Cupingjunchangdu():

（1）定义一个函数 Al2Cupingjunchangdu，用于处理特定目录中的 .npy 文件，并将其合并保存为 .txt 文件。

output_folder = os.path.join(selected_folder, "output")

创建一个新文件夹路径 output_folder，连接 selected_folder 和子文件夹名称 'output'。

（2）使用 NumPy 的 np.load()，加载数据并赋值给 loaded_data。

NIteration_path = os.path.join(folder_path, "NIteration.npy")

构建 "NIteration.npy" 文件的完整路径。

IN_path = os.path.join(folder_path, "IN.npy")

构建 "IN.npy" 文件的完整路径。

（3）加载完数据合并后输出 .txt 文件：

output_file_path = os.path.join(selected_folder, "θ' 相-平均长度.txt")

构建输出文件的完整路径，文件名为"θ' 相-平均长度.txt"，保存在 selected_folder 中。

np.savetxt(output_file_path, combined_data, header = "Step 平均长度", fmt="%s", delimiter = "\t")

使用 NumPy 的 np.savetxt()将 combined_data 保存为以制表符分隔的文本文件"平均长度.txt"。

使用"Step 平均长度"作为文件的第一行标题。

使用%s 格式化字符串输出数据。

使用'\t'作为列之间的分隔符。

messagebox.showinfo(title = "提示", message = "θ' 相-平均长度数据导出成功")

在 GUI 中显示信息框，提示用户"θ' 相-平均长度数据导出成功"。

5.4.5 数据库界面

析出相软件数据库是基于不同时效温度创建的，根据温度索引导出储存数据，数据库界面设计如图 5-23 所示，点击"数据库"的下拉菜单的"查看数据库"，图中以 100 ℃结果为例，或者也可以直接在快捷按钮中点击"查看数据库"进行查看。

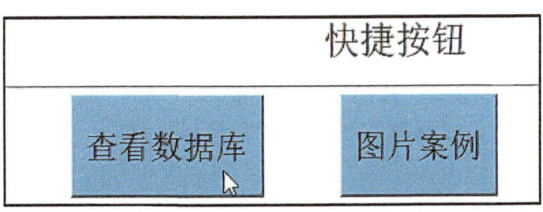

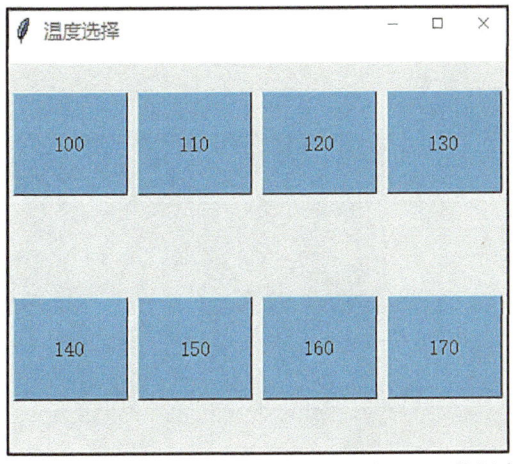

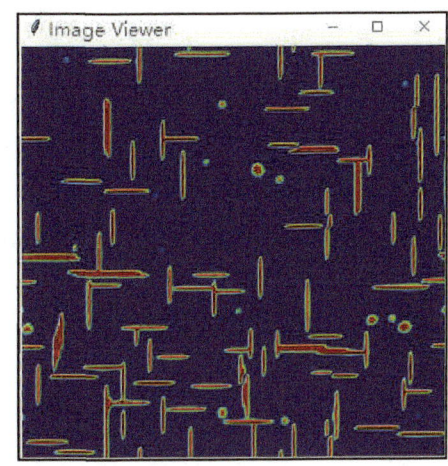

图 5-23 数据库界面设计

5.4.6　程序终止及收敛判断

程序终止运行与初始预设的平均长度有关，当统计平均长度大于预设长度时，程序终止；当统计平均长度与小于 1 时，程序终止，报错为"数据未收敛"，如图 5-24 所示。

图 5-24　程序收敛或终止界面

5.5　析出相模拟软件页面流程

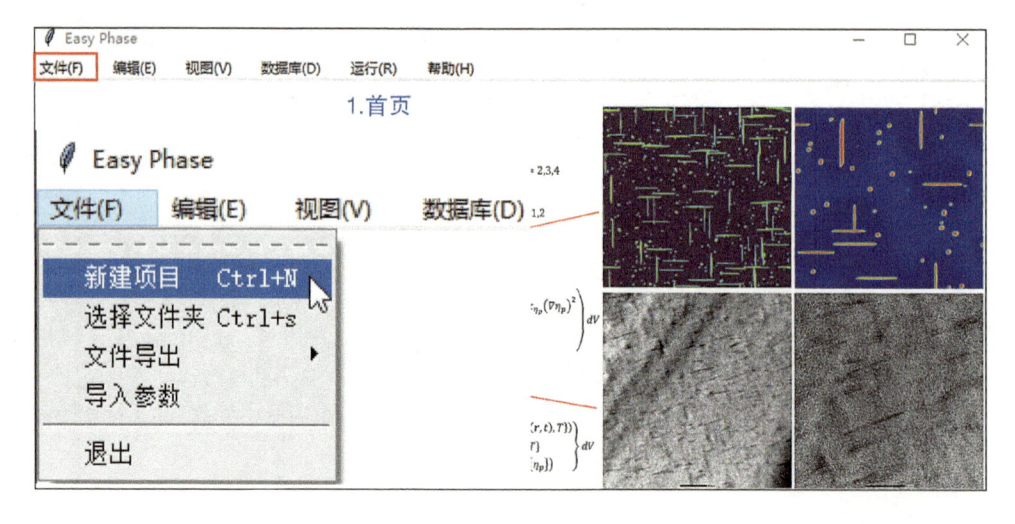

时效析出相场软件所有界面的页面流程示意图如图 5-25 所示。主要包括：（1）首页、（2）元素选择界面、（3）主界面、（4）显示界面和（5）后处理界面。

主要流程如下：选择首页中"文件"选项的下拉菜单"新建项目"，进入"元素选择"界面，分别选择 Al、Si、Cu 和 Mg 四种合金元素。点击"开始运行"进入主界面，在主界面中选择"新建文件夹"，然后设置材料热力学参数、动力学参数和弹性能参数，设置材料的初始条件和边界条件后，点击"运行"。然后点击"视图"进入显示模块，根据想要输出类型点击"实时图"或者"三维图"，进入后根据变量点击想要查看的结果，或者点击"监视器"按钮进入显示界面。最后将结果保存在文件夹中，利用后处理模块即可统计"析出相长径比"。所有计算模拟结果都可以保存图片。

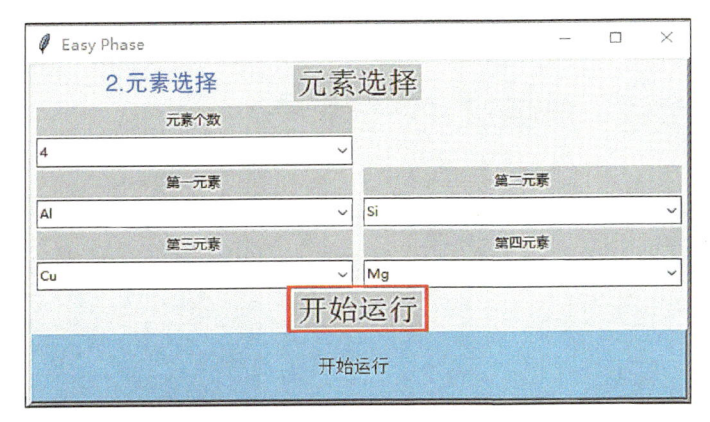

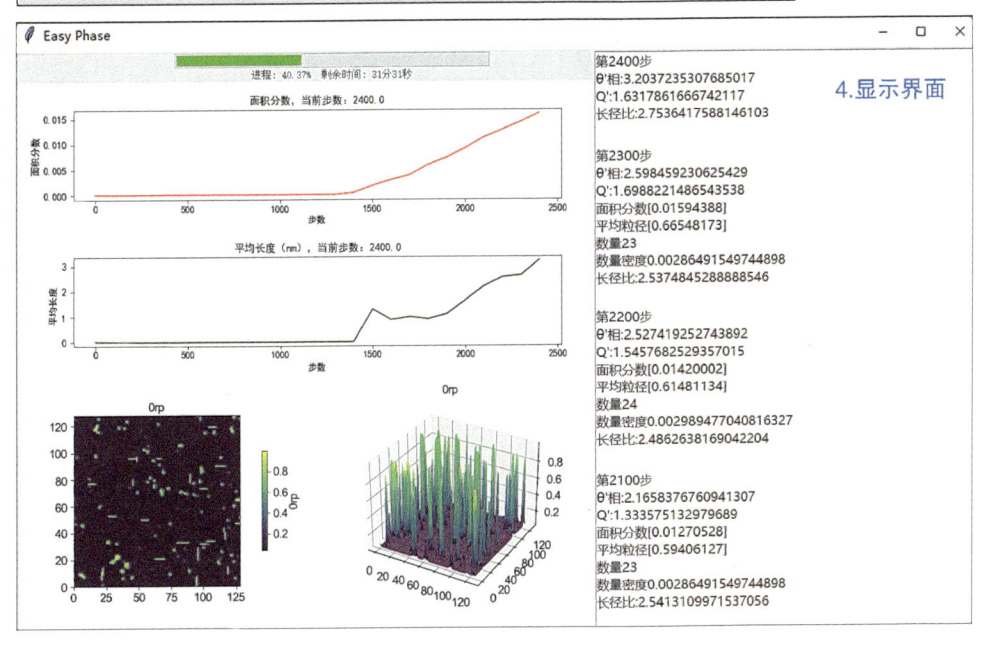

第 5 章 铝硅合金时效组织相场软件设计

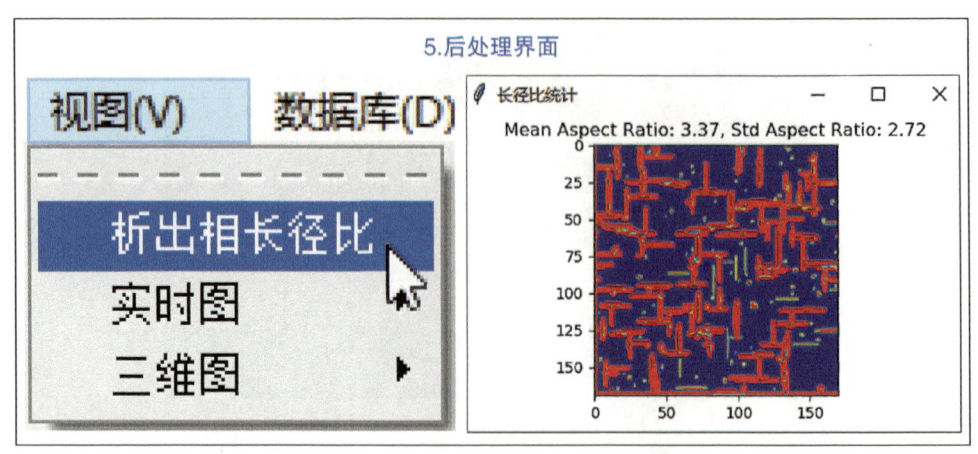

图 5-25　时效析出相场软件页面流程示意图

5.6　程序报错及解决

（1）文件读取错误。
错误信息：FileNotFoundError: [Errno 2] No such file or directory: "path_to_file"。
解决方案：
确认文件路径是否正确。
使用绝对路径而不是相对路径。
确保文件存在且具有读取权限。
（2）文件格式错误。
错误信息：csv.Error: line contains NULL byte。
解决方案：
检查文件格式，确保文件为纯文本格式且没有包含二进制数据。
使用正确的分隔符读取文件（如\t 或空格）。
（3）数据转换错误。
错误信息：ValueError: could not convert string to float: "some_string"。
解决方案：
确保文件中需要转换为浮点数的列数据确实为数字格式。
在转换前去除空格和其他非数字字符，使用 strip() 方法。
可以在转换前打印出数据，手动检查数据格式。
（4）列索引越界错误。
错误信息：IndexError: list index out of range。

解决方案：

确保读取的每行数据都有足够的列。

在使用列索引前先检查每行数据的长度。

def is_valid_row(row, required_columns):

return len(row) >= required_columns。

（5）Tkinter GUI 错误。

错误信息：_tkinter.TclError: no display name and no $DISPLAY environment variable。

解决方案：

确保在有图形界面的环境中运行 Tkinter 代码。

在服务器上运行时，确保 X11 转发已启用。

（6）空数据错误。

错误信息：ValueError: No data to plot。

解决方案：

确保文件中有数据，且数据行不是空行。

在处理数据前先检查数据是否为空。

if not data:

print("没有数据")。

（7）字段解析错误。

错误信息：KeyError: "some_column_name"。

解决方案：

确保文件的第一行包含正确的表头。

使用正确的列名称或索引访问数据。

（8）matplotlib 绘图错误。

错误信息：TypeError: 'Figure' object is not callable。

解决方案：

确保调用 matplotlib 的方法正确无误。

检查是否存在同名变量覆盖了 matplotlib 的对象。

（9）GUI 事件绑定错误。

错误信息：TypeError: <lambda> () takes 0 positional arguments but 1 was given。

解决方案：

确保在事件绑定时，lambda 表达式的参数与调用的函数参数一致。

button = tk.Button(root, text = "Click me", command = lambda: some_function (arg1, arg2))。

（10）内存溢出错误。

错误信息：MemoryError。

解决方案：

确保读取的数据量在内存允许的范围内。

尝试逐行读取和处理数据，而不是一次性读取所有数据。

5.7 本章小结

本章介绍了铝硅合金时效组织相场模拟软件系统的设计架构、模块划分、界面设计和功能设计。主要包括程序控制、参数设置、可视化、数据导入导出等核心功能，以及参数范围提示、通知提醒、帮助文档、案例查看和监视器等辅助功能。该时效组织模拟相场软件系统设计旨在方便、快捷和高效的完成 Al-Si-Cu-Mg 合金时效析出相场计算模拟和结果输出，有利于快速研究时效相变和析出强化机制，满足了用户需求。

第6章 气缸盖铸件相场模拟多尺度信息叠加软件设计

6.1 引　　言

如前所述，铝硅合金的凝固铸态组织主要是 Al 基体、共晶 Si 相和 θ'-Al$_2$Cu 相，时效热处理组织主要包含 θ'-Al$_2$Cu 相和 Q'-Al$_5$Cu$_2$Mg$_8$Si$_6$ 相。本章主要介绍如何基于凝固和时效的温度、时间等工艺参数对铝硅合金材料级共晶相、析出相的影响规律，设计气缸盖多尺度信息叠加模拟软件。用户可以预测凝固、固溶和时效过程中铝硅合金发动机气缸盖不同位置的共晶相、析出相组织，实现低成本、快速获得气缸盖凝固-固溶-时效处理后的共晶相、析出相分布信息。

6.2 设计需求分析

6.2.1 功能性需求

6.2.1.1 数据设计需求

（1）将用户提供的文本文件（.txt）用 Excel 工作表进行数据转换及筛选，将节点编号、X 坐标、Y 坐标、Z 坐标、温度和凝固时间数据各设置一列。

（2）将 Excel 中导出的数据（.xls）导入 Matlab，利用共晶组织相场模拟软件对每个冷却速率的凝固过程进行计算，利用析出组织相场模拟软件对每个温度的析出过程进行计算，获得对应的共晶相、析出相结果。

（3）将每个节点对应的坐标、温度、凝固时间、共晶相参数和析出相参数构成一个 .mat 数据集，并转换为 .txt 文件，作为气缸盖多尺度组织信息叠加软件的输入文件。

（4）气缸盖多尺度组织信息叠加软件需要能够识别由共晶相组织相场模拟软件导出的含节点坐标信息的 .txt 文件，并能够显示相应的三维云图。

6.2.1.2 结果显示需求

气缸盖多尺度组织信息叠加软件需包含多种结果显示方式，包括不同时刻冷却速率、温度、长径比的三维构件云图、不同节点位置的共晶相和析出相二维图、不同节点坐标对应的析出相、数量密度等文本文件。

6.2.1.3 用户界面需求

气缸盖多尺度组织信息叠加软件需要构建易于操作的用户界面，将集成软件设计为共晶相模块和析出相模块，每个模块中包含温度场/凝固时间分布、共晶相/析出相分布、宏观微观对应、文本文件导出四个小模块。

6.2.2 非功能需求

6.2.2.1 相场计算精度需求

气缸盖多尺度组织信息叠加软件需要实现对共晶组织相场模拟和析出相模拟数据的集成可视化与后处理，需要满足如下指标：
（1）共晶相平均长径比预测值与实测值偏差≤5%。
（2）析出相平均长度预测值与实测值偏差≤5%。

6.2.2.2 兼容性需求

建立数据、应用、安全等标准，统一规范数据格式，实现对共晶组织相场模块和析出相计算模块数据的集成，消除信息孤岛。
（1）运行操作系统为 Windows 平台。
（2）软件源代码编写语言使用 Python。
（3）数据库主要使用 Pandat 软件支持。

6.2.2.3 安全性需求

本次任务开发的气缸盖多尺度组织信息叠加软件设计有较强的安全机制、完善的数据备份和恢复机制，提供多种数据质量管理手段，保证数据、信息安全稳定运行。同时对源代码进行混淆多级加密，确保数据安全和隐私。

6.2.2.4 可维护性需求

系统设计标准化、规范化，具有完备的系统维护方案，并建立维护管理系统。系统建成正式使用后只做初始安装，以后的升级及版本调整需要能够自动维护，定期自动下载安装。

6.2.2.5 易操作性需求

软件操作界面采用统一风格，统一操作方式，功能清晰、简洁，具有层次感，避免复杂的菜单选择和窗口重叠，简化数据输入，便于操作和维护。软件使用方便、易学。同时，软件提供用户在线帮助信息。

6.3 软件整体设计

6.3.1 系统设计路线

气缸盖铸件的不同位置在凝固、固溶和时效过程中所经历的温度场不同，导致凝固共晶相、时效析出相的密度和尺寸也不同。考虑这个差异，设计研究方案如下：

（1）基于凝固共晶相组织预测和时效析出相组织预测的研究结果，进行不同温度条件下的相场模拟，获取凝固时间、温度梯度与共晶相、析出相的关系，得到空间节点的划分准则。

（2）对气缸盖凝固时间场和时效温度场文本文件进行处理，合理划分气缸盖等时间节点面和等温面。

（3）以等效/类比方法将材料级的共晶相平均长径比、析出相平均长度、密度等信息映射赋值到对应着的等时间节点面和等温面上，实现气缸盖构件级共晶相和析出相预测的目的。

（4）将气缸盖构件级共晶相和析出相信息输出为文本文件。

（5）软件开发：建立数据库、搭建用户界面、功能模块化以及数据可视化。在该软件中，对气缸盖任意位置，都能输出共晶相平均长径比、析出相平均长度、密度等信息，并输出形貌等可视化图片。

设计路线示意图如图 6-1 所示。

6.3.2 系统基本流程

在设计多尺度集成软件之前，首先需要处理宏观铸件的温度场数据，主要步骤：

（1）将用户提供的文本文件（.txt）进行读取筛选，将数据节点、X 坐标、Y 坐标、Z 坐标、温度和凝固时间各排一列，按照节点坐标一一对应。

（2）根据温度值设计温度范围，根据温度范围分组进行共晶相和析出相的组织模拟。

（3）统计共晶相和析出相的分布信息，并将信息数据按坐标节点映射，生成多尺度软件所需要的数据文档。

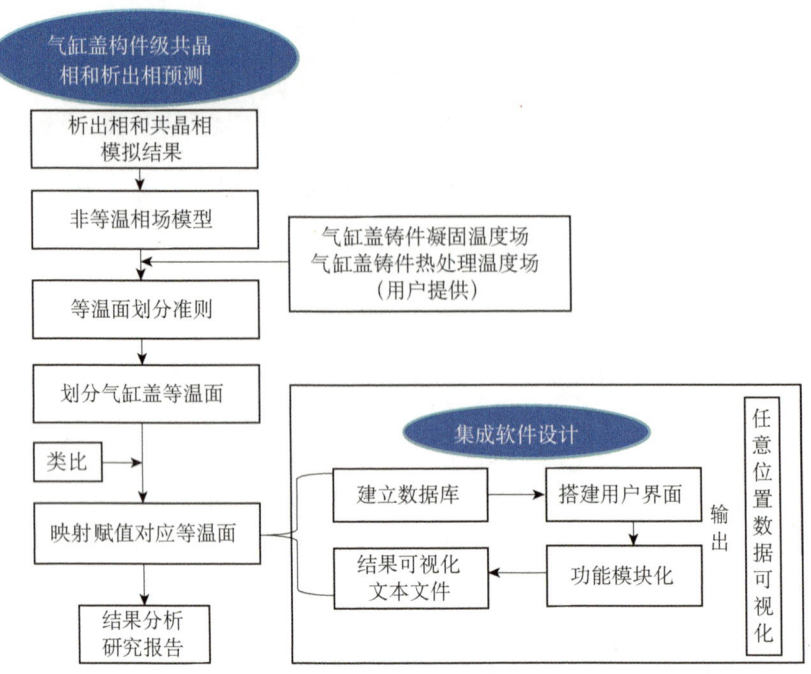

图 6-1　气缸盖构件级共晶相和析出相预测集成相场软件设计示意图

多尺度信息叠加软件的流程示意图如图 6-2 所示，将事先统计的与温度节点坐标相对应的文档导入相应的文件中，然后新建项目，根据研究内容，在项目中设置两个模块，一个是共晶模块、一个是析出模块。两个模块主要包含三部分内容：显示云图、导出文本文件和宏微观对应，共晶模块主要显示的是凝固时间和长径比，析出模块主要显示的是不同时刻的温度场和平均长度。

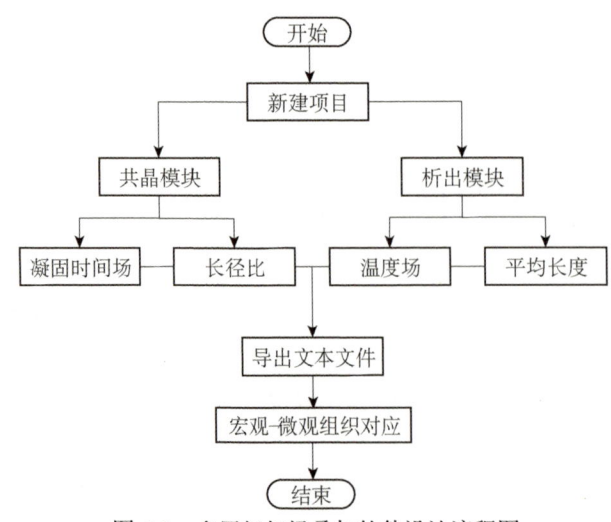

图 6-2　多层级相场叠加软件设计流程图

6.3.3 模块化结构

本系统通过数据耦合和控制耦合的方式耦合各个模块,模块独立性较高。各个模块功能明确,易于开发维护,系统基本结构如图 6-3 所示。

系统运行主要含两个模块,共晶模块和析出模块,两个模块中都设置了云图显示、文本数据导出和宏观-微观对应功能,云图显示和文本数据导出只需用户点击相应按钮即可。宏观-微观对应模块需要用户再输入气缸盖位置坐标或坐标节点参数后,将参数传递到数据库模块请求查询数据库,同时传递用于查询数据库的索引信息,并等待数据库返回相场模拟结果及统计的信息。若返回信号表示未在数据库中查询到相应信息,则需要重新计算。在计算完成后,气缸盖多尺度组织信息叠加软件将得到的组织图和相关信息返传输到宏微观对应模块中,同时将此次计算的输入与输出写入数据库,以便下次查询。

整个系统模块化程度较高、条理清晰。能够针对各个模块进行相对独立的开发与测试,可有效减少潜在的 Bug。当其中一个模块需要改变时,只需要调整该模块内部和该模块与其他模块的接口设计,无需修改其他模块内部设计细节,这样系统的可维护性和可拓展性较好。模拟结束后,将气缸盖多尺度组织信息叠加软件统计结果与实验结果进行对比验证。

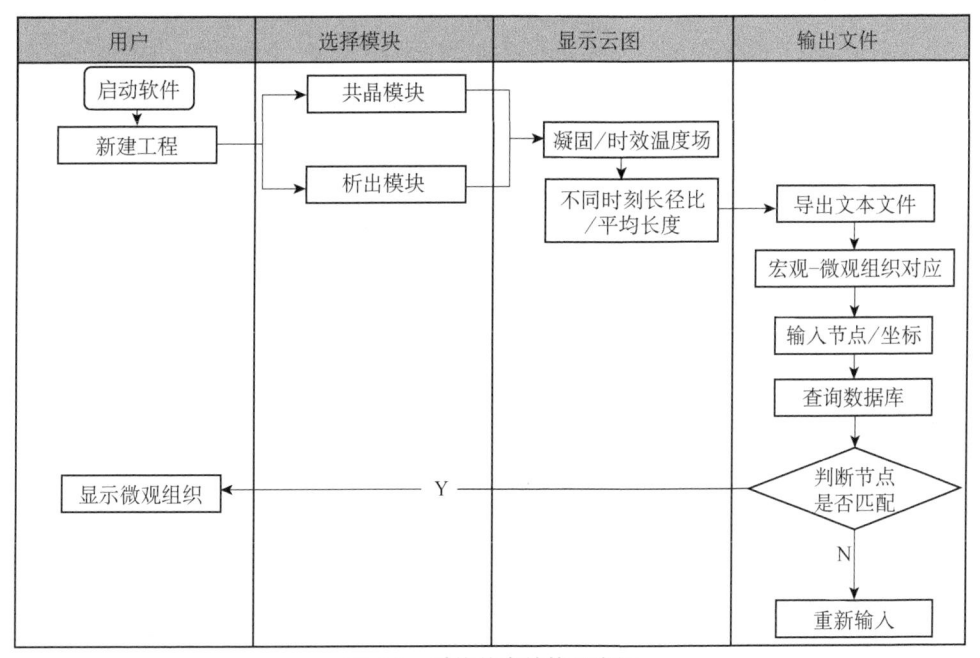

图 6-3 系统基本结构示意图

6.3.4 系统运行

图 6-4 是系统整体运行状态图。首先，在"首页"中开始"新建项目"进行"共晶组织"或"析出组织"模块选择，选择好模块后进入"主界面"。主界面中包括不同时刻的温度场、长径比/平均长度的云图显示，以及导出文本文件、宏观-微观组织对应的选择。对于云图显示，用户可根据需求点击"显示温度场云图"或点击"显示长径比或平均长度云图"。主界面上的第三个功能为"导出文本文件"，对于共晶组织，可以导出共晶固相分数、共晶长径比和固溶固相分数三个文档；对于析出组织，可以导出面积分数、长径比、数量密度和平均长度文档。

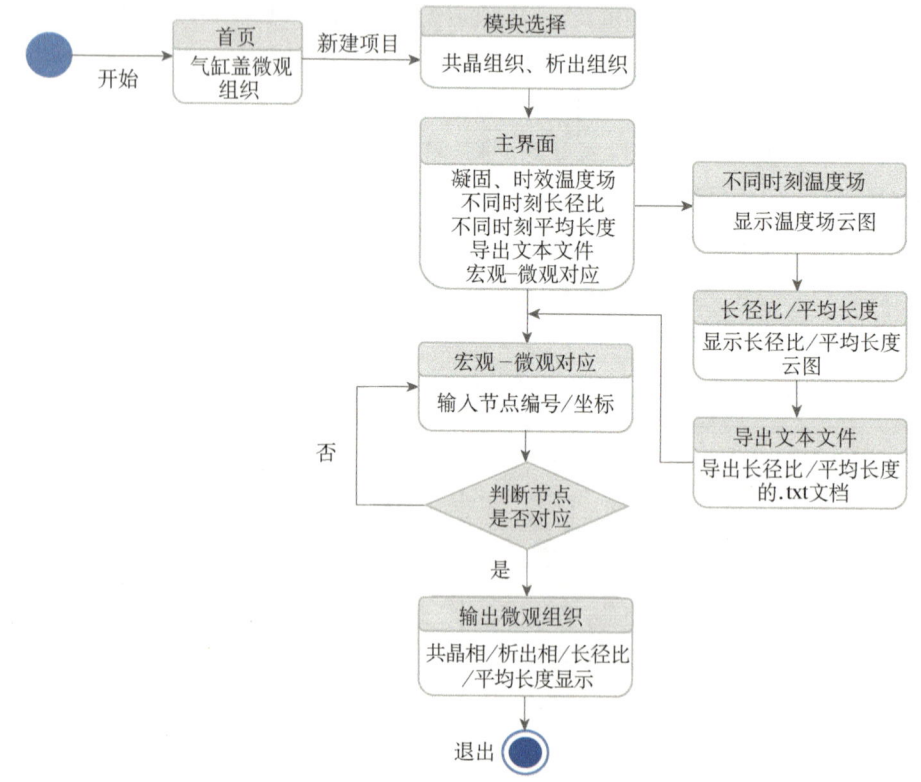

图 6-4　多尺度信息叠加系统运行示意图

6.4　软件开发设计

6.4.1　基础界面设计

设计用户友好界面，包括菜单栏和命令按钮。主要利用 Tkinter 工具包创建和设计窗口、按钮、文本框，根据框架依次进行菜单栏和状态栏设计，界面框架构建好之后，在菜单栏和显示界面等设置功能按钮，再利用相应的文本框和标签框显示相应的功能信息。

界面设计思路如图 6-5 所示，详细地描述了用户在不同界面之间如何进行操作和选择。用户首先进入的是"主界面"。在主界面中，用户需要选择进入"共晶相/析出相模块选择界面"。根据用户的选择，流程会分为两个不同的路径。如果用户选择了共晶相模块，他们将进入"凝固时间场显示界面"和"长径比显示界面"；如果用户选择了析出相模块，他们将进入"析出相不同时刻温度场显示界面"和"不同时刻平均长度显示界面"。无论用户选择了哪个模块，最终都可以进入"文本文件导出界面"，在这里用户可以选择所需信息导出为文本文件。完成导出后，用户可以进入"宏微观对应界面"。

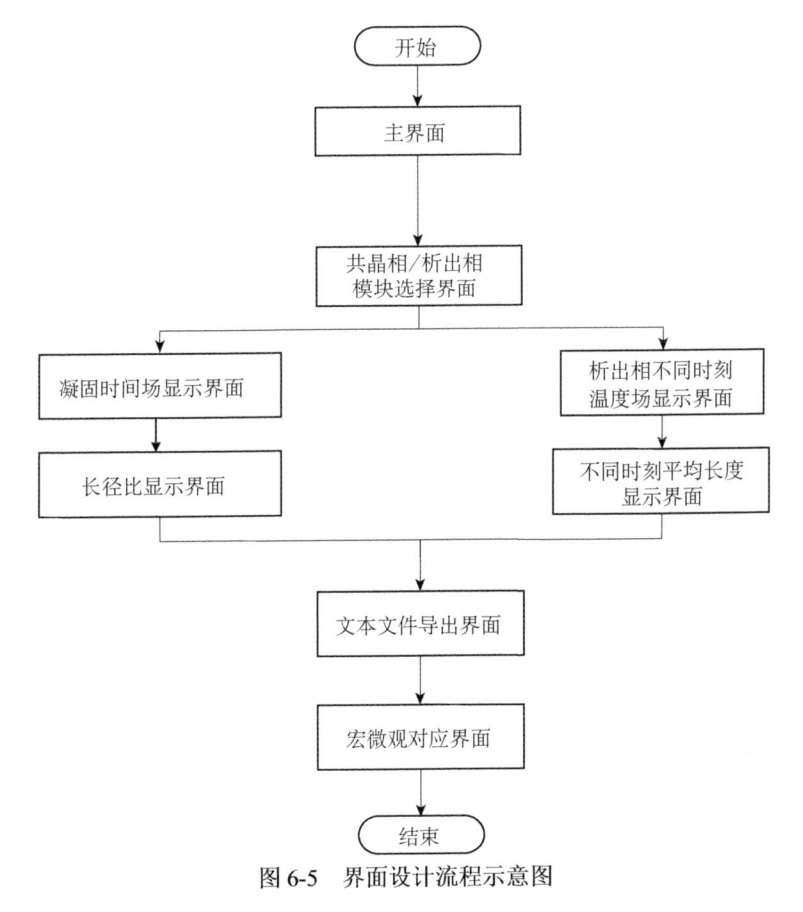

图 6-5 界面设计流程示意图

"首页"界面设计如图 6-6 所示，可以进行个性化设计。本次任务在"首页"体现了作者提出的"多层级序参量统一相场建模"的理论观点和从材料级到构件级进行多尺度相场模拟的设计理念。界面"首页"设置有"文件"、"导入数据"和"帮助"三个菜单栏。

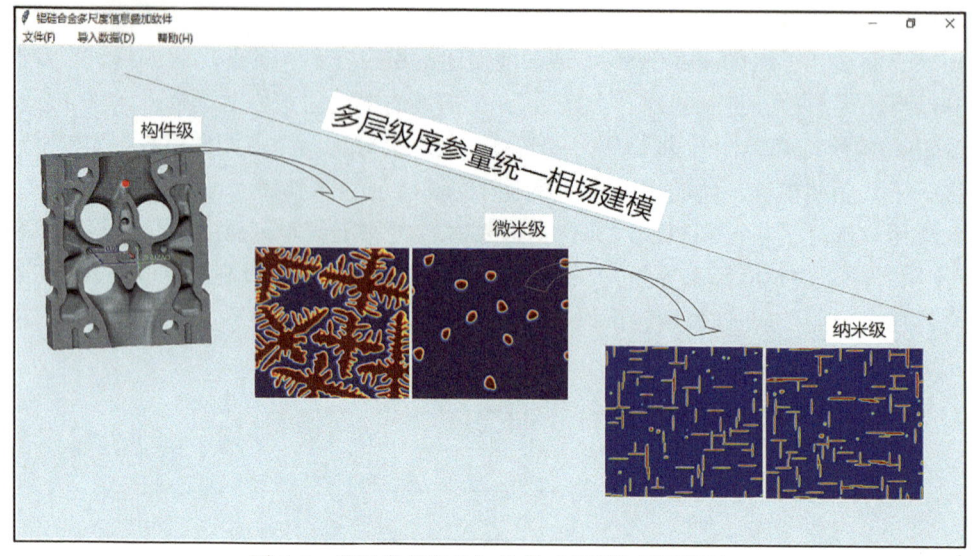

图 6-6　多尺度信息叠加软件"首页"界面设计

"选择模块"界面如图 6-7 所示，根据用户任务要求，设置了共晶模块和析出模块。两种模块分别为两个触发事件，触发"共晶模块"后，界面跳转至共晶模块内容；触发"析出模块"后，界面跳转至析出模块内容。

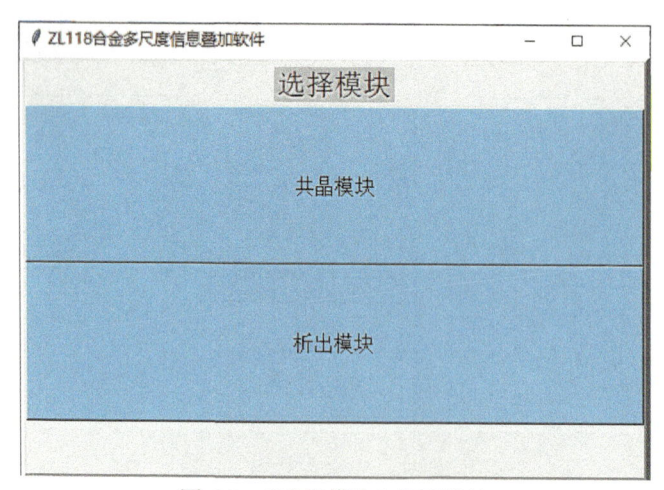

图 6-7　"选择模块"界面设计

"共晶模块"界面包括："凝固时间场"云图显示、"不同时刻的长径比"云图显示、"导出文本文件"和"宏微观对应"四项功能。四项功能分别跳转四个界面，"凝固时间场"和"长径比"主要显示气缸盖的云图，"导出文本文件"

用来选择性地输出对应文档,"宏微观对应"用来显示气缸盖不同位置的微观组织信息。

同时,根据构件的各个时刻的温度场数据,"析出模块"界面主要包括:"不同时刻的温度场"、"不同时刻的平均长度"、"导出文本文件"和"宏微观对应"。

"共晶模块"和"析出模块"的界面如图 6-8 所示。

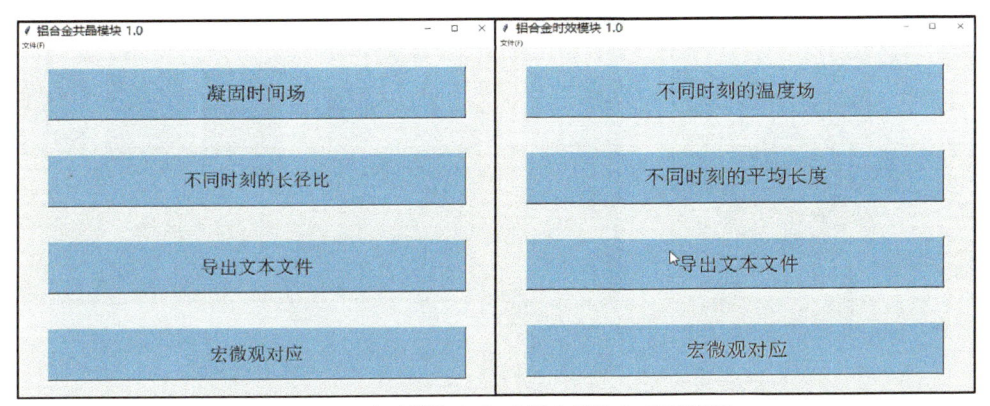

图 6-8 "共晶模块"和"析出模块"界面设计

6.4.2 三维云图显示界面设计

"共晶模块"和"析出模块"的三维云图显示的设计思路如图 6-9 所示。两个模块设计流程相同,实现云图显示主要利用 Python 中的 plt.show 命令将与坐标节点对应的温度场和长径比、平均长度等数据进行三维显示。同时设置有三个命令功能,分别为"保存结果"、"更换色标"和"显示云图坐标",这三个功能分别置于"文件"、"视图"和"坐标"菜单栏中,用户可根据实际情况选择。

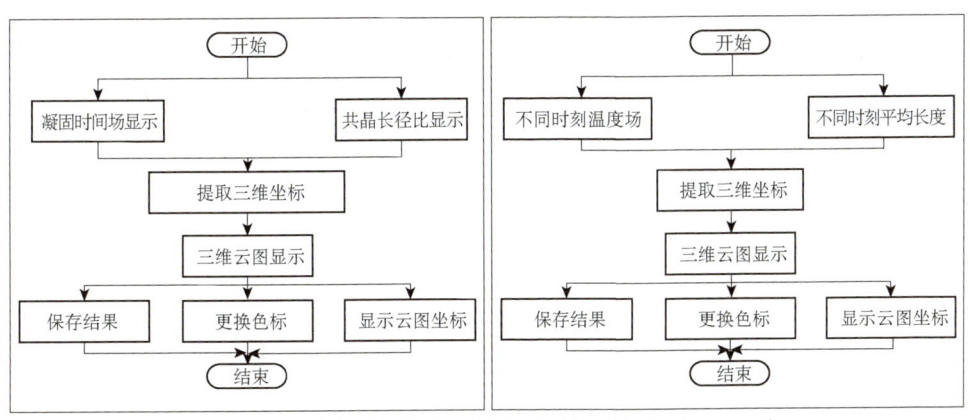

图 6-9 "共晶模块"和"析出模块"三维云图显示界面

气缸盖实体造型图上的三维凝固时间云图和结果保存界面如图 6-10 所示，点击"文件"菜单栏中"保存图片"按钮，即可选择文件夹进行保存结果。

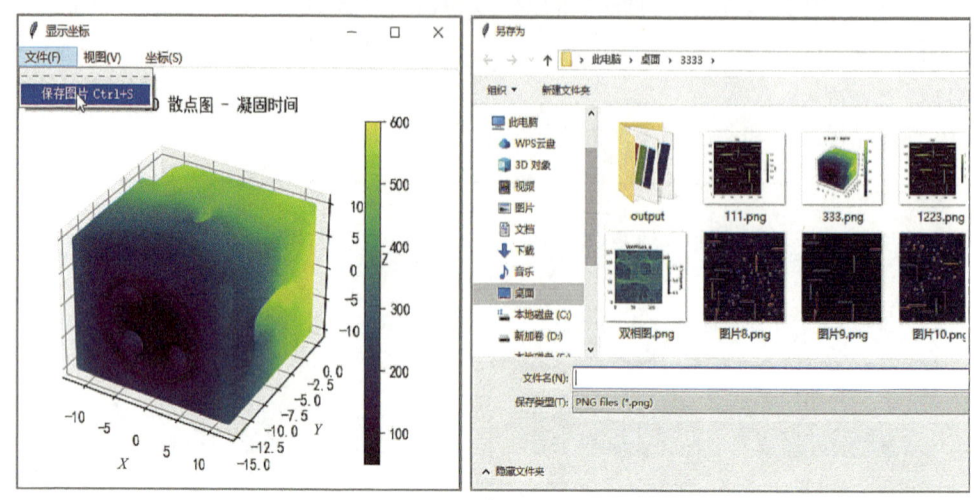

图 6-10　凝固时间云图及结果保存

根据用户要求选择铸件四个时刻的温度场信息，在"析出相模块"中设置了输出 30 s、60 s、90 s 和 120 s 温度云图的功能，结果如图 6-11 所示。

6.4.3　导出文本文件设置

导出文本文件设置流程如图 6-12 所示，"共晶相模块"主要导出共晶相固相分数、共晶相长径比和固溶固相分数，"析出相模块"主要导出面积分数、长径比、数量密度和平均长度参数，所有文件均以.txt 格式导出。

导出文本文件的界面如图 6-13 所示。

6.4.4　宏观-微观对应

宏观-微观对应，即从材料级到构件级，这里指用户在三维云图上选取气缸盖构件上的任意节点，可以输出该节点的共晶相、析出相的微观组织相场模拟结果以及长径比、平均长度信息。

如图 6-14 所示，首先输入气缸盖铸件上某个特定位置处的共晶相、析出相的节点或者节点对应的坐标值，根据坐标值在数据库中匹配相应的共晶固相分数、长径比、固溶固相分数，以及相应的微观组织信息，然后在新的界面上输出微观组织和数据统计信息。

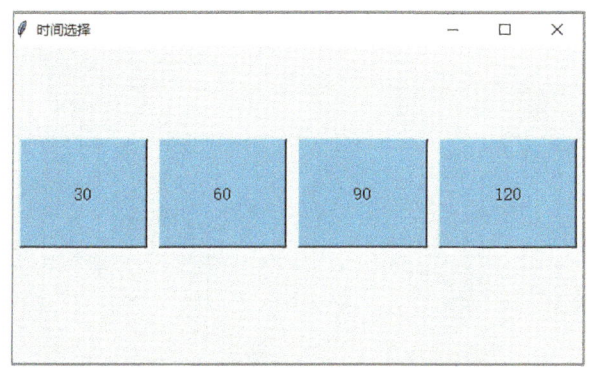

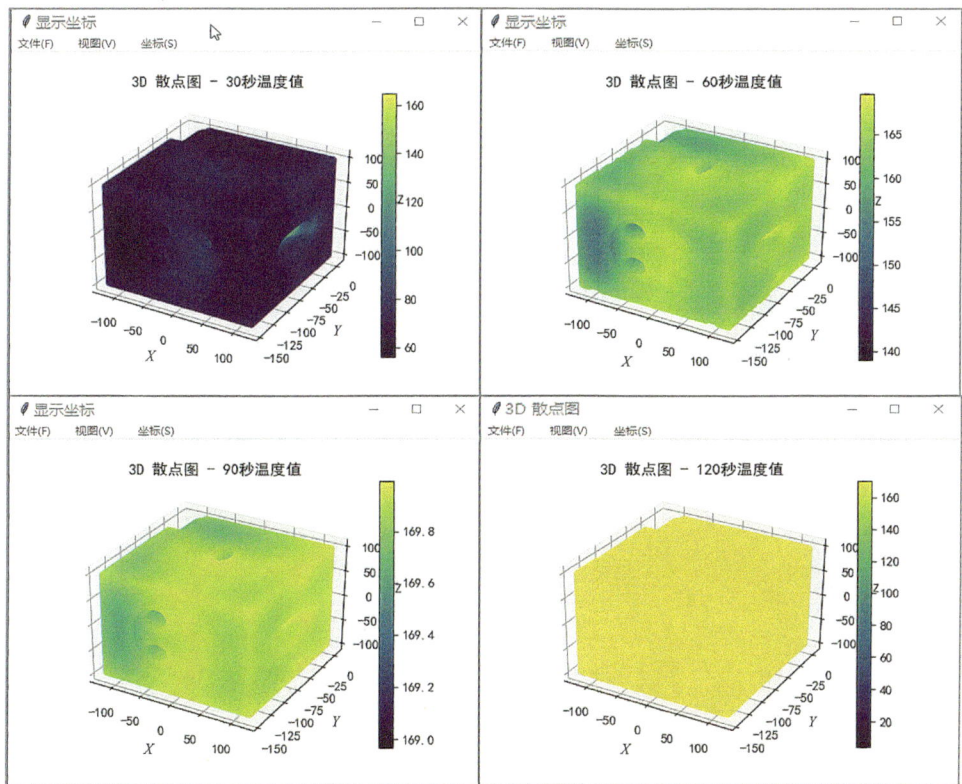

图 6-11 "析出相模块"时效温度场不同时刻界面

宏观-微观对应界面如图 6-15 所示。例如，在"共晶相模块"中输入编号为 8898 的节点，则可以输出该点的共晶组织图、冷却速率、长径比、固相分数和固溶固相分数；在"析出相模块"中输入节点坐标为（-22，30，-50），系统会根据最近距离节点进行数据匹配，输出相应的析出组织图、数量密度、体积比、长径比和平均长度等。

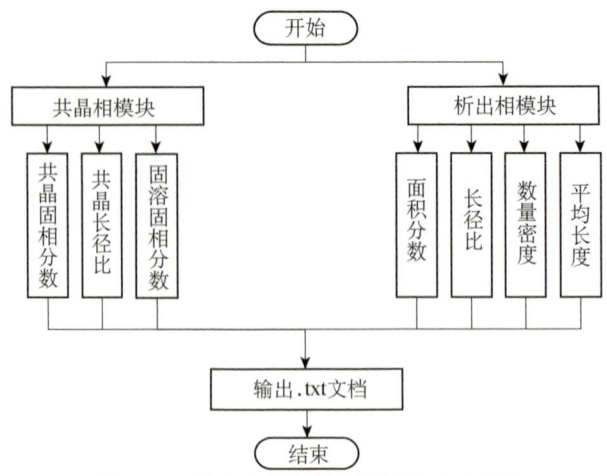

图 6-12 导出文本文件的设计思路示意图

图 6-13 导出文本文件界面设计

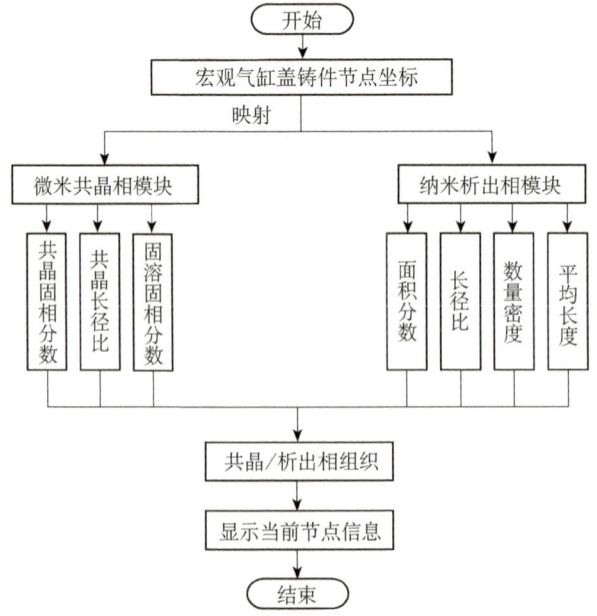

图 6-14 宏观-微观映射示意图

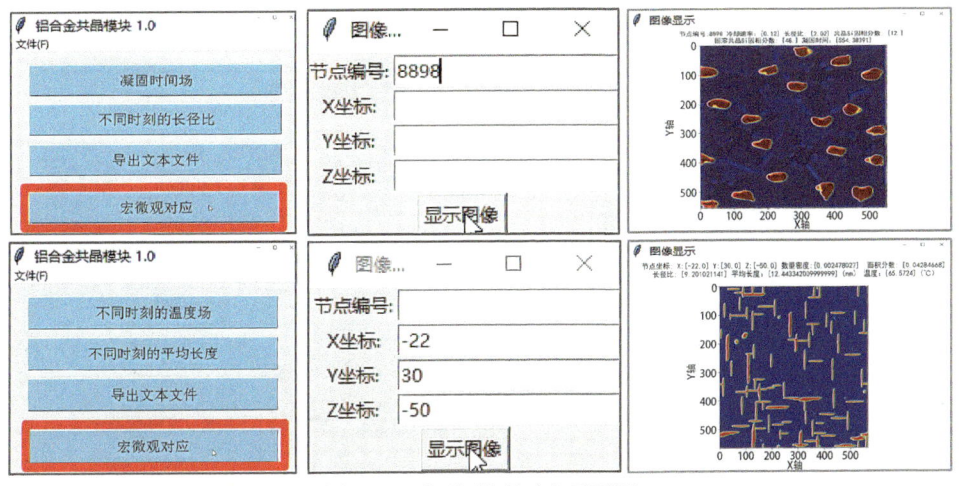

图 6-15　宏观-微观对应界面图

6.4.5　文件导入功能

文件导入功能设计思路如图 6-16 所示。"共晶相模块"中设置凝固时间、冷却速率、枝晶固相分数、共晶固相分数、固溶固相分数、长径比，以及自选择 7 个按钮，"析出相模块"中设置温度、长径比、面积分数、数量密度、平均长度和自选择 6 个按钮。

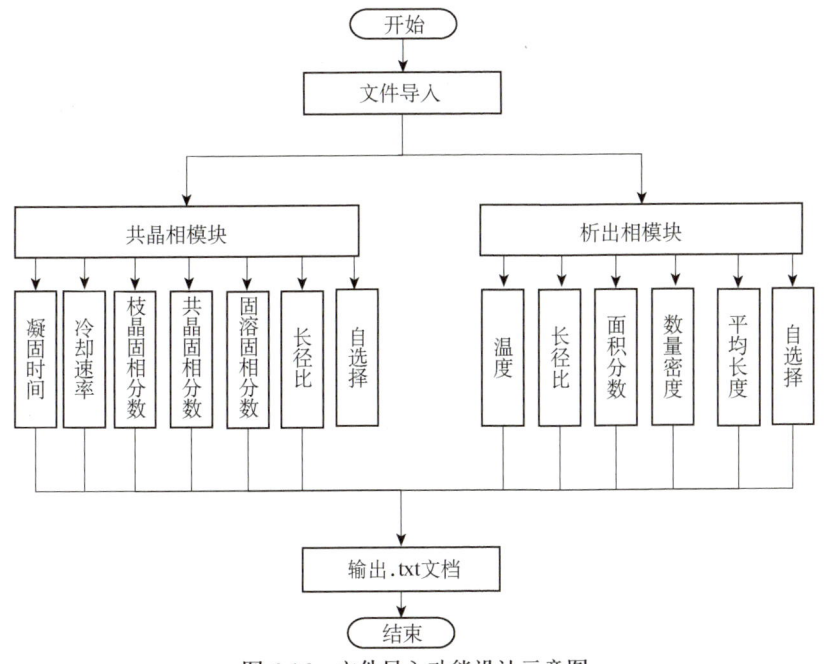

图 6-16　文件导入功能设计示意图

·214· 凝固时效组织相场法研究

图 6-17 和图 6-18 分别是共晶相文件导入界面和析出相文件导入界面。

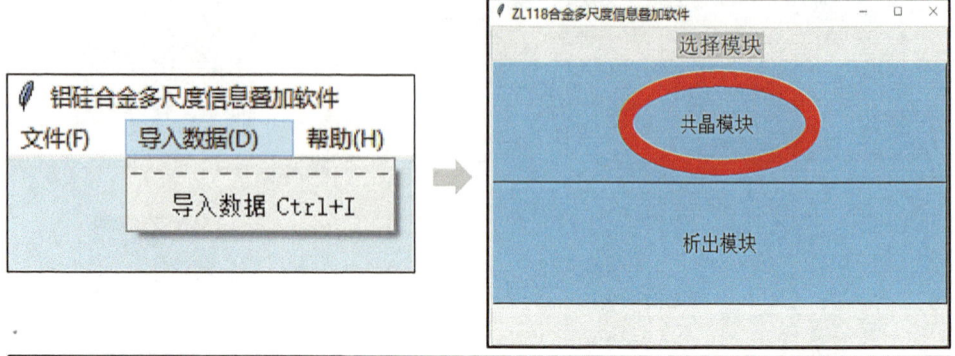

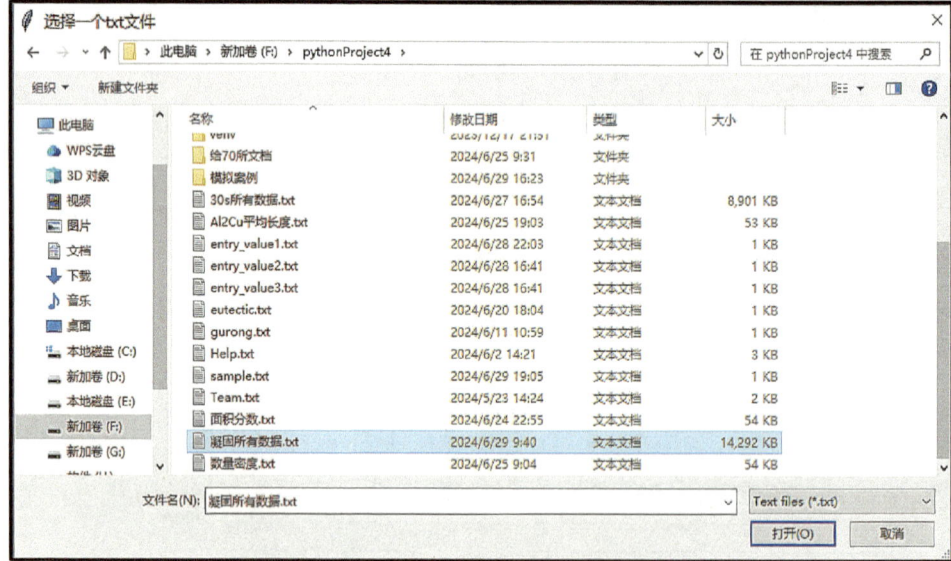

图 6-17 凝固共晶相文件导入界面

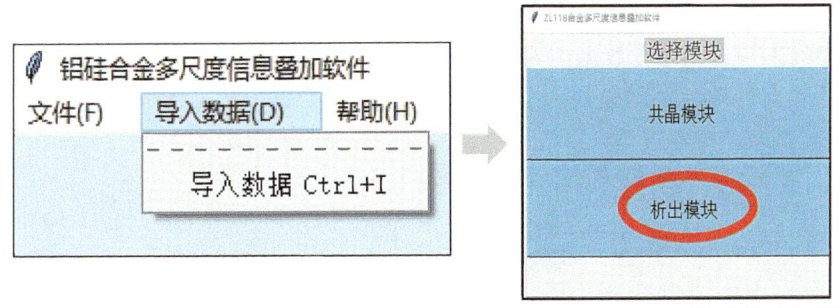

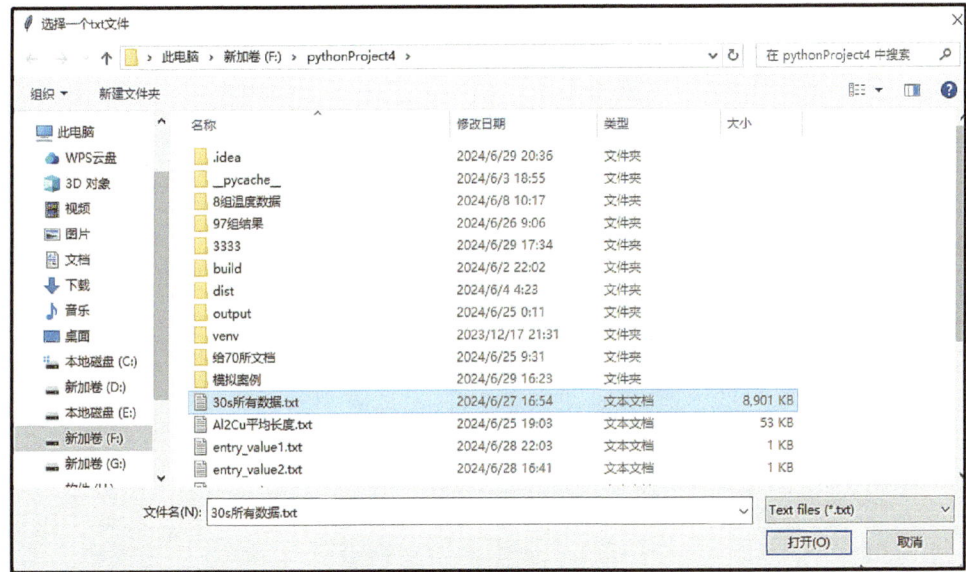

图 6-18　时效析出相文件导入界面

6.5　软件接口设计

气缸盖铸件多尺度组织信息叠加软件的接口设计目标是实现从.txt、.xls 和.mat

文件中导入数据，处理数据并输出结果。接口必须支持安全认证机制，以下接口设计包括数据导入、处理模块和显示模块之间的接口。

6.5.1 数据输入与数据处理模块接口

接口名称：DataInputToProcessing。
接口类型：内部函数调用。
功能描述：传递从.txt、.xls 和.mat 文件中读取的数据到数据处理模块。
数据类型：对象型（字典）。
输入参数：data（包含从不同文本文件格式（.txt）读取的数据，字典格式）。
输出参数：无。

6.5.2 数据输入与结果显示模块接口

接口名称：ProcessingToDisplay。
接口类型：内部函数调用。
功能描述：传递处理后的数据到结果展示模块。
数据类型：对象型（字典）。
输入参数：processed_data（处理后的数据，字典格式）。
输出参数：无。

6.5.3 从.txt、.xls 和.mat 导入数据的接口

接口名称：ImportData。
接口类型：Python 函数。
功能描述：从.txt、.xls 和.mat 文件中导入数据。
数据类型：字符型。
输入参数：file_path（文件路径，字符串类型）。
输出参数：包含导入数据的字典。

6.6 集成相场软件输入输出数据类型

表 6-1 所示为多尺度模块输入文件的文件名及其对应的文件描述。表 6-2 所示为多尺度模块输出文件的文件名及其对应的文件描述。

表 6-1 多尺度模块输入（部分）

文件名	文件描述
析出相输入	
time_nstep.vtk	析出相演化文件
Aspect Ratio.txt	析出相长径比文件
Number density.txt	析出相数量密度文件
Average Length.txt	析出相平均长度文件
共晶相输入	
Eutectic-time_.vtk	共晶相演化文件
Eutectic-LDratios-file.txt	共晶相长径比参数文件
Eutectic-solid-faction.txt	共晶相固相分数参数文件
网格信息输入	
location	网格信息

表 6-2 多尺度模块输出（部分）

文件名	文件描述
Precipitated phase.fig	析出相演化
Eutectic phase.fig	共晶相演化
Length-diameter ratio of precipitated phase.fig	析出相长径比
Quantity density of precipitated phase.fig	析出相数量密度
Average particle size of precipitated phase.fig	析出相平均粒径
Eutectic phase length-diameter ratio.fig	共晶相长径比
Eutectic phase volume fraction.fig	共晶相体积分数

6.7 本章小结

本软件实现了构件级共晶相和析出相云图展示、数据导入导出和材料级-构件级映射功能。

附录　铝硅合金气缸盖铸件相场模拟多尺度信息叠加软件源代码

——铝硅合金气缸盖铸件从材料级到构件级 EPhase 相场软件设计案例

（说明：格式遵循 python 基本语法，程序可以在 pycharm 中运行）

```
1   import tkinter as tk
2   from PIL import Image, ImageTk
3   import os
4   from tkinter import *
5   import os
6   from tkinter import filedialog
7   import tkinter as tk
8   import tkinter.font as tkFont
9   import subprocess
10  import time
11  import numpy as np
12  import math
13  import ttkbootstrap as ttk
14  import threading
15  import ctypes
16  from tkinter import Menu, StringVar
17  from matplotlib.backends.backend_tkagg import FigureCanvasTkAgg
18  import matplotlib.pyplot as plt
19  from tkinter import ttk
20  from tkinter import Tk, Label
21  from skimage import io, color, measure, filters, morphology
22  from PIL import Image, ImageTk
23  from tkinter.colorchooser import askcolor
24  from matplotlib.figure import Figure
25  from matplotlib.backends.backend_tkagg import FigureCanvasTkAgg, Navigation-
26  Toolbar2Tk
```

```python
from mpl_toolkits.mplot3d import Axes3D
from numpy.fft import fft2, ifft2
from tkinter import messagebox
from scipy.io import loadmat
import matplotlib
import shutil
import scipy.io
from mpl_toolkits.mplot3d import proj3d
from matplotlib.backends.backend_tkagg import NavigationToolbar2Tk
import csv
import tkinter as tk
from tkinter import filedialog
import tkinter as tk
from tkinter import filedialog, ttk
import csv
import matplotlib.pyplot as plt
from mpl_toolkits.mplot3d import Axes3D
from matplotlib.backends.backend_tkagg import FigureCanvasTkAgg
from PIL import Image, ImageFilter
def show_buttons1():
    new_window = tk.Tk()
    new_window.title('时间选择')  # 设置标题
    screen_width = new_window.winfo_screenwidth()   # 获取当前屏幕的宽度
    screen_height = new_window.winfo_screenheight()
    window_width = 500   # 窗口宽度
    window_height = 400  # 窗口高度
    x = int((screen_width - window_width) / 2)
    y = int((screen_height - window_height) / 2)
    # 设置窗口位置
    new_window.geometry("{}x{}+{}+{}".format(window_width, window_height, x, y + 50))
    framexuanze=Frame(new_window,bg='white')
    button30 = Button(new_window, text="30s", bg='skyblue',command=wendu30, font=('宋体'))
    button30.grid(row=0, column=0, sticky='nsew', padx=5, pady=150)
    button60 = Button(new_window, text="60s", bg='skyblue',command=wendu60, font=('宋体'))
    button60.grid(row=0, column=1, sticky='nsew', padx=5, pady=150)
    button90 = Button(new_window, text="90s", bg='skyblue',command=wendu90, font=('宋体'))
    button90.grid(row=0, column=2, sticky='nsew', padx=5, pady=150)
    button120 = Button(new_window, text="120s", bg='skyblue',command= wendu120,
```

```
font=('宋体'))
    button120.grid(row=0, column=3, sticky='nsew', padx=5, pady=150)
    for i in range(1):
        new_window.rowconfigure(i, weight=1)
    for i in range(4):
        new_window.columnconfigure(i, weight=1)
    new_window.mainloop()
def show_buttons2():
    new_window = tk.Tk()
    new_window.title('时间选择')    # 设置标题
    screen_width = new_window.winfo_screenwidth()    # 获取当前屏幕的宽度
    screen_height = new_window.winfo_screenheight()
    window_width = 500    # 窗口宽度
    window_height = 400    # 窗口高度
    x = int((screen_width - window_width) / 2)
    y = int((screen_height - window_height) / 2)
    new_window.geometry("{}x{}+{}+{}".format(window_width, window_height, x, y + 50))
    framexuanze=Frame(new_window,bg='white')
    button30 = Button(new_window, text="30s", bg='skyblue',command=changjingbi30, font=('宋体'))
    button30.grid(row=0, column=0, sticky='nsew', padx=5, pady=150)
    button60 = Button(new_window, text="60s", bg='skyblue',command=changjingbi60, font=('宋体'))
    button60.grid(row=0, column=1, sticky='nsew', padx=5, pady=150)
    button90 = Button(new_window, text="90s", bg='skyblue',command=changjingbi90, font=('宋体'))
    button90.grid(row=0, column=2, sticky='nsew', padx=5, pady=150)
    button120 = Button(new_window, text="120s", bg='skyblue',command=changjingbi120, font=('宋体'))
    button120.grid(row=0, column=3, sticky='nsew', padx=5, pady=150)
    for i in range(1):
        new_window.rowconfigure(i, weight=1)
    for i in range(4):
        new_window.columnconfigure(i, weight=1)
    new_window.mainloop()
def wendu30():
    def update_plot(selected_color1):
        global fig
        # 获取当前脚本的目录
        current_dir = os.path.dirname(os.path.abspath(__file__))
        # 使用相对路径
```

```python
relative_path = os.path.join('T_30s_suoyou_yuntu.mat')
file_path = os.path.join(current_dir, relative_path)
# 加载 .mat 文件
mat_data = scipy.io.loadmat(file_path)
matrixData = mat_data['dddd']
x = matrixData[:, 1]
y = matrixData[:, 2]
z = matrixData[:, 3]
center = [np.mean(x), np.mean(y), np.mean(z)]
distances = np.sqrt((x - center[0]) ** 2 + (y - center[1]) ** 2 + (z - center[2])
** 2)
values = matrixData[:, 4]
plt.close('all')
fig = plt.figure()
ax = fig.add_subplot(111, projection='3d')
sc = ax.scatter(x, y, z, c=values, cmap=selected_color1)
plt.title('3D 散点图 - 30 秒温度值(摄氏度)')
ax.set_xlabel('X')
ax.set_ylabel('Y')
ax.set_zlabel('Z')
plt.colorbar(sc)
plt.grid(False)
current_canvas = FigureCanvasTkAgg(fig, master=new_window)
current_canvas_widget = current_canvas.get_tk_widget()
current_canvas_widget.grid(row=0, column=0, sticky='nsew')
new_window.columnconfigure(0, weight=1)    # Make column 0 expandable
new_window.rowconfigure(0, weight=1)    # Make row 0 expandable
    def on_color_selected(event):
        selected_color1 = color_menu1.get()
        update_plot(selected_color1)
    def set_color_scale():
        global color_menu1
        color_window = tk.Tk()
        color_window.title('颜色设置')
        screen_width = color_window.winfo_screenwidth()       # 获取当前屏幕的宽度
        screen_height = color_window.winfo_screenheight()
        window_width = 300    # 窗口宽度
        window_height = 500    # 窗口高度
        x = int((screen_width - window_width) / 2)
        y = int((screen_height - window_height) / 2)
        color_window.geometry("{}x{}+{}+{}".format(window_width, window_height,
```

```
x, y + 50))
        color_var1 = tk.StringVar()
        color_var1.set('viridis')   # 默认颜色
        color_menu1 = ttk.Combobox(color_window, textvariable=color_var1)
        color_menu1['values'] = ('viridis', 'plasma', 'inferno', 'magma', 'cividis','jet')   # 添加颜色选项
        color_menu1.grid(row=1, column=0, sticky='nsew')
        color_menu1.bind('<<ComboboxSelected>>', on_color_selected)
    def save_figure():
        # 弹出文件对话框，获取用户选择的保存路径
        file_path = filedialog.asksaveasfilename(defaultextension=".png", filetypes=[("PNG files", "*.png")])
        # 如果用户取消选择，file_path 将为空
        if file_path:
            # 保存图形到用户选择的路径
            plt.savefig(file_path)
            print(f"图形已保存到：{file_path}")
        # 显示图形（可选）
        plt.show()
    def zuobiao():
        plt.show()
    def on_closing():
        plt.close(fig)
        new_window.destroy()
    new_window = tk.Tk()
    new_window.title('三维云图')   # 设置标题
    screen_width = new_window.winfo_screenwidth()   # 获取当前屏幕的宽度
    screen_height = new_window.winfo_screenheight()
    window_width = 500   # 窗口宽度
    window_height = 400 # 窗口高度
    x = int((screen_width - window_width) / 2)
    y = int((screen_height - window_height) / 2)
    new_window.geometry("{}x{}+{}+{}".format(window_width, window_height, x, y + 50))
    menubar1 = tk.Menu(new_window, font=("宋体", 20))
    new_window.config(menu=menubar1)
    file_menu1 = tk.Menu(menubar1, tearoff=1, font=('宋体', 10))
    file_menu1.add_command(label=" 保 存 图 片 ", accelerator='Ctrl+S', command=save_figure)
    file_menu2 = tk.Menu(menubar1, tearoff=1, font=('宋体', 10))
    file_menu2.add_command(label="色标设置", command=set_color_scale)
    file_menu3 = tk.Menu(menubar1, tearoff=1, font=('宋体', 10))
```

```python
file_menu3.add_command(label="坐标显示", command=zuobiao)
menubar1.add_cascade(label="文件(F)", menu=file_menu1)
menubar1.add_cascade(label="视图(V)", menu=file_menu2)
menubar1.add_cascade(label="坐标(S)", menu=file_menu3)
color_var1 = tk.StringVar()
color_var1.set('viridis')  # 默认颜色
update_plot(color_var1.get())
new_window.protocol("WM_DELETE_WINDOW", on_closing)
new_window.mainloop()
def wendu60():
    def update_plot(selected_color1):
        global fig
        current_dir = os.path.dirname(os.path.abspath(__file__))
        # 使用相对路径
        relative_path = os.path.join('T_60s_suoyou.mat')
        file_path = os.path.join(current_dir, relative_path)
        mat_data = scipy.io.loadmat(file_path)
        #假设'dddd'是.mat 文件的变量名
        matrixData = mat_data['dddd']
        x = matrixData[:, 1]
        y = matrixData[:, 2]
        z = matrixData[:, 3]
        center = [np.mean(x), np.mean(y), np.mean(z)]
        distances = np.sqrt((x - center[0]) ** 2 + (y - center[1]) ** 2 + (z - center[2]) ** 2)
        values = matrixData[:, 4]
        plt.close('all')
        fig = plt.figure()
        ax = fig.add_subplot(111, projection='3d')
        sc = ax.scatter(x, y, z, c=values, cmap=selected_color1)
        plt.title('3D 散点图 - 60 秒温度值(摄氏度）')
        ax.set_xlabel('X')
        ax.set_ylabel('Y')
        ax.set_zlabel('Z')
        plt.colorbar(sc)
        plt.grid(True)
        current_canvas = FigureCanvasTkAgg(fig, master=new_window)
        current_canvas_widget = current_canvas.get_tk_widget()
        current_canvas_widget.grid(row=0, column=0, sticky='nsew')
        new_window.columnconfigure(0, weight=1)   # Make column 0 expandable
        new_window.rowconfigure(0, weight=1)      # Make row 0 expandable
    def on_color_selected(event):
```

```
            selected_color1 = color_menu1.get()
            update_plot(selected_color1)
    def set_color_scale():
        global color_menu1
        color_window = tk.Tk()
        color_window.title('颜色设置')
        screen_width = color_window.winfo_screenwidth()        # 获取当前屏幕的宽度
        screen_height = color_window.winfo_screenheight()
        window_width = 300    # 窗口宽度
        window_height = 500    # 窗口高度
        x = int((screen_width - window_width) / 2)
        y = int((screen_height - window_height) / 2)
         color_window.geometry("{}x{}+{}+{}".format(window_width, window_height, x, y + 50))
        color_var1 = tk.StringVar()
        color_var1.set('viridis')    # 默认颜色
        color_menu1 = ttk.Combobox(color_window, textvariable=color_var1)
        color_menu1['values'] = ('viridis', 'plasma', 'inferno', 'magma', 'cividis','jet')    # 添加颜色选项
        color_menu1.grid(row=1, column=0, sticky='nsew')
        color_menu1.bind('<<ComboboxSelected>>', on_color_selected)
    def save_figure():
        # 弹出文件对话框，获取用户选择的保存路径
        file_path = filedialog.asksaveasfilename(defaultextension=".png", filetypes=[("PNG files", "*.png")])
        # 如果用户取消选择，file_path 将为空
        if file_path:
            # 保存图形到用户选择的路径
            plt.savefig(file_path)
            print(f"图形已保存到：{file_path}")
        # 显示图形（可选）
            plt.show()
    def zuobiao():
        plt.show()
    def on_closing():
        plt.close(fig)
        new_window.destroy()
    new_window = tk.Tk()
    new_window.title('三维云图')    # 设置标题
    screen_width = new_window.winfo_screenwidth()    # 获取当前屏幕的宽度
    screen_height = new_window.winfo_screenheight()
```

```
window_width = 500    # 窗口宽度
window_height = 400 # 窗口高度
x = int((screen_width - window_width) / 2)
y = int((screen_height - window_height) / 2)
new_window.geometry("{}x{}+{}+{}".format(window_width, window_height, x, y + 50))
menubar = tk.Menu(new_window, font=("宋体", 20))
new_window.config(menu=menubar)
file_menu1 = tk.Menu(menubar, tearoff=1, font=('宋体', 10))
    file_menu1.add_command(label="保 存 图 片", accelerator='Ctrl+S', command=save_figure)
file_menu2 = tk.Menu(menubar, tearoff=1, font=('宋体', 10))
file_menu2.add_command(label="色标设置", command=set_color_scale)
file_menu3 = tk.Menu(menubar, tearoff=1, font=('宋体', 10))
file_menu3.add_command(label="坐标显示", command=zuobiao)
menubar.add_cascade(label="文件(F)", menu=file_menu1)
menubar.add_cascade(label="视图(V)", menu=file_menu2)
menubar.add_cascade(label="坐标(S)", menu=file_menu3)
color_var1 = tk.StringVar()
color_var1.set('viridis')    # 默认颜色
update_plot(color_var1.get())
new_window.protocol("WM_DELETE_WINDOW", on_closing)
new_window.mainloop()
def wendu90():
    def update_plot(selected_color1):
        global fig
        current_dir = os.path.dirname(os.path.abspath(__file__))
        # 使用相对路径
        relative_path = os.path.join('T_90s_yuntu.mat')
        file_path = os.path.join(current_dir, relative_path)
        # 加载 .mat 文件
        mat_data = scipy.io.loadmat(file_path)
        matrixData = mat_data['dddd']
        x = matrixData[:, 1]
        y = matrixData[:, 2]
        z = matrixData[:, 3]
        center = [np.mean(x), np.mean(y), np.mean(z)]
        distances = np.sqrt((x - center[0]) ** 2 + (y - center[1]) ** 2 + (z - center[2]) ** 2)
        values = matrixData[:, 4]
    plt.close('all')
    fig = plt.figure()
```

```
1        ax = fig.add_subplot(111, projection='3d')
2        sc = ax.scatter(x, y, z, c=values, cmap=selected_color1)
3        plt.title('3D 散点图 - 90秒温度值(摄氏度） ')
4        ax.set_xlabel('X')
5        ax.set_ylabel('Y')
6        ax.set_zlabel('Z')
7        plt.colorbar(sc)
8        plt.grid(True)
9        current_canvas = FigureCanvasTkAgg(fig, master=new_window)
10       current_canvas_widget = current_canvas.get_tk_widget()
11       current_canvas_widget.grid(row=0, column=0, sticky='nsew')
12       new_window.columnconfigure(0, weight=1)   # Make column 0 expandable
13       new_window.rowconfigure(0, weight=1)    # Make row 0 expandable
14   def on_color_selected(event):
15       selected_color1 = color_menu1.get()
16       update_plot(selected_color1)
17   def set_color_scale():
18       global color_menu1
19       color_window = tk.Tk()
20       color_window.title('颜色设置')
21       screen_width = color_window.winfo_screenwidth()      # 获取当前屏幕的
22  宽度
23       screen_height = color_window.winfo_screenheight()
24       window_width = 300   # 窗口宽度
25       window_height = 500   # 窗口高度
26       x = int((screen_width - window_width) / 2)
27       y = int((screen_height - window_height) / 2)
28        color_window.geometry("{}x{}+{}+{}".format(window_width, window_height,
29  x, y + 50))
30       # 创建下拉菜单
31       color_var1 = tk.StringVar()
32       color_var1.set('viridis')   # 默认颜色
33       color_menu1 = ttk.Combobox(color_window, textvariable=color_var1)
34       color_menu1['values'] = ('viridis', 'plasma', 'inferno', 'magma', 'cividis','jet')   # 添
35  加颜色选项
36       color_menu1.grid(row=1, column=0, sticky='nsew')
37       color_menu1.bind('<<ComboboxSelected>>', on_color_selected)
38   def save_figure():
39       # 弹出文件对话框，获取用户选择的保存路径
40           file_path = filedialog.asksaveasfilename(defaultextension=".png",
41  filetypes=[("PNG files", "*.png")])
42       # 如果用户取消选择，file_path 将为空
```

```python
    if file_path:
        # 保存图形到用户选择的路径
        plt.savefig(file_path)
        print(f"图形已保存到：{file_path}")
        # 显示图形（可选）
        plt.show()
def zuobiao():
    plt.show()
def on_closing():
    plt.close(fig)
    new_window.destroy()
new_window = tk.Tk()
new_window.title('三维云图')  # 设置标题
screen_width = new_window.winfo_screenwidth()  # 获取当前屏幕的宽度
screen_height = new_window.winfo_screenheight()
window_width = 500   # 窗口宽度
window_height = 400  # 窗口高度
x = int((screen_width - window_width) / 2)
y = int((screen_height - window_height) / 2)
new_window.geometry("{}x{}+{}+{}".format(window_width, window_height, x, y + 50))
menubar = tk.Menu(new_window, font=("宋体", 20))
new_window.config(menu=menubar)
file_menu1 = tk.Menu(menubar, tearoff=1, font=('宋体', 10))
file_menu1.add_command(label="保 存 图 片 ", accelerator='Ctrl+S', command=save_figure)
file_menu2 = tk.Menu(menubar, tearoff=1, font=('宋体', 10))
file_menu2.add_command(label="色标设置", command=set_color_scale)
file_menu3 = tk.Menu(menubar, tearoff=1, font=('宋体', 10))
file_menu3.add_command(label="坐标显示", command=zuobiao)
menubar.add_cascade(label="文件(F)", menu=file_menu1)
menubar.add_cascade(label="视图(V)", menu=file_menu2)
menubar.add_cascade(label="坐标(S)", menu=file_menu3)
color_var1 = tk.StringVar()
color_var1.set('viridis')  # 默认颜色
update_plot(color_var1.get())
new_window.protocol("WM_DELETE_WINDOW", on_closing)
new_window.mainloop()
matplotlib.rcParams['font.sans-serif'] = ['SimHei']
matplotlib.rcParams['axes.unicode_minus'] = False
def wendu120():
    def update_plot(selected_cmap):
```

```python
1      global fig
2      global sc, fig, ax, x, y, z
3      current_dir = os.path.dirname(os.path.abspath(__file__))
4      # 使用相对路径
5      relative_path = os.path.join('T120s_suoyou_yuntu.mat')
6      file_path = os.path.join(current_dir, relative_path)
7      # 加载 .mat 文件
8      mat_data = scipy.io.loadmat(file_path)
9      matrixData = mat_data['dddd']
10     x = matrixData[:, 1]
11     y = matrixData[:, 2]
12     z = matrixData[:, 3]
13     values = matrixData[:, 4]
14     plt.close('all')
15     fig = plt.figure()
16     ax = fig.add_subplot(111, projection='3d')
17     sc = ax.scatter(x, y, z, c=values, cmap=selected_cmap)
18     plt.title('3D 散点图 - 120 秒温度值(摄氏度)')
19     ax.set_xlabel('X')
20     ax.set_ylabel('Y')
21     ax.set_zlabel('Z')
22     plt.colorbar(sc)
23     plt.grid(True)
24     current_canvas = FigureCanvasTkAgg(fig, master=new_window)
25     current_canvas_widget = current_canvas.get_tk_widget()
26     current_canvas_widget.grid(row=0, column=0, sticky='nsew')
27     new_window.columnconfigure(0, weight=1)
28     new_window.rowconfigure(0, weight=1)
29     current_canvas.mpl_connect('button_press_event', on_click)
30 def on_color_selected(event):
31     selected_cmap = color_menu.get()
32     update_plot(selected_cmap)
33 def set_color_scale():
34     global color_menu
35     color_window = tk.Tk()
36     color_window.title('颜色设置')
37     screen_width = color_window.winfo_screenwidth()
38     screen_height = color_window.winfo_screenheight()
39     window_width = 300
40     window_height = 200
41     x = int((screen_width - window_width) / 2)
42     y = int((screen_height - window_height) / 2) + 50
```

```python
        color_window.geometry(f"{window_width}x{window_height}+{x}+{y}")
        color_var1 = tk.StringVar()
        color_var1.set('jet')
        color_menu = ttk.Combobox(color_window, textvariable=color_var1)
        color_menu['values'] = ('viridis', 'plasma', 'inferno', 'magma', 'cividis', 'jet')
        color_menu.grid(row=1, column=0, sticky='nsew')
        color_menu.bind('<<ComboboxSelected>>', on_color_selected)
        color_window.mainloop()
    def save_figure():
        file_path = filedialog.asksaveasfilename(defaultextension=".png", filetypes=[("PNG 文件", "*.png")])
        if file_path:
            plt.savefig(file_path)
            print(f"图形已保存到：{file_path}")
    def on_click(event):
        if event.inaxes == ax:
            # 获取点击位置
            x_click, y_click = event.x, event.y
            # 获取 3D 数据点并转换为 2D 屏幕坐标
            x_data, y_data, z_data = sc._offsets3d
            x_data = np.array(x_data)
            y_data = np.array(y_data)
            z_data = np.array(z_data)
            # 使用 proj3d.proj_transform 将 3D 坐标转换为 2D 屏幕坐标
            data_2d = np.array([proj3d.proj_transform(x_data[i], y_data[i], z_data[i], ax.get_proj())[:2] for i in range(len(x_data))])
            # 计算点击位置和数据点之间的距离
            distances = np.sqrt((data_2d[:, 0] - x_click) ** 2 + (data_2d[:, 1] - y_click) ** 2)
            closest_index = np.argmin(distances)
            x_coord, y_coord, z_coord = x_data[closest_index], y_data[closest_index], z_data[closest_index]
            # 清除先前的注释
            for ann in ax.texts:
                ann.remove()
            # 添加新注释
            ax.text(x_coord, y_coord, z_coord, f'({x_coord:.2f}, {y_coord:.2f}, {z_coord:.2f})', color='blue')
            fig.canvas.draw()
    def zuobiao():
        plt.show()
    def on_closing():
```

```
 1          plt.close(fig)
 2          new_window.destroy()
 3      new_window = tk.Tk()
 4      new_window.title('三维云图')
 5      screen_width = new_window.winfo_screenwidth()
 6      screen_height = new_window.winfo_screenheight()
 7      window_width = 500
 8      window_height = 400
 9      x = int((screen_width - window_width) / 2)
10      y = int((screen_height - window_height) / 2) + 50
11      new_window.geometry(f"{window_width}x{window_height}+{x}+{y}")
12      menubar = tk.Menu(new_window)
13      new_window.config(menu=menubar)
14      file_menu1 = tk.Menu(menubar, tearoff=1, font=('宋体', 10))
15          file_menu1.add_command(label=" 保 存 图 片 ", accelerator='Ctrl+S',
16  command=save_figure)
17      file_menu2 = tk.Menu(menubar, tearoff=1, font=('宋体', 10))
18      file_menu2.add_command(label="色标设置", command=set_color_scale)
19      file_menu3 = tk.Menu(menubar, tearoff=1, font=('宋体', 10))
20      file_menu3.add_command(label="坐标显示", command=zuobiao)
21      menubar.add_cascade(label="文件(F)", menu=file_menu1)
22      menubar.add_cascade(label="视图(V)", menu=file_menu2)
23      menubar.add_cascade(label="坐标(S)", menu=file_menu3)
24      color_var1 = tk.StringVar()
25      color_var1.set('viridis')
26      update_plot(color_var1.get())
27      new_window.protocol("WM_DELETE_WINDOW", on_closing)
28      new_window.mainloop()
29  def changjingbi30():
30      def update_plot(selected_color1):
31          global fig
32          import os
33          import scipy.io
34          # 获取当前脚本的目录
35          current_dir = os.path.dirname(os.path.abspath(__file__))
36          # 使用相对路径
37          relative_path = 'T_30s_suoyou_yuntu.mat'
38          file_path = os.path.join(current_dir, relative_path)
39          # 加载 .mat 文件
40          mat_data = scipy.io.loadmat(file_path)
41          # 显示加载数据的键
42          print(mat_data.keys())
```

```
matrixData = mat_data['dddd']
x = matrixData[:, 1]
y = matrixData[:, 2]
z = matrixData[:, 3]
center = [np.mean(x), np.mean(y), np.mean(z)]
distances = np.sqrt((x - center[0]) ** 2 + (y - center[1]) ** 2 + (z - center[2])
** 2)
values = matrixData[:, 9]
plt.close('all')
fig = plt.figure()
ax = fig.add_subplot(111, projection='3d')
sc = ax.scatter(x, y, z, c=values, cmap=selected_color1)
plt.title('3D 散点图 - 平均长度(纳米)')
ax.set_xlabel('X')
ax.set_ylabel('Y')
ax.set_zlabel('Z')
plt.colorbar(sc)
plt.grid(True)
current_canvas = FigureCanvasTkAgg(fig, master=new_window)
current_canvas_widget = current_canvas.get_tk_widget()
current_canvas_widget.grid(row=0, column=0, sticky='nsew')
new_window.columnconfigure(0, weight=1)    # Make column 0 expandable
new_window.rowconfigure(0, weight=1)    # Make row 0 expandable
def on_color_selected(event):
    selected_color1 = color_menu1.get()
    update_plot(selected_color1)
def set_color_scale():
    global color_menu1
    color_window = tk.Tk()
    color_window.title('颜色设置')
    screen_width = color_window.winfo_screenwidth()    # 获取当前屏幕的宽度
    screen_height = color_window.winfo_screenheight()
    window_width = 300    # 窗口宽度
    window_height = 500    # 窗口高度
    x = int((screen_width - window_width) / 2)
    y = int((screen_height - window_height) / 2)
    # 设置窗口位置
    color_window.geometry("{}x{}+{}+{}".format(window_width, window_height, x, y + 50))
    # 创建下拉菜单
    color_var1 = tk.StringVar()
```

```
     color_var1.set('viridis')     # 默认颜色
     color_menu1 = ttk.Combobox(color_window, textvariable=color_var1)
     color_menu1['values'] = ('viridis', 'plasma', 'inferno', 'magma', 'cividis','jet')    # 添
加颜色选项
     color_menu1.grid(row=1, column=0, sticky='nsew')
     color_menu1.bind('<<ComboboxSelected>>', on_color_selected)
def save_figure():
     # 弹出文件对话框，获取用户选择的保存路径
         file_path = filedialog.asksaveasfilename(defaultextension=".png",
filetypes=[("PNG files", "*.png")])
     # 如果用户取消选择，file_path 将为空
     if file_path:
         # 保存图形到用户选择的路径
         plt.savefig(file_path)
         print(f"图形已保存到：{file_path}")
     # 显示图形（可选）
     plt.show()
def zuobiao():
     plt.show()
def on_closing():
     plt.close(fig)
     new_window.destroy()
new_window = tk.Tk()
new_window.title('三维云图')   # 设置标题
screen_width = new_window.winfo_screenwidth()    # 获取当前屏幕的宽度
screen_height = new_window.winfo_screenheight()
window_width = 500    # 窗口宽度
window_height = 400 # 窗口高度
x = int((screen_width - window_width) / 2)
y = int((screen_height - window_height) / 2)
new_window.geometry("{}x{}+{}+{}".format(window_width, window_height, x, y + 50))
menubar = tk.Menu(new_window, font=("宋体", 20))
new_window.config(menu=menubar)
file_menu1 = tk.Menu(menubar, tearoff=1, font=('宋体', 10))
    file_menu1.add_command(label=" 保 存 图 片 ", accelerator='Ctrl+S', command=save_figure)
file_menu2 = tk.Menu(menubar, tearoff=1, font=('宋体', 10))
file_menu2.add_command(label="色标设置", command=set_color_scale)
file_menu3 = tk.Menu(menubar, tearoff=1, font=('宋体', 10))
file_menu3.add_command(label="坐标显示", command=zuobiao)
menubar.add_cascade(label="文件(F) ", menu=file_menu1)
```

```python
menubar.add_cascade(label="视图(V) ", menu=file_menu2)
menubar.add_cascade(label="坐标(S) ", menu=file_menu3)
color_var1 = tk.StringVar()
color_var1.set('viridis')   # 默认颜色
new_window.protocol("WM_DELETE_WINDOW", on_closing)
update_plot(color_var1.get())
new_window.mainloop()
def changjingbi60():
    def update_plot(selected_color1):
        global fig
        # Load the .mat file
        current_dir = os.path.dirname(os.path.abspath(__file__))
        # 使用相对路径
        relative_path = os.path.join('T_60s_suoyou.mat')
        file_path = os.path.join(current_dir, relative_path)
        # 加载 .mat 文件
        mat_data = scipy.io.loadmat(file_path)
        matrixData = mat_data['dddd']
        x = matrixData[:, 1]
        y = matrixData[:, 2]
        z = matrixData[:, 3]
        center = [np.mean(x), np.mean(y), np.mean(z)]
        distances = np.sqrt((x - center[0]) ** 2 + (y - center[1]) ** 2 + (z - center[2]) ** 2)
        values = matrixData[:, 9]
        plt.close('all')
        fig = plt.figure()
        ax = fig.add_subplot(111, projection='3d')
        sc = ax.scatter(x, y, z, c=values, cmap=selected_color1)
        plt.title('3D 散点图 - 60 秒平均长度(纳米)')
        ax.set_xlabel('X')
        ax.set_ylabel('Y')
        ax.set_zlabel('Z')
        plt.colorbar(sc)
        plt.grid(True)
        current_canvas = FigureCanvasTkAgg(fig, master=new_window)
        current_canvas_widget = current_canvas.get_tk_widget()
        current_canvas_widget.grid(row=0, column=0, sticky='nsew')
        new_window.columnconfigure(0, weight=1)    # Make column 0 expandable
        new_window.rowconfigure(0, weight=1)    # Make row 0 expandable
    def on_color_selected(event):
        selected_color1 = color_menu1.get()
```

```
1              update_plot(selected_color1)
2        def set_color_scale():
3              global color_menu1
4              color_window = tk.Tk()
5              color_window.title('颜色设置')
6              screen_width = color_window.winfo_screenwidth()      # 获取当前屏幕的
7  宽度
8              screen_height = color_window.winfo_screenheight()
9              window_width = 300    # 窗口宽度
10             window_height = 500   # 窗口高度
11             x = int((screen_width - window_width) / 2)
12             y = int((screen_height - window_height) / 2)
13              color_window.geometry("{}x{}+{}+{}".format(window_width, window_height,
14   x, y + 50))
15             color_var1 = tk.StringVar()
16             color_var1.set('viridis')    # 默认颜色
17             color_menu1 = ttk.Combobox(color_window, textvariable=color_var1)
18             color_menu1['values'] = ('viridis', 'plasma', 'inferno', 'magma', 'cividis','jet')    # 添
19  加颜色选项
20             color_menu1.grid(row=1, column=0, sticky='nsew')
21             color_menu1.bind('<<ComboboxSelected>>', on_color_selected)
22       def save_figure():
23             # 弹出文件对话框，获取用户选择的保存路径
24             file_path = filedialog.asksaveasfilename(defaultextension=".png", filetypes=[("PNG
25  files", "*.png")])
26             # 如果用户取消选择，file_path 将为空
27             if file_path:
28                   # 保存图形到用户选择的路径
29                   plt.savefig(file_path)
30                   print(f"图形已保存到：{file_path}")
31             # 显示图形（可选）
32             plt.show()
33       def zuobiao():
34             plt.show()
35       def on_closing():
36             plt.close(fig)
37             new_window.destroy()
38       new_window = tk.Tk()
39       new_window.title('三维云图')    # 设置标题
40       screen_width = new_window.winfo_screenwidth()    # 获取当前屏幕的宽度
41       screen_height = new_window.winfo_screenheight()
42       window_width = 500    # 窗口宽度
```

```
window_height = 400  # 窗口高度
x = int((screen_width - window_width) / 2)
y = int((screen_height - window_height) / 2)
new_window.geometry("{}x{}+{}+{}".format(window_width, window_height, x, y + 50))
menubar = tk.Menu(new_window, font=("宋体", 20))
new_window.config(menu=menubar)
file_menu1 = tk.Menu(menubar, tearoff=1, font=('宋体', 10))
    file_menu1.add_command(label="保存图片", accelerator='Ctrl+S', command=save_figure)
file_menu2 = tk.Menu(menubar, tearoff=1, font=('宋体', 10))
file_menu2.add_command(label="色标设置", command=set_color_scale)
file_menu3 = tk.Menu(menubar, tearoff=1, font=('宋体', 10))
file_menu3.add_command(label="坐标显示", command=zuobiao)
menubar.add_cascade(label="文件(F)", menu=file_menu1)
menubar.add_cascade(label="视图(V)", menu=file_menu2)
menubar.add_cascade(label="坐标(S)", menu=file_menu3)
color_var1 = tk.StringVar()
color_var1.set('viridis')  # 默认颜色
update_plot(color_var1.get())
new_window.protocol("WM_DELETE_WINDOW", on_closing)
new_window.mainloop()
def changjingbi90():
    def update_plot(selected_color1):
        global fig
        current_dir = os.path.dirname(os.path.abspath(__file__))
        # 使用相对路径
        relative_path = os.path.join('T_90s_yuntu.mat')
        file_path = os.path.join(current_dir, relative_path)
        # 加载 .mat 文件
        mat_data = scipy.io.loadmat(file_path)
        matrixData = mat_data['dddd']
        x = matrixData[:, 1]
        y = matrixData[:, 2]
        z = matrixData[:, 3]
        center = [np.mean(x), np.mean(y), np.mean(z)]
        distances = np.sqrt((x - center[0]) ** 2 + (y - center[1]) ** 2 + (z - center[2]) ** 2)
        values = matrixData[:, 9]
        plt.close('all')
        fig = plt.figure()
        ax = fig.add_subplot(111, projection='3d')
```

```
1          sc = ax.scatter(x, y, z, c=values, cmap=selected_color1)
2          plt.title('3D 散点图 - 90 秒平均长度(纳米)')
3          ax.set_xlabel('X')
4          ax.set_ylabel('Y')
5          ax.set_zlabel('Z')
6          plt.colorbar(sc)
7          plt.grid(True)
8          current_canvas = FigureCanvasTkAgg(fig, master=new_window)
9          current_canvas_widget = current_canvas.get_tk_widget()
10         current_canvas_widget.grid(row=0, column=0, sticky='nsew')
11         new_window.columnconfigure(0, weight=1)   # Make column 0 expandable
12         new_window.rowconfigure(0, weight=1)   # Make row 0 expandable
13      def on_color_selected(event):
14          selected_color1 = color_menu1.get()
15          update_plot(selected_color1)
16      def set_color_scale():
17          global color_menu1
18          color_window = tk.Tk()
19          color_window.title('颜色设置')
20          screen_width = color_window.winfo_screenwidth()       # 获取当前屏幕的
21 宽度
22          screen_height = color_window.winfo_screenheight()
23          window_width = 300   # 窗口宽度
24          window_height = 500   # 窗口高度
25          x = int((screen_width - window_width) / 2)
26          y = int((screen_height - window_height) / 2)
27           color_window.geometry("{}x{}+{}+{}".format(window_width, window_height,
28 x, y + 50))
29          color_var1 = tk.StringVar()
30          color_var1.set('viridis')   # 默认颜色
31          color_menu1 = ttk.Combobox(color_window, textvariable=color_var1)
32          color_menu1['values'] = ('viridis', 'plasma', 'inferno', 'magma', 'cividis','jet')   # 添
33 加颜色选项
34          color_menu1.grid(row=1, column=0, sticky='nsew')
35          color_menu1.bind('<<ComboboxSelected>>', on_color_selected)
36      def save_figure():
37          # 弹出文件对话框，获取用户选择的保存路径
38                file_path    =    filedialog.asksaveasfilename(defaultextension=".png",
39 filetypes=[("PNG files", "*.png")])
40          # 如果用户取消选择，file_path 将为空
41          if file_path:
42              # 保存图形到用户选择的路径
```

```
1          plt.savefig(file_path)
2          print(f"图形已保存到：{file_path}")
3          # 显示图形（可选）
4          plt.show()
5      def zuobiao():
6          plt.show()
7      def on_closing():
8          plt.close(fig)
9          new_window.destroy()
10     new_window = tk.Tk()
11     new_window.title('三维云图')  # 设置标题
12     screen_width = new_window.winfo_screenwidth()  # 获取当前屏幕的宽度
13     screen_height = new_window.winfo_screenheight()
14     window_width = 500  # 窗口宽度
15     window_height = 400 #  窗口高度
16     x = int((screen_width - window_width) / 2)
17     y = int((screen_height - window_height) / 2)
18     new_window.geometry("{}x{}+{}+{}".format(window_width, window_height, x, y +
19 50))
20     menubar = tk.Menu(new_window, font=("宋体", 20))
21     new_window.config(menu=menubar)
22     file_menu1 = tk.Menu(menubar, tearoff=1, font=('宋体', 10))
23         file_menu1.add_command(label=" 保 存 图 片 ", accelerator='Ctrl+S',
24 command=save_figure)
25     file_menu2 = tk.Menu(menubar, tearoff=1, font=('宋体', 10))
26     file_menu2.add_command(label="色标设置", command=set_color_scale)
27     file_menu3 = tk.Menu(menubar, tearoff=1, font=('宋体', 10))
28     file_menu3.add_command(label="坐标显示", command=zuobiao)
29     menubar.add_cascade(label="文件(F)", menu=file_menu1)
30     menubar.add_cascade(label="视图(V)", menu=file_menu2)
31     menubar.add_cascade(label="坐标(S)", menu=file_menu3)
32     color_var1 = tk.StringVar()
33     color_var1.set('viridis')  # 默认颜色
34     update_plot(color_var1.get())
35     new_window.protocol("WM_DELETE_WINDOW", on_closing)
36     new_window.mainloop()
37 def changjingbi120():
38     def update_plot(selected_color1):
39         global fig
40         current_dir = os.path.dirname(os.path.abspath(__file__))
41         # 使用相对路径
42         relative_path = os.path.join('T_120s_suoyou_yuntu.mat')
```

```
            file_path = os.path.join(current_dir, relative_path)
            # 加载 .mat 文件
            mat_data = scipy.io.loadmat(file_path)
            matrixData = mat_data['dddd']
            x = matrixData[:, 1]
            y = matrixData[:, 2]
            z = matrixData[:, 3]
            center = [np.mean(x), np.mean(y), np.mean(z)]
            distances = np.sqrt((x - center[0]) ** 2 + (y - center[1]) ** 2 + (z - center[2])
** 2)
            values = matrixData[:, 9]
            plt.close('all')
            fig = plt.figure()
            ax = fig.add_subplot(111, projection='3d')
            sc = ax.scatter(x, y, z, c=values, cmap=selected_color1)
            plt.title('3D 散点图 - 120 秒平均长度(纳米)')
            ax.set_xlabel('X')
            ax.set_ylabel('Y')
            ax.set_zlabel('Z')
            plt.colorbar(sc)
            plt.grid(True)
            current_canvas = FigureCanvasTkAgg(fig, master=new_window)
            current_canvas_widget = current_canvas.get_tk_widget()
            current_canvas_widget.grid(row=0, column=0, sticky='nsew')
            new_window.columnconfigure(0, weight=1)   # Make column 0 expandable
            new_window.rowconfigure(0, weight=1)   # Make row 0 expandable
        def on_color_selected(event):
            selected_color1 = color_menu1.get()
            update_plot(selected_color1)
        def set_color_scale():
            global color_menu1
            color_window = tk.Tk()
            color_window.title('颜色设置')
            screen_width = color_window.winfo_screenwidth()        # 获取当前屏幕的
宽度
            screen_height = color_window.winfo_screenheight()
            window_width = 300    # 窗口宽度
            window_height = 500    # 窗口高度
            x = int((screen_width - window_width) / 2)
            y = int((screen_height - window_height) / 2)
            color_window.geometry("{}x{}+{}+{}".format(window_width, window_height,
x, y + 50))
```

```python
        color_var1 = tk.StringVar()
        color_var1.set('viridis')    # 默认颜色
        color_menu1 = ttk.Combobox(color_window, textvariable=color_var1)
        color_menu1['values'] = ('viridis', 'plasma', 'inferno', 'magma', 'cividis','jet')    # 添加颜色选项
        color_menu1.grid(row=1, column=0, sticky='nsew')
        color_menu1.bind('<<ComboboxSelected>>', on_color_selected)
    def save_figure():
        # 弹出文件对话框，获取用户选择的保存路径
        file_path = filedialog.asksaveasfilename(defaultextension=".png", filetypes=[("PNG files", "*.png")])
        # 如果用户取消选择，file_path 将为空
        if file_path:
            # 保存图形到用户选择的路径
            plt.savefig(file_path)
            print(f"图形已保存到：{file_path}")
            # 显示图形（可选）
            plt.show()
    def zuobiao():
        plt.show()
    def on_closing():
        plt.close(fig)
        new_window.destroy()
    new_window = tk.Tk()
    new_window.title('三维云图')    # 设置标题
    screen_width = new_window.winfo_screenwidth()    # 获取当前屏幕的宽度
    screen_height = new_window.winfo_screenheight()
    window_width = 500    # 窗口宽度
    window_height = 400 # 窗口高度
    x = int((screen_width - window_width) / 2)
    y = int((screen_height - window_height) / 2)
    new_window.geometry("{}x{}+{}+{}".format(window_width, window_height, x, y + 50))
    menubar = tk.Menu(new_window, font=("宋体", 20))
    new_window.config(menu=menubar)
    file_menu1 = tk.Menu(menubar, tearoff=1, font=('宋体', 10))
    file_menu1.add_command(label="  保  存  图  片  ", accelerator='Ctrl+S', command=save_figure)
    file_menu2 = tk.Menu(menubar, tearoff=1, font=('宋体', 10))
    file_menu2.add_command(label="色标设置", command=set_color_scale)
    file_menu3 = tk.Menu(menubar, tearoff=1, font=('宋体', 10))
    file_menu3.add_command(label="坐标显示", command=zuobiao)
```

```
1      menubar.add_cascade(label="文件(F)", menu=file_menu1)
2      menubar.add_cascade(label="视图(V)", menu=file_menu2)
3      menubar.add_cascade(label="坐标(S)", menu=file_menu3)
4      color_var1 = tk.StringVar()
5      color_var1.set('viridis')   # 默认颜色
6      update_plot(color_var1.get())
7      new_window.protocol("WM_DELETE_WINDOW", on_closing)
8      new_window.mainloop()
9  # 获取当前脚本的目录
10 current_dir = os.path.dirname(os.path.abspath(__file__))
11 # 使用相对路径
12 relative_path = os.path.join('给 70 所文档')
13 source_folder = os.path.join(current_dir, relative_path)
14 # 加载 .mat 文件
15 files = [
16     (os.path.join(source_folder, '30s 面积分数.txt'), '面积分数', '面积分数.txt'),
17     (os.path.join(source_folder, '30s 长径比.txt'), '长径比', '长径比.txt'),
18     (os.path.join(source_folder, '30s 数量密度.txt'), '数量密度', '数量密度.txt'),
19     (os.path.join(source_folder, '30s 平均长度.txt'), '平均长度', '平均长度.txt'),
20 ]
21 def select_folder_and_export(source_file, destination_file):
22     # 打开文件夹选择对话框
23     folder_selected = filedialog.askdirectory()
24     # 检查是否选择了文件夹
25     if folder_selected:
26         try:
27             # 检查源文件是否存在
28             if not os.path.exists(source_file):
29                 messagebox.showerror("错误", f"文件 {source_file} 不存在")
30                 return
31             # 目标文件路径
32             destination_path = os.path.join(folder_selected, destination_file)
33             # 复制文件到目标文件夹
34             shutil.copy(source_file, destination_path)
35             # 显示成功消息
36             messagebox.showinfo("成功", f"文件成功导出到 {folder_selected}")
37         except Exception as e:
38             # 显示错误消息
39             messagebox.showerror("错误", f"导出文件时出错: {str(e)}")
40     else:
41         # 如果未选择文件夹，显示提示
42         messagebox.showwarning("警告", "未选择文件夹")
```

```
1   def daochutxt():
2       # 创建主窗口
3       root = tk.Tk()
4       root.title("文件导出")
5       # 创建 12 个按钮，每个按钮对应一个文件
6       for index, (source_file, button_text, destination_file) in enumerate(files):
7           row = index // 4
8           col = index % 4
9           button = tk.Button(root, text=button_text,command=lambda sf=source_file,
10  df=destination_file: select_folder_and_export(sf, df))
11          button.grid(row=row, column=col, padx=5, pady=5,sticky='nsew')
12      for i in range(4):
13          root.grid_rowconfigure(i, weight=1)
14      for j in range(4):
15          root.grid_columnconfigure(j, weight=1)
16      # 运行主循环
17      root.mainloop()
18  def hongweiguan():
19      # 获取当前脚本所在目录
20      script_dir = os.path.dirname(os.path.abspath(__file__))
21      # 图片文件夹相对于当前脚本所在目录的路径
22      image_folder_relative = '97 组结果'
23      # 完整的图片文件夹路径
24      image_folder = os.path.join(script_dir, image_folder_relative)
25      # 列出文件夹中的所有文件
26      fileList = [f for f in os.listdir(image_folder) if f.endswith('.png')]
27      # 初始化一个列表来存储图像数据
28      images = []
29      # 循环遍历每个图像文件，读取并存储图像数据
30      for fileName in fileList:
31          # 构建当前图像文件的完整路径
32          image_path = os.path.join(image_folder, fileName)
33          # 读取图像数据并存储
34          images.append(np.array(Image.open(image_path)))
35      script_dir = os.path.dirname(os.path.abspath(__file__))
36      # 图片文件夹相对于当前脚本所在目录的路径
37      folder_relative = 'T_30s_suoyou_yuntu.mat'
38      # 完整的图片文件夹路径
39      mat_data_path = os.path.join(script_dir, folder_relative)
40      # 加载 MATLAB 文件
41      mat_data = scipy.io.loadmat(mat_data_path)
42      # 获取 MATLAB 数据中的 'dddd' 变量
```

```
1    dddd = mat_data['dddd']
2    # 将 X, Y, Z 坐标值四舍五入到小数点后一位
3    dddd[:, 1] = np.round(dddd[:, 1], 1)
4    dddd[:, 2] = np.round(dddd[:, 2], 1)
5    dddd[:, 3] = np.round(dddd[:, 3], 1)
6    def show_image():
7        # 获取用户输入的节点编号或坐标
8        input_value = node_entry.get()
9        X = x_entry.get()
10       Y = y_entry.get()
11       Z = z_entry.get()
12       row = None
13       # 第一种方法，根据节点编号获取数据
14       if input_value:
15           input_value = int(input_value)
16           row = np.where(dddd[:, 0] == input_value)[0]
17           input_value = str(input_value)
18           if input_value== "":
19               input_value=2
20       # 第二种方法，根据坐标获取数据
21       elif X and Y and Z:
22           X = float(X)
23           Y = float(Y)
24           Z = float(Z)
25           # 计算每一行中与输入值的差的绝对值
26           differences = np.abs(dddd[:, 1] - X) + np.abs(dddd[:, 2] - Y) + np.abs(dddd[:,
27   3] - Z)
28           # 找到最小差值的行索引
29           row = np.argmin(differences)
30       if row is not None and row.size > 0:
31           m = int(dddd[row, 8]) - 1      # 获取图像编号，减 1 因为 Python 从 0 开始
32   索引
33           f = dddd[row, 6]    # 获取密度值
34           n = dddd[row, 7]    # 获取体积比
35           a = dddd[row, 5]    # 获取长度比
36           b = dddd[row,9]
37           c = dddd[row,4]
38           print(f)
39           print(row)
40           # 创建一个新的窗口来显示图像
41           image_window = tk.Toplevel(root)
42           image_window.geometry("1000x600")
```

```python
            image_window.title("图像显示")
            print(input_value)
            global fig
            if input_value>str(0):
                # 使用 Matplotlib 在新的窗口中显示图像
                fig, ax = plt.subplots()
                ax.imshow(images[m])
                ax.set_xlabel('X 轴')
                ax.set_ylabel('Y 轴')
                ax.set_title(f'节点编号:{input_value} 数量密度:{n} 面积分数：{f} 长径比：{a}\n 平均长度：{b}（nm） 温度：{c}（℃）',pad=20,fontsize=16, fontweight='bold' )
            else:
                # 使用 Matplotlib 在新的窗口中显示图像
                fig, ax = plt.subplots()
                ax.imshow(images[m])
                ax.set_xlabel('X 轴')
                ax.set_ylabel('Y 轴')
                ax.set_title(f'节点坐标: X:[{X}] Y:[{Y}] Z:[{Z}] 数量密度:[{n}]  面积分数: [{f}]\n 长径比: [{a}] 平均长度：[{b}]（nm） 温度：[{c}]（℃）', pad=20, fontsize=16,
                             fontweight='bold')
            # 将 Matplotlib 图像嵌入到 Tkinter 窗口中
            canvas = FigureCanvasTkAgg(fig, master=image_window)
            current_canvas_widget = canvas.get_tk_widget()
            current_canvas_widget.grid(row=0, column=0, sticky='nsew')
            image_window.columnconfigure(0, weight=1)
            image_window.rowconfigure(0, weight=1)
            canvas.draw()
            toolbar = NavigationToolbar2Tk(canvas, image_window)
            toolbar.update()
            canvas.get_tk_widget().grid()
            def on_closing():
                plt.close(fig)
                image_window.destroy()
            image_window.protocol("WM_DELETE_WINDOW", on_closing)
    else:
        messagebox.showinfo("提示", "没有找到匹配的坐标或节点！")
# 创建 GUI 窗口
root = tk.Tk()
root.title("图像显示器")
# 节点编号输入框
```

```
1      tk.Label(root, text="节点编号:").grid(row=0, column=0)
2      node_entry = tk.Entry(root)
3      node_entry.grid(row=0, column=1)
4      # X 坐标输入框
5      tk.Label(root, text="X 坐标:").grid(row=1, column=0)
6      x_entry = tk.Entry(root)
7      x_entry.grid(row=1, column=1)
8      # Y 坐标输入框
9      tk.Label(root, text="Y 坐标:").grid(row=2, column=0)
10     y_entry = tk.Entry(root)
11     y_entry.grid(row=2, column=1)
12     # Z 坐标输入框
13     tk.Label(root, text="Z 坐标:").grid(row=3, column=0)
14     z_entry = tk.Entry(root)
15     z_entry.grid(row=3, column=1)
16     # 提交按钮
17     submit_button = tk.Button(root, text="显示图像", command=show_image)
18     submit_button.grid(row=4, column=0, columnspan=2)
19     root.mainloop()
20  # 创建主窗口
21  def xichuxiang():
22      frame1.destroy()
23      framexichuxiang = Frame(root)
24      screen_width = root.winfo_screenwidth()   # 获取当前屏幕的宽度
25      screen_height = root.winfo_screenheight()
26      window_width = 800   # 窗口宽度
27      window_height = 600   # 窗口高度
28      x = int((screen_width - window_width) / 2)
29      y = int((screen_height - window_height) / 2)
30      root.geometry("{}x{}+{}+{}".format(window_width, window_height, x, y))
31      framexichuxiang.grid(row=0, column=0, sticky="nsew")   # padx 设置水平方向上的
32  外边距大小，pady 设置垂直方向上的外边距大小
33      root.title('铝合金时效模块 1.0')   # 设置标题
34      root.columnconfigure(0, weight=1)   # Make column 0 expandable
35      root.rowconfigure(0, weight=1)   # Make row 0 expandable
36      buttonwendu = Button(framexichuxiang, text="温度场", bg='skyblue',
37                           command=show_buttons1, font=('宋体', 18))
38      buttonwendu.grid(row=0, column=0, sticky='nsew', padx=(50, 50), pady=30)
39      buttonchangjingbi = Button(framexichuxiang, text="平均长度", bg='skyblue',
40                                 command=changjingbi30, font=('宋体', 18))
41      buttonchangjingbi.grid(row=1, column=0, sticky='nsew', padx=(50, 50), pady=30)
42      buttondaochu = Button(framexichuxiang, text="文本文件", bg='skyblue',
```

```python
                    command=daochutxt, font=('宋体', 18))
buttondaochu.grid(row=2, column=0, sticky='nsew', padx=(50, 50), pady=30)
buttondaochu = Button(framexichuxiang, text="材料级-构件级", bg='skyblue',
                    command=hongweiguan, font=('宋体', 18))
buttondaochu.grid(row=3, column=0, sticky='nsew', padx=(50, 50), pady=30)
for i in range(4):
    framexichuxiang.rowconfigure(i, weight=1)
for i in range(1):
    framexichuxiang.columnconfigure(i, weight=1)
root.mainloop()
def eufirst():
    def update_plot(selected_color1):
        # 获取当前脚本的目录
        current_dir = os.path.dirname(os.path.abspath(__file__))
        # 使用相对路径
        relative_path = os.path.join('allsolidtime.mat')
        file_path = os.path.join(current_dir, relative_path)
        # 加载 .mat 文件
        mat_data = scipy.io.loadmat(file_path)
        # Assuming 'dddd' is the variable name in the .mat file
        matrixData = mat_data['allsolidtime']
        x = matrixData[:, 1]
        y = matrixData[:, 2]
        z = matrixData[:, 3]
        center = [np.mean(x), np.mean(y), np.mean(z)]
        distances = np.sqrt((x - center[0]) ** 2 + (y - center[1]) ** 2 + (z - center[2])
** 2)
        values = matrixData[:, 4]
        plt.close('all')
        fig = plt.figure()
        ax = fig.add_subplot(111, projection='3d')
        sc = ax.scatter(x, y, z, c=values, cmap=selected_color1)
        plt.title('3D 散点图 - 凝固时间(s)')
        ax.set_xlabel('X')
        ax.set_ylabel('Y')
        ax.set_zlabel('Z')
        plt.colorbar(sc)
        plt.grid(False)
        current_canvas = FigureCanvasTkAgg(fig, master=new_window)
        current_canvas_widget = current_canvas.get_tk_widget()
        current_canvas_widget.grid(row=0, column=0, sticky='nsew')
        new_window.columnconfigure(0, weight=1)    # Make column 0 expandable
```

```
        new_window.rowconfigure(0, weight=1)    # Make row 0 expandable
    def on_color_selected(event):
        selected_color1 = color_menu1.get()
        update_plot(selected_color1)
    def set_color_scale():
        global color_menu1
        color_window = tk.Tk()
        color_window.title('颜色设置')
        screen_width = color_window.winfo_screenwidth()    # 获取当前屏幕的宽度
        screen_height = color_window.winfo_screenheight()
        window_width = 300    # 窗口宽度
        window_height = 500   # 窗口高度
        x = int((screen_width - window_width) / 2)
        y = int((screen_height - window_height) / 2)
        # 设置窗口位置
         color_window.geometry("{}x{}+{}+{}".format(window_width, window_height, x, y + 50))
        # 创建下拉菜单
        color_var1 = tk.StringVar()
        color_var1.set('viridis')   # 默认颜色
        color_menu1 = ttk.Combobox(color_window, textvariable=color_var1)
        color_menu1['values'] = ('viridis', 'plasma', 'inferno', 'magma', 'cividis', 'jet')   # 添加颜色选项
        color_menu1.grid(row=1, column=0, sticky='nsew')
        color_menu1.bind('<<ComboboxSelected>>', on_color_selected)
    def save_figure():
        # 弹出文件对话框，获取用户选择的保存路径
        file_path = filedialog.asksaveasfilename(defaultextension=".png", filetypes=[("PNG files", "*.png")])
        # 如果用户取消选择，file_path 将为空
        if file_path:
            # 保存图形到用户选择的路径
            plt.savefig(file_path)
            print(f"图形已保存到：{file_path}")
        # 显示图形（可选）
        plt.show()
    def zuobiao():
        plt.show()
    new_window = tk.Tk()
    new_window.title('三维云图')   # 设置标题
    screen_width = new_window.winfo_screenwidth()    # 获取当前屏幕的宽度
```

```python
screen_height = new_window.winfo_screenheight()
window_width = 500    # 窗口宽度
window_height = 400   # 窗口高度
x = int((screen_width - window_width) / 2)
y = int((screen_height - window_height) / 2)
# 设置窗口位置
new_window.geometry("{}x{}+{}+{}".format(window_width, window_height, x, y + 50))
menubar1 = tk.Menu(new_window, font=("宋体", 20))
new_window.config(menu=menubar1)
file_menu1 = tk.Menu(menubar1, tearoff=1, font=('宋体', 10))
file_menu1.add_command(label=" 保 存 图 片 ", accelerator='Ctrl+S', command=save_figure)
file_menu2 = tk.Menu(menubar1, tearoff=1, font=('宋体', 10))
file_menu2.add_command(label="色标设置", command=set_color_scale)
file_menu3 = tk.Menu(menubar1, tearoff=1, font=('宋体', 10))
file_menu3.add_command(label="坐标显示", command=zuobiao)
menubar1.add_cascade(label="文件(F)", menu=file_menu1)
menubar1.add_cascade(label="视图(V)", menu=file_menu2)
menubar1.add_cascade(label="坐标(S)", menu=file_menu3)
# 初始绘制
color_var1 = tk.StringVar()
color_var1.set('viridis')   # 默认颜色
update_plot(color_var1.get())
# 开始 Tkinter 主循环
new_window.mainloop()
def eusecond():
    def update_plot(selected_color1):
        import os
        import scipy.io
        # 获取当前脚本的目录
        current_dir = os.path.dirname(os.path.abspath(__file__))
        # 使用相对路径
        relative_path = 'allsolidtime.mat'
        file_path = os.path.join(current_dir, relative_path)
        # 加载 .mat 文件
        mat_data = scipy.io.loadmat(file_path)
        # 显示加载数据的键
        print(mat_data.keys())
        # Assuming 'dddd' is the variable name in the .mat file
        matrixData = mat_data['allsolidtime']
        x = matrixData[:, 1]
```

```
            y = matrixData[:, 2]
            z = matrixData[:, 3]
            center = [np.mean(x), np.mean(y), np.mean(z)]
            distances = np.sqrt((x - center[0]) ** 2 + (y - center[1]) ** 2 + (z - center[2]) ** 2)
            values = matrixData[:, 6]
            plt.close('all')
            fig = plt.figure()
            ax = fig.add_subplot(111, projection='3d')
            sc = ax.scatter(x, y, z, c=values, cmap=selected_color1)
            plt.title('3D 散点图 - 不同冷却速率的长径比')
            ax.set_xlabel('X')
            ax.set_ylabel('Y')
            ax.set_zlabel('Z')
            plt.colorbar(sc)
            plt.grid(True)
            current_canvas = FigureCanvasTkAgg(fig, master=new_window)
            current_canvas_widget = current_canvas.get_tk_widget()
            current_canvas_widget.grid(row=0, column=0, sticky='nsew')
            new_window.columnconfigure(0, weight=1)    # Make column 0 expandable
            new_window.rowconfigure(0, weight=1)    # Make row 0 expandable
        def on_color_selected(event):
            selected_color1 = color_menu1.get()
            update_plot(selected_color1)
        def set_color_scale():
            global color_menu1
            color_window = tk.Tk()
            color_window.title('颜色设置')
            screen_width = color_window.winfo_screenwidth()    # 获取当前屏幕的宽度
            screen_height = color_window.winfo_screenheight()
            window_width = 300    # 窗口宽度
            window_height = 500    # 窗口高度
            x = int((screen_width - window_width) / 2)
            y = int((screen_height - window_height) / 2)
            # 设置窗口位置
            color_window.geometry("{}x{}+{}+{}".format(window_width, window_height, x, y + 50))
            # 创建下拉菜单
            color_var1 = tk.StringVar()
            color_var1.set('viridis')    # 默认颜色
            color_menu1 = ttk.Combobox(color_window, textvariable=color_var1)
```

```
        color_menu1['values'] = ('viridis', 'plasma', 'inferno', 'magma', 'cividis', 'jet')  # 添
加颜色选项
        color_menu1.grid(row=1, column=0, sticky='nsew')
        color_menu1.bind('<<ComboboxSelected>>', on_color_selected)
    def save_figure():
        # 弹出文件对话框,获取用户选择的保存路径
        file_path = filedialog.asksaveasfilename(defaultextension=".png", filetypes=[("PNG files", "*.png")])
        # 如果用户取消选择,file_path 将为空
        if file_path:
            # 保存图形到用户选择的路径
            plt.savefig(file_path)
            print(f"图形已保存到:{file_path}")
        # 显示图形(可选)
        plt.show()
    def zuobiao():
        plt.show()
    new_window = tk.Tk()
    new_window.title('三维云图')  # 设置标题
    screen_width = new_window.winfo_screenwidth()   # 获取当前屏幕的宽度
    screen_height = new_window.winfo_screenheight()
    window_width = 500  # 窗口宽度
    window_height = 400  # 窗口高度
    x = int((screen_width - window_width) / 2)
    y = int((screen_height - window_height) / 2)
    new_window.geometry("{}x{}+{}+{}".format(window_width, window_height, x, y + 50))
    menubar = tk.Menu(new_window, font=("宋体", 20))
    new_window.config(menu=menubar)
    file_menu1 = tk.Menu(menubar, tearoff=1, font=('宋体', 10))
        file_menu1.add_command(label="保 存 图 片 ", accelerator='Ctrl+S', command=save_figure)
    file_menu2 = tk.Menu(menubar, tearoff=1, font=('宋体', 10))
    file_menu2.add_command(label="色标设置", command=set_color_scale)
    file_menu3 = tk.Menu(menubar, tearoff=1, font=('宋体', 10))
    file_menu3.add_command(label="坐标显示", command=zuobiao)
    menubar.add_cascade(label="文件(F)", menu=file_menu1)
    menubar.add_cascade(label="视图(V)", menu=file_menu2)
    menubar.add_cascade(label="坐标(S)", menu=file_menu3)
    color_var1 = tk.StringVar()
    color_var1.set('viridis')  # 默认颜色
    update_plot(color_var1.get())
```

```python
new_window.mainloop()
# 获取当前脚本的目录
current_dir = os.path.dirname(os.path.abspath(__file__))
# 使用相对路径
relative_path = os.path.join('共晶输出文件')
source_folder = os.path.join(current_dir, relative_path)
# 加载 .mat 文件
files1 = [
    (os.path.join(source_folder, 'eutecticsolid.txt'), '共晶固相分数', 'eutecticsolid.txt'),
    (os.path.join(source_folder, 'LD.txt'), '共晶长径比', '长径比.txt'),
    (os.path.join(source_folder, 'gurongsolid.txt'), '固溶固相分数', 'gurongsolid.txt'),
]
def select_folder_and_export(source_file, destination_file):
    # 打开文件夹选择对话框
    folder_selected = filedialog.askdirectory()
    # 检查是否选择了文件夹
    if folder_selected:
        try:
            # 检查源文件是否存在
            if not os.path.exists(source_file):
                messagebox.showerror("错误", f"文件 {source_file} 不存在")
                return
            # 目标文件路径
            destination_path = os.path.join(folder_selected, destination_file)
            # 复制文件到目标文件夹
            shutil.copy(source_file, destination_path)
            # 显示成功消息
            messagebox.showinfo("成功", f"文件成功导出到 {folder_selected}")
        except Exception as e:
            # 显示错误消息
            messagebox.showerror("错误", f"导出文件时出错: {str(e)}")
    else:
        # 如果未选择文件夹，显示提示
        messagebox.showwarning("警告", "未选择文件夹")
def euthird():
    # 创建主窗口
    root = tk.Tk()
    root.title("文件导出")
    # 创建 12 个按钮，每个按钮对应一个文件
    for index, (source_file, button_text, destination_file) in enumerate(files1):
        row = index // 3
        col = index % 3
```

```python
            button = tk.Button(root, text=button_text, command=lambda sf=source_file,
df=destination_file: select_folder_and_export(sf, df))
            button.grid(row=row, column=col, padx=5, pady=5, sticky='nsew')
    for i in range(4):
        root.grid_rowconfigure(i, weight=1)
    for j in range(3):
        root.grid_columnconfigure(j, weight=1)
    # 运行主循环
    root.mainloop()
def eufourth():
    # 获取当前脚本所在目录
    script_dir = os.path.dirname(os.path.abspath(__file__))
    # 图片文件夹相对于当前脚本所在目录的路径
    image_folder_relative = 'Fig.simulation'
    # 完整的图片文件夹路径
    image_folder = os.path.join(script_dir, image_folder_relative)
    # 列出文件夹中的所有文件
    fileList = [f for f in os.listdir(image_folder) if f.endswith('.png')]
    # 初始化一个列表来存储图像数据
    images = []
    # 循环遍历每个图像文件，读取并存储图像数据
    for fileName in fileList:
        # 构建当前图像文件的完整路径
        image_path = os.path.join(image_folder, fileName)
        # 读取图像数据并存储
        images.append(np.array(Image.open(image_path)))
    script_dir = os.path.dirname(os.path.abspath(__file__))
    # 图片文件夹相对于当前脚本所在目录的路径
    folder_relative = 'allsolidtime.mat'
    # 完整的图片文件夹路径
    mat_data_path = os.path.join(script_dir, folder_relative)
    # 加载 MATLAB 文件
    mat_data = scipy.io.loadmat(mat_data_path)
    # 获取 MATLAB 数据中的 'dddd' 变量
    dddd = mat_data['allsolidtime']
    l = 8
    k = 2
    brightness_values = dddd[:, 4]
    # 将 dddd 数组中的值按亮度区间分配图像编号
    dddd[brightness_values <= 106.95908, l] = 1
    dddd[(brightness_values <= 127.38914) & (brightness_values >= 107.02238), l] =
2
```

```
1      dddd[(brightness_values <= 144.45976) & (brightness_values >= 127.40553), 1] =
2   3
3      dddd[(brightness_values <= 156.68013) & (brightness_values >= 144.47177), 1] =
4   4
5      dddd[(brightness_values <= 166.01781) & (brightness_values >= 156.71126), 1] =
6   5
7      dddd[(brightness_values <= 173.35783) & (brightness_values >= 166.02525), 1] =
8   6
9      dddd[(brightness_values <= 182.34778) & (brightness_values >= 173.76906), 1] =
10  7
11     dddd[(brightness_values <= 190.77547) & (brightness_values >= 182.36223), 1] =
12  8
13     dddd[(brightness_values <= 198.93994) & (brightness_values >= 190.78795), 1] =
14  9
15     dddd[(brightness_values <= 206.57712) & (brightness_values >= 198.95004), 1] =
16  10
17     dddd[(brightness_values <= 213.96295) & (brightness_values >= 206.58675), 1] =
18  11
19     dddd[(brightness_values <= 221.46272) & (brightness_values >= 213.97585), 1] =
20  12
21     dddd[(brightness_values <= 229.01897) & (brightness_values >= 221.47043), 1] =
22  13
23     dddd[(brightness_values <= 236.73589) & (brightness_values >= 229.02789), 1] =
24  14
25     dddd[(brightness_values <= 244.88498) & (brightness_values >= 236.7439), 1] =
26  15
27     dddd[(brightness_values <= 253.1432) & (brightness_values >= 244.89151), 1] =
28  16
29     dddd[(brightness_values <= 263.22195) & (brightness_values >= 253.1579), 1] =
30  17
31     dddd[(brightness_values <= 274.50897) & (brightness_values >= 263.23145), 1] =
32  18
33     dddd[(brightness_values <= 286.44818) & (brightness_values >= 274.52576), 1] =
34  19
35     dddd[(brightness_values <= 298.84424) & (brightness_values >= 286.4613), 1] =
36  20
37     dddd[(brightness_values <= 313.24896) & (brightness_values >= 298.85403), 1] =
38  21
39     dddd[(brightness_values <= 328.19202) & (brightness_values >= 313.27655), 1] =
40  22
41     dddd[(brightness_values <= 344.40024) & (brightness_values >= 328.23102), 1] =
42  23
```

```
24    dddd[(brightness_values <= 362.73666) & (brightness_values >= 344.42563), l] =
25    dddd[(brightness_values <= 381.38989) & (brightness_values >= 362.80676), l] =
26    dddd[(brightness_values <= 399.84961) & (brightness_values >= 381.42393), l] =
27    dddd[(brightness_values <= 417.3223) & (brightness_values >= 399.87225), l] =
28    dddd[(brightness_values <= 433.96567) & (brightness_values >= 417.37436), l] =
29    dddd[(brightness_values <= 449.17453) & (brightness_values >= 434.00577), l] =
30    dddd[(brightness_values <= 462.37274) & (brightness_values >= 449.22507), l] =
31    dddd[(brightness_values <= 473.33191) & (brightness_values >= 462.38654), l] =
32    dddd[(brightness_values <= 482.20663) & (brightness_values >= 473.34631), l] =
33    dddd[(brightness_values <= 489.7583) & (brightness_values >= 482.23807), l] =
34    dddd[(brightness_values <= 496.07227) & (brightness_values >= 489.77325), l] =
35    dddd[(brightness_values <= 501.1683) & (brightness_values >= 496.08347), l] =
36    dddd[(brightness_values <= 505.07779) & (brightness_values >= 501.17105), l] =
37    dddd[(brightness_values <= 508.40479) & (brightness_values >= 505.08063), l] =
38    dddd[(brightness_values <= 511.48965) & (brightness_values >= 508.40695), l] =
39    dddd[(brightness_values <= 514.68182) & (brightness_values >= 511.49274), l] =
40    dddd[(brightness_values <= 517.92731) & (brightness_values >= 514.68317), l] =
41    dddd[(brightness_values <= 521.37799) & (brightness_values >= 517.93115), l] =
42    dddd[(brightness_values <= 525.19128) & (brightness_values >= 521.38586), l] =
43    dddd[(brightness_values <= 529.53064) & (brightness_values >= 525.19818), l] =
44    dddd[(brightness_values <= 534.04462) & (brightness_values >= 529.54095), l] =
```

```
 1    dddd[(brightness_values <= 538.92511) & (brightness_values >= 534.05054), l] =
 2    45
 3    dddd[(brightness_values <= 544.08154) & (brightness_values >= 538.9325), l] =
 4    46
 5    dddd[(brightness_values <= 550.03284) & (brightness_values >= 544.08502), l] =
 6    47
 7    dddd[(brightness_values <= 557.01141) & (brightness_values >= 550.04053), l] =
 8    48
 9    dddd[(brightness_values <= 565.31689) & (brightness_values >= 557.02893), l] =
10    49
11    dddd[(brightness_values <= 600.82526) & (brightness_values >= 565.34247), l] =
12    50
13    # 将 X, Y, Z 坐标值四舍五入到小数点后一位
14    dddd[:, 1] = np.round(dddd[:, 1], 1)
15    dddd[:, 2] = np.round(dddd[:, 2], 1)
16    dddd[:, 3] = np.round(dddd[:, 3], 1)
17    def show_image():
18        # 获取用户输入的节点编号或坐标
19        input_value = node_entry.get()
20        X = x_entry.get()
21        Y = y_entry.get()
22        Z = z_entry.get()
23        row = None
24        # 第一种方法，根据节点编号获取数据
25        if input_value:
26            input_value = int(input_value)
27            row = np.where(dddd[:, 0] == input_value)[0]
28            input_value = str(input_value)
29            if input_value == "":
30                input_value = 2
31        # 第二种方法，根据坐标获取数据
32        elif X and Y and Z:
33            X = float(X)
34            Y = float(Y)
35            Z = float(Z)
36            # 计算每一行中与输入值的差的绝对值
37            differences = np.abs(dddd[:, 1] - X) + np.abs(dddd[:, 2] - Y) + np.abs(dddd[:,
38    3] - Z)
39            # 找到最小差值的行索引
40            row = np.argmin(differences)
41        if row is not None and row.size > 0:
42            m = int(dddd[row, 8]) - 1    # 获取图像编号，减 1 因为 Python 从 0 开始
```

```
            cool = dddd[row, 5]    # 获取冷却速率
            a = dddd[row, 6]    # 获取长径比
            f = dddd[row, 7]    # 获取共晶固相分数
            n = dddd[row, 8]    # 获取固溶固相分数
            c=dddd[row,4]
            print(m)
            # 创建一个新的窗口来显示图像
            image_window = tk.Toplevel(root)
            image_window.title("图像显示")
            image_window.geometry("800x600")
            if input_value > str(0):
                # 使用 Matplotlib 在新的窗口中显示图像
                fig, ax = plt.subplots()
                ax.imshow(images[m])
                ax.set_xlabel('X 轴')
                ax.set_ylabel('Y 轴')
                ax.set_title(f'节点编号:{input_value} 冷却速率：{cool} 长径比: {a} 共晶 Si 固相分数: {f} \n 固溶共晶 Si 固相分数: {n} 凝固时间：{c}')
            else:
                fig, ax = plt.subplots()
                ax.imshow(images[m])
                ax.set_xlabel('X 轴')
                ax.set_ylabel('Y 轴')
                ax.set_title(f'节点坐标: X:[{X}] Y:[{Y}] Z:[{Z}] 冷却速率: [{cool}] 长径比: [{a}] \n 共晶 Si 固相分数: [{f}] 固溶共晶 Si 固相分数: [{n}] 凝固时间: [{c}]')
            # 将 Matplotlib 图像嵌入到 Tkinter 窗口中
            canvas = FigureCanvasTkAgg(fig, master=image_window)
            current_canvas_widget = canvas.get_tk_widget()
            current_canvas_widget.grid(row=0, column=0, sticky='nsew')
            image_window.columnconfigure(0, weight=1)
            image_window.rowconfigure(0, weight=1)
            canvas.draw()
            toolbar = NavigationToolbar2Tk(canvas, image_window)
            toolbar.update()
            canvas.get_tk_widget().grid()
        else:
            messagebox.showinfo("提示", "没有找到匹配的坐标或节点！")
# 创建 GUI 窗口
root = tk.Tk()
root.title("图像显示器")
```

```
1       # 节点编号输入框
2       tk.Label(root, text="节点编号:").grid(row=0, column=0)
3       node_entry = tk.Entry(root)
4       node_entry.grid(row=0, column=1)
5       # X 坐标输入框
6       tk.Label(root, text="X 坐标:").grid(row=1, column=0)
7       x_entry = tk.Entry(root)
8       x_entry.grid(row=1, column=1)
9       # Y 坐标输入框
10      tk.Label(root, text="Y 坐标:").grid(row=2, column=0)
11      y_entry = tk.Entry(root)
12      y_entry.grid(row=2, column=1)
13      # Z 坐标输入框
14      tk.Label(root, text="Z 坐标:").grid(row=3, column=0)
15      z_entry = tk.Entry(root)
16      z_entry.grid(row=3, column=1)
17      # 提交按钮
18      submit_button = tk.Button(root, text="显示图像", command=show_image)
19      submit_button.grid(row=4, column=0, columnspan=2)
20      root.mainloop()
21  # 创建主窗口
22  def eutectic():
23      frame1.destroy()
24      framexichuxiang = Frame(root)
25      screen_width = root.winfo_screenwidth()    # 获取当前屏幕的宽度
26      screen_height = root.winfo_screenheight()
27      window_width = 800    # 窗口宽度
28      window_height = 600   # 窗口高度
29      x = int((screen_width - window_width) / 2)
30      y = int((screen_height - window_height) / 2)
31      root.geometry("{}x{}+{}+{}".format(window_width, window_height, x, y))   # 使用
32  格式化字符串设置窗口的几何属性
33      framexichuxiang.grid(row=0, column=0, sticky="nsew")   # padx 设置水平方向上的
34  外边距大小，pady 设置垂直方向上的外边距大小
35      root.title('铝合金共晶模块 1.0')   # 设置标题
36      root.columnconfigure(0, weight=1)    # Make column 0 expandable
37      root.rowconfigure(0, weight=1)    # Make row 0 expandable
38      buttonwendu = Button(framexichuxiang, text="凝固时间", bg='skyblue',
39                           command=eufirst, font=('宋体', 18))
40      buttonwendu.grid(row=0, column=0, sticky='nsew', padx=(50, 50), pady=30)
41      buttonchangjingbi = Button(framexichuxiang, text="长径比", bg='skyblue',
42                                 command=eusecond, font=('宋体', 18))
```

```python
    buttonchangjingbi.grid(row=1, column=0, sticky='nsew', padx=(50, 50), pady=30)
    buttondaochu = Button(framexichuxiang, text="文本文件", bg='skyblue',
                          command=euthird, font=('宋体', 18))
    buttondaochu.grid(row=2, column=0, sticky='nsew', padx=(50, 50), pady=30)
    buttondaochu = Button(framexichuxiang, text="材料级—构件级", bg='skyblue',
                          command=eufourth, font=('宋体', 18))
    buttondaochu.grid(row=3, column=0, sticky='nsew', padx=(50, 50), pady=30)
    for i in range(4):
        framexichuxiang.rowconfigure(i, weight=1)
    for i in range(1):
        framexichuxiang.columnconfigure(i, weight=1)
    root.mainloop()
def New_projet():
    global frame1
    frame1 = tk.Toplevel(root, bd=5, relief=tk.RAISED)
    frame1.geometry("600x400+600+350")
    root.columnconfigure(0, weight=1)   # Make column 0 expandable 控制框架大小随窗口变化
    root.rowconfigure(0, weight=1)   # Make row 0 expandable
    Label(frame1, text='选择模块', bg='light grey', font=('宋体', 20),
justify="center").grid(row=0, column=0, columnspan=2, padx=(5, 5), pady=1)
    buttongongjing = Button(frame1, text="共晶模块 ", command=eutectic, bg='skyblue',
font=(18), height=8)
    buttongongjing.grid(row=1, column=0, sticky="nsew", columnspan=2)
    buttonxichu = Button(frame1, text="析出模块", command=xichuxiang, bg='skyblue',
font=(18), height=8)
    buttonxichu.grid(row=2, column=0, sticky="nsew", columnspan=2)
    for i in range(9):
        frame1.rowconfigure(i, weight=1)
    for i in range(2):
        frame1.columnconfigure(i, weight=1)
def close_window(root):
    image_label.destroy()
    root.destroy()
def help_txt():
    try:
        # 获取当前工作目录并拼接文件路径
        current_dir =os.path.dirname(os.path.abspath(__file__))
        file_path = os.path.join(current_dir, 'Help.pdf')
        # 调用系统默认的 PDF 阅读器打开文件
        subprocess.Popen(['start', file_path], shell=True)
    except FileNotFoundError:
```

```
        print("找不到帮助文档。")
def team_txt():
    try:
        # 获取当前工作目录并拼接文件路径
        current_dir = os.path.dirname(os.path.abspath(__file__))
        file_path = os.path.join(current_dir, 'Team.txt')
        # 调用记事本打开文件
        subprocess.Popen(['notepad.exe', file_path])
    except FileNotFoundError:
        print("没有找到文档")
def yuntu():
    global filepath
    def wendu():
        def is_valid_row(row):
            return len(row) >= 6   # Ensure the row has at least 6 columns
        with open(file_path, 'r',encoding='utf-8') as file:
            first_line = file.readline()
            delimiter = '\t' if '\t' in first_line else ' '
            file.seek(0)
            reader = csv.reader(file, delimiter=delimiter)
            next(reader)    # Skip the header row
            data = [row for row in reader if row]
        if data:
            print("原始数据：")
            for row in data:
                print(row)
            try:
                valid_data = [row for row in data if is_valid_row(row)]
                print("\n有效数据：")
                for row in valid_data:
                    print(row)
                x = [float(row[2].strip()) for row in valid_data]
                y = [float(row[3].strip()) for row in valid_data]
                z = [float(row[4].strip()) for row in valid_data]
                value = [float(row[5].strip()) for row in valid_data]
                fig = plt.figure()
                ax = fig.add_subplot(111, projection='3d')
                scatter = ax.scatter(x, y, z, c=value, cmap='viridis')
                color_bar = plt.colorbar(scatter, ax=ax)
                color_bar.set_label('凝固时间（秒）')
                ax.set_xlabel('X 坐标')
                ax.set_ylabel('Y 坐标')
```

```python
            ax.set_zlabel('Z 坐标')
            top = tk.Toplevel()
            top.title("凝固时间云图")
            canvas = FigureCanvasTkAgg(fig, master=top)
            canvas_widget = canvas.get_tk_widget()
            canvas_widget.pack(expand=True, fill=tk.BOTH)
        except ValueError as e:
            print(f"数据转换错误: {e}")
    else:
        print("没有数据")
def changjingbi():
    def is_valid_row(row):
        return len(row) >= 6
    with open(file_path, 'r',encoding='utf-8') as file:
        first_line = file.readline()
        delimiter = '\t' if '\t' in first_line else ' '
        file.seek(0)
        reader = csv.reader(file, delimiter=delimiter)
        next(reader)    # Skip the header row
        data = [row for row in reader if row]
    if data:
        print("原始数据：")
        for row in data:
            print(row)
        try:
            valid_data = [row for row in data if is_valid_row(row)]
            print("\n 有效数据：")
            for row in valid_data:
                print(row)
            x = [float(row[2].strip()) for row in valid_data]
            y = [float(row[3].strip()) for row in valid_data]
            z = [float(row[4].strip()) for row in valid_data]
            value = [float(row[6].strip()) for row in valid_data]
            fig = plt.figure()
            ax = fig.add_subplot(111, projection='3d')
            scatter = ax.scatter(x, y, z, c=value, cmap='viridis')
            color_bar = plt.colorbar(scatter, ax=ax)
            color_bar.set_label('冷却速率（K/s）')
            ax.set_xlabel('X 坐标')
            ax.set_ylabel('Y 坐标')
            ax.set_zlabel('Z 坐标')
            # Create a new window to display the plot
```

```
1                    top = tk.Toplevel()
2                    top.title("冷却速率云图")
3                    canvas = FigureCanvasTkAgg(fig, master=top)
4                    canvas_widget = canvas.get_tk_widget()
5                    canvas_widget.pack(expand=True, fill=tk.BOTH)
6            except ValueError as e:
7                    print(f"数据转换错误: {e}")
8        else:
9            print("没有数据")
10   def mianjifenshu():
11       def is_valid_row(row):
12           return len(row) >= 6
13       with open(file_path, 'r',encoding='utf-8') as file:
14           first_line = file.readline()
15           delimiter = '\t' if '\t' in first_line else ' '
16           file.seek(0)
17           reader = csv.reader(file, delimiter=delimiter)
18           next(reader)   # Skip the header row
19           data = [row for row in reader if row]
20       if data:
21           print("原始数据：")
22           for row in data:
23               print(row)
24           try:
25               valid_data = [row for row in data if is_valid_row(row)]
26               print("\n 有效数据：")
27               for row in valid_data:
28                   print(row)
29               x = [float(row[2].strip()) for row in valid_data]
30               y = [float(row[3].strip()) for row in valid_data]
31               z = [float(row[4].strip()) for row in valid_data]
32               value = [float(row[7].strip()) for row in valid_data]
33               fig = plt.figure()
34               ax = fig.add_subplot(111, projection='3d')
35               scatter = ax.scatter(x, y, z, c=value, cmap='viridis')
36               color_bar = plt.colorbar(scatter, ax=ax)
37               color_bar.set_label('等效直径')
38               ax.set_xlabel('X 坐标')
39               ax.set_ylabel('Y 坐标')
40               ax.set_zlabel('Z 坐标')
41               top = tk.Toplevel()
42               top.title("等效直径云图")
```

```python
            canvas = FigureCanvasTkAgg(fig, master=top)
            canvas_widget = canvas.get_tk_widget()
            canvas_widget.pack(expand=True, fill=tk.BOTH)
        except ValueError as e:
            print(f"数据转换错误: {e}")
    else:
        print("没有数据")
def shuliangmidu():
    def is_valid_row(row):
        return len(row) >= 6
    with open(file_path, 'r',encoding='utf-8') as file:
        first_line = file.readline()
        delimiter = '\t' if '\t' in first_line else ' '
        file.seek(0)
        reader = csv.reader(file, delimiter=delimiter)
        next(reader)    # Skip the header row
        data = [row for row in reader if row]
        if data:
            print("原始数据：")
            for row in data:
                print(row)
            try:
                valid_data = [row for row in data if is_valid_row(row)]
                print("\n 有效数据：")
                for row in valid_data:
                    print(row)
                x = [float(row[2].strip()) for row in valid_data]
                y = [float(row[3].strip()) for row in valid_data]
                z = [float(row[4].strip()) for row in valid_data]
                value = [float(row[8].strip()) for row in valid_data]
                fig = plt.figure()
                ax = fig.add_subplot(111, projection='3d')
                scatter = ax.scatter(x, y, z, c=value, cmap='viridis')
                color_bar = plt.colorbar(scatter, ax=ax)
                color_bar.set_label('共晶硅长径比')
                ax.set_xlabel('X 坐标')
                ax.set_ylabel('Y 坐标')
                ax.set_zlabel('Z 坐标')
                # Create a new window to display the plot
                top = tk.Toplevel()
                top.title("共晶硅长径比云图")
                canvas = FigureCanvasTkAgg(fig, master=top)
```

```
                    canvas_widget = canvas.get_tk_widget()
                    canvas_widget.pack(expand=True, fill=tk.BOTH)
            except ValueError as e:
                print(f"数据转换错误: {e}")
        else:
            print("没有数据")
def pingjunchangdu():
    def is_valid_row(row):
        return len(row) >= 6
    with open(file_path, 'r',encoding='utf-8') as file:
        first_line = file.readline()
        delimiter = '\t' if '\t' in first_line else ' '
        file.seek(0)
        reader = csv.reader(file, delimiter=delimiter)
        next(reader)    # Skip the header row
        data = [row for row in reader if row]
    if data:
        print("原始数据：")
        for row in data:
            print(row)
        try:
            valid_data = [row for row in data if is_valid_row(row)]
            print("\n 有效数据：")
            for row in valid_data:
                print(row)
            x = [float(row[2].strip()) for row in valid_data]
            y = [float(row[3].strip()) for row in valid_data]
            z = [float(row[4].strip()) for row in valid_data]
            value = [float(row[9].strip()) for row in valid_data]
            fig = plt.figure()
            ax = fig.add_subplot(111, projection='3d')
            scatter = ax.scatter(x, y, z, c=value, cmap='viridis')
            color_bar = plt.colorbar(scatter, ax=ax)
            color_bar.set_label('共晶硅固相分数')
            ax.set_xlabel('X 坐标')
            ax.set_ylabel('Y 坐标')
            ax.set_zlabel('Z 坐标')
            top = tk.Toplevel()
            top.title("共晶硅固相分数")
            canvas = FigureCanvasTkAgg(fig, master=top)
            canvas_widget = canvas.get_tk_widget()
            canvas_widget.pack(expand=True, fill=tk.BOTH)
```

```python
            except ValueError as e:
                print(f"数据转换错误: {e}")
        else:
            print("没有数据")
def changjingbi1():
    def is_valid_row(row):
        return len(row) >= 6
    with open(file_path, 'r',encoding='utf-8') as file:
        first_line = file.readline()
        delimiter = '\t' if '\t' in first_line else ' '
        file.seek(0)
        reader = csv.reader(file, delimiter=delimiter)
        next(reader)    # Skip the header row
        data = [row for row in reader if row]
    if data:
        print("原始数据：")
        for row in data:
            print(row)
        try:
            valid_data = [row for row in data if is_valid_row(row)]
            print("\n 有效数据：")
            for row in valid_data:
                print(row)
            x = [float(row[2].strip()) for row in valid_data]
            y = [float(row[3].strip()) for row in valid_data]
            z = [float(row[4].strip()) for row in valid_data]
            value = [float(row[10].strip()) for row in valid_data]
            fig = plt.figure()
            ax = fig.add_subplot(111, projection='3d')
            scatter = ax.scatter(x, y, z, c=value, cmap='viridis')
            color_bar = plt.colorbar(scatter, ax=ax)
            color_bar.set_label('固溶热处理共晶硅固相分数')
            ax.set_xlabel('X 坐标')
            ax.set_ylabel('Y 坐标')
            ax.set_zlabel('Z 坐标')
            top = tk.Toplevel()
            top.title("固溶热处理共晶硅固相分数云图")
            canvas = FigureCanvasTkAgg(fig, master=top)
            canvas_widget = canvas.get_tk_widget()
            canvas_widget.pack(expand=True, fill=tk.BOTH)
        except ValueError as e:
            print(f"数据转换错误: {e}")
```

```
        else:
            print("没有数据")
    def  plot_3d_scatter_from_file(file_path,  column_x,  column_y, column_z,
column_value):
        def is_valid_row(row):
            return len(row) >= max(column_x, column_y, column_z, column_value)
        with open(file_path, 'r') as file:
            first_line = file.readline()
            delimiter = '\t' if '\t' in first_line else ' '
            file.seek(0)
            reader = csv.reader(file, delimiter=delimiter)
            next(reader)  # Skip the header row
            data = [row for row in reader if row]
        if data:
            print("原始数据：")
            for row in data:
                print(row)
            try:
                valid_data = [row for row in data if is_valid_row(row)]
                print("\n 有效数据：")
                for row in valid_data:
                    print(row)
                x = [float(row[column_x].strip()) for row in valid_data]
                y = [float(row[column_y].strip()) for row in valid_data]
                z = [float(row[column_z].strip()) for row in valid_data]
                value = [float(row[column_value].strip()) for row in valid_data]
                fig = plt.figure()
                ax = fig.add_subplot(111, projection='3d')
                scatter = ax.scatter(x, y, z, c=value, cmap='viridis')
                color_bar = plt.colorbar(scatter, ax=ax)
                color_bar.set_label('值')
                ax.set_xlabel('X 坐标')
                ax.set_ylabel('Y 坐标')
                ax.set_zlabel('Z 坐标')
                top = tk.Toplevel()
                top.title("三维散点图")
                canvas = FigureCanvasTkAgg(fig, master=top)
                canvas_widget = canvas.get_tk_widget()
                canvas_widget.pack(expand=True, fill=tk.BOTH)
            except ValueError as e:
                print(f"数据转换错误: {e}")
        else:
```

```python
        print("没有数据")
def create_column_input_gui():
    top = tk.Toplevel()
    top.title("选择列")
    label_x = tk.Label(top, text="X 列:")
    label_x.grid(row=0, column=0)
    entry_x = tk.Entry(top)
    entry_x.grid(row=0, column=1)
    label_y = tk.Label(top, text="Y 列:")
    label_y.grid(row=1, column=0)
    entry_y = tk.Entry(top)
    entry_y.grid(row=1, column=1)
    label_z = tk.Label(top, text="Z 列:")
    label_z.grid(row=2, column=0)
    entry_z = tk.Entry(top)
    entry_z.grid(row=2, column=1)
    label_value = tk.Label(top, text="值列:")
    label_value.grid(row=3, column=0)
    entry_value = tk.Entry(top)
    entry_value.grid(row=3, column=1)
    submit_button = tk.Button(top, text=" 提 交 ",command=lambda: on_submit1(file_path, entry_x.get(), entry_y.get(), entry_z.get(),entry_value.get()))
    submit_button.grid(row=4, columnspan=2, pady=10)
def on_submit1(file_path, column_x, column_y, column_z, column_value):
    try:
        column_x = int(column_x) - 1
        column_y = int(column_y) - 1
        column_z = int(column_z) - 1
        column_value = int(column_value) - 1
        plot_3d_scatter_from_file(file_path, column_x, column_y, column_z, column_value)
    except ValueError:
        print("请输入有效的列数。")
def xuanzeduixiangjiemian():
    framexuanze = tk.Toplevel(root, bd=5, relief=tk.RAISED)
    framexuanze.geometry("600x600+600+350")
    root.columnconfigure(0, weight=1)
    root.rowconfigure(0, weight=1)
    Label(framexuanze, text='选择模块', bg='light grey', font=('宋体', 20), justify="center").grid(row=0, column=1, columnspan=1, padx=(5, 5), pady=1)
    buttongongjing = Button(framexuanze, text=" 凝固时间", command=wendu, bg='skyblue', font=(18), height=8)
```

```
        buttongongjing.grid(row=1, column=0,padx=(5, 5), pady=1, sticky="nsew",
columnspan=1)
            buttonxichu = Button(framexuanze, text="冷却速率", command=changjingbi,
bg='skyblue', font=(18), height=8)
          buttonxichu.grid(row=1, column=1, sticky="nsew", padx=(5, 5), pady=1,
columnspan=1)
            buttongongjing = Button(framexuanze, text="等效直径", command=mianjifenshu,
bg='skyblue', font=(18), height=8)
          buttongongjing.grid(row=1, column=2, sticky="nsew", padx=(5, 5), pady=1,
columnspan=1)
           buttonxichu = Button(framexuanze, text="共晶硅长径比", command=
shuliangmidu, bg='skyblue', font=(18), height=8)
            buttonxichu.grid(row=2, column=0, sticky="nsew", padx=(5, 5), pady=1,
columnspan=1)
           buttongongjing = Button(framexuanze, text="共晶硅固相分数", command=
pingjunchangdu, bg='skyblue', font=(18), height=8)
          buttongongjing.grid(row=2, column=1, sticky="nsew", padx=(5, 5), pady=1,
columnspan=1)
           buttongongjing = Button(framexuanze, text="固溶热处理共晶硅固相分数",
command=changjingbi1, bg='skyblue', font=(18), height=8)
          buttongongjing.grid(row=2, column=2, sticky="nsew", padx=(5, 5), pady=1,
columnspan=1)
           buttonxichu = Button(framexuanze, text="自选择", command=create_column_
input_gui, bg='skyblue', font=(18), height=8)
            buttonxichu.grid(row=3, column=0, sticky="nsew", padx=(5, 5), pady=1,
columnspan=1)
       for i in range(7):
           framexuanze.rowconfigure(i, weight=1)
       for i in range(3):
           framexuanze.columnconfigure(i, weight=1)
    file_path = filedialog.askopenfilename(title="选择一个 txt 文件", filetypes=[("Text
files", "*.txt")])
    if file_path:
        print("文件路径:", file_path)
        xuanzeduixiangjiemian()
    root.mainloop()
def yuntu2():
    global filepath
    def wendu():
        def is_valid_row(row):
            return len(row) >= 6
        with open(file_path, 'r') as file:
```

```python
            first_line = file.readline()
            delimiter = '\t' if '\t' in first_line else ' '
            file.seek(0)
            reader = csv.reader(file, delimiter=delimiter)
            next(reader)    # Skip the header row
            data = [row for row in reader if row]
        if data:
            print("原始数据：")
            for row in data:
                print(row)
            try:
                valid_data = [row for row in data if is_valid_row(row)]
                print("\n 有效数据：")
                for row in valid_data:
                    print(row)
                x = [float(row[2].strip()) for row in valid_data]
                y = [float(row[3].strip()) for row in valid_data]
                z = [float(row[4].strip()) for row in valid_data]
                value = [float(row[5].strip()) for row in valid_data]
                fig = plt.figure()
                ax = fig.add_subplot(111, projection='3d')
                scatter = ax.scatter(x, y, z, c=value, cmap='viridis')
                color_bar = plt.colorbar(scatter, ax=ax)
                color_bar.set_label('温度（摄氏度）')
                ax.set_xlabel('X 坐标')
                ax.set_ylabel('Y 坐标')
                ax.set_zlabel('Z 坐标')
                top = tk.Toplevel()
                top.title("温度云图")
                canvas = FigureCanvasTkAgg(fig, master=top)
                canvas_widget = canvas.get_tk_widget()
                canvas_widget.pack(expand=True, fill=tk.BOTH)
            except ValueError as e:
                print(f"数据转换错误: {e}")
        else:
            print("没有数据")
def changjingbi():
    def is_valid_row(row):
        return len(row) >= 6
    with open(file_path, 'r') as file:
        first_line = file.readline()
        delimiter = '\t' if '\t' in first_line else ' '
```

```python
            file.seek(0)
            reader = csv.reader(file, delimiter=delimiter)
            next(reader)    # Skip the header row
            data = [row for row in reader if row]
        if data:
            print("原始数据：")
            for row in data:
                print(row)
            try:
                valid_data = [row for row in data if is_valid_row(row)]
                print("\n有效数据：")
                for row in valid_data:
                    print(row)
                x = [float(row[2].strip()) for row in valid_data]
                y = [float(row[3].strip()) for row in valid_data]
                z = [float(row[4].strip()) for row in valid_data]
                value = [float(row[6].strip()) for row in valid_data]
                fig = plt.figure()
                ax = fig.add_subplot(111, projection='3d')
                scatter = ax.scatter(x, y, z, c=value, cmap='viridis')
                color_bar = plt.colorbar(scatter, ax=ax)
                color_bar.set_label('析出相长径比')
                ax.set_xlabel('X 坐标')
                ax.set_ylabel('Y 坐标')
                ax.set_zlabel('Z 坐标')
                top = tk.Toplevel()
                top.title("析出相长径比云图")
                canvas = FigureCanvasTkAgg(fig, master=top)
                canvas_widget = canvas.get_tk_widget()
                canvas_widget.pack(expand=True, fill=tk.BOTH)
            except ValueError as e:
                print(f"数据转换错误: {e}")
        else:
            print("没有数据")
def mianjifenshu():
    def is_valid_row(row):
        return len(row) >= 6
    with open(file_path, 'r') as file:
        first_line = file.readline()
        delimiter = '\t' if '\t' in first_line else ' '
        file.seek(0)
        reader = csv.reader(file, delimiter=delimiter)
```

```python
            next(reader)  # Skip the header row
            data = [row for row in reader if row]
        if data:
            print("原始数据：")
            for row in data:
                print(row)
            try:
                valid_data = [row for row in data if is_valid_row(row)]
                print("\n 有效数据：")
                for row in valid_data:
                    print(row)
                x = [float(row[2].strip()) for row in valid_data]
                y = [float(row[3].strip()) for row in valid_data]
                z = [float(row[4].strip()) for row in valid_data]
                value = [float(row[7].strip()) for row in valid_data]
                fig = plt.figure()
                ax = fig.add_subplot(111, projection='3d')
                scatter = ax.scatter(x, y, z, c=value, cmap='viridis')
                color_bar = plt.colorbar(scatter, ax=ax)
                color_bar.set_label('面积分数')
                ax.set_xlabel('X 坐标')
                ax.set_ylabel('Y 坐标')
                ax.set_zlabel('Z 坐标')
                top = tk.Toplevel()
                top.title("面积分数云图")
                canvas = FigureCanvasTkAgg(fig, master=top)
                canvas_widget = canvas.get_tk_widget()
                canvas_widget.pack(expand=True, fill=tk.BOTH)
            except ValueError as e:
                print(f"数据转换错误: {e}")
        else:
            print("没有数据")
def shuliangmidu():
    def is_valid_row(row):
        return len(row) >= 6
    with open(file_path, 'r') as file:
        first_line = file.readline()
        delimiter = '\t' if '\t' in first_line else ' '
        file.seek(0)
        reader = csv.reader(file, delimiter=delimiter)
        next(reader)  # Skip the header row
        data = [row for row in reader if row]
```

```
1      if data:
2          print("原始数据：")
3          for row in data:
4              print(row)
5          try:
6              valid_data = [row for row in data if is_valid_row(row)]
7              print("\n 有效数据：")
8              for row in valid_data:
9                  print(row)
10             x = [float(row[2].strip()) for row in valid_data]
11             y = [float(row[3].strip()) for row in valid_data]
12             z = [float(row[4].strip()) for row in valid_data]
13             value = [float(row[8].strip()) for row in valid_data]
14             fig = plt.figure()
15             ax = fig.add_subplot(111, projection='3d')
16             scatter = ax.scatter(x, y, z, c=value, cmap='viridis')
17             color_bar = plt.colorbar(scatter, ax=ax)
18             color_bar.set_label('数量密度')
19             ax.set_xlabel('X 坐标')
20             ax.set_ylabel('Y 坐标')
21             ax.set_zlabel('Z 坐标')
22             top = tk.Toplevel()
23             top.title("数量密度云图")
24             canvas = FigureCanvasTkAgg(fig, master=top)
25             canvas_widget = canvas.get_tk_widget()
26             canvas_widget.pack(expand=True, fill=tk.BOTH)
27         except ValueError as e:
28             print(f"数据转换错误: {e}")
29     else:
30         print("没有数据")
31 def pingjunchangdu():
32     def is_valid_row(row):
33         return len(row) >= 6
34     with open(file_path, 'r') as file:
35         first_line = file.readline()
36         delimiter = '\t' if '\t' in first_line else ' '
37         file.seek(0)
38         reader = csv.reader(file, delimiter=delimiter)
39         next(reader)
40         data = [row for row in reader if row]
41     if data:
42         print("原始数据：")
```

```python
            for row in data:
                print(row)
        try:
            valid_data = [row for row in data if is_valid_row(row)]
            print("\n 有效数据：")
            for row in valid_data:
                print(row)
            x = [float(row[2].strip()) for row in valid_data]
            y = [float(row[3].strip()) for row in valid_data]
            z = [float(row[4].strip()) for row in valid_data]
            value = [float(row[10].strip()) for row in valid_data]
            fig = plt.figure()
            ax = fig.add_subplot(111, projection='3d')
            scatter = ax.scatter(x, y, z, c=value, cmap='viridis')
            color_bar = plt.colorbar(scatter, ax=ax)
            color_bar.set_label('平均长度（纳米）')
            ax.set_xlabel('X 坐标')
            ax.set_ylabel('Y 坐标')
            ax.set_zlabel('Z 坐标')
            top = tk.Toplevel()
            top.title("析出相平均长度云图")
            canvas = FigureCanvasTkAgg(fig, master=top)
            canvas_widget = canvas.get_tk_widget()
            canvas_widget.pack(expand=True, fill=tk.BOTH)
        except ValueError as e:
            print(f"数据转换错误: {e}")
    else:
        print("没有数据")
def plot_3d_scatter_from_file(file_path, column_x, column_y, column_z, column_value):
    def is_valid_row(row):
        return len(row) >= max(column_x, column_y, column_z, column_value)
    with open(file_path, 'r') as file:
        first_line = file.readline()
        delimiter = '\t' if '\t' in first_line else ' '
        file.seek(0)
        reader = csv.reader(file, delimiter=delimiter)
        next(reader)    # Skip the header row
        data = [row for row in reader if row]
    if data:
        print("原始数据：")
        for row in data:
```

```
                    print(row)
            try:
                    valid_data = [row for row in data if is_valid_row(row)]
                    print("\n 有效数据：")
                    for row in valid_data:
                        print(row)
                    x = [float(row[column_x].strip()) for row in valid_data]
                    y = [float(row[column_y].strip()) for row in valid_data]
                    z = [float(row[column_z].strip()) for row in valid_data]
                    value = [float(row[column_value].strip()) for row in valid_data]
                    fig = plt.figure()
                    ax = fig.add_subplot(111, projection='3d')
                    scatter = ax.scatter(x, y, z, c=value, cmap='viridis')
                    color_bar = plt.colorbar(scatter, ax=ax)
                    color_bar.set_label('值')
                    ax.set_xlabel('X 坐标')
                    ax.set_ylabel('Y 坐标')
                    ax.set_zlabel('Z 坐标')
                    top = tk.Toplevel()
                    top.title("三维散点图")
                    canvas = FigureCanvasTkAgg(fig, master=top)
                    canvas_widget = canvas.get_tk_widget()
                    canvas_widget.pack(expand=True, fill=tk.BOTH)
            except ValueError as e:
                    print(f"数据转换错误: {e}")
        else:
            print("没有数据")
    def create_column_input_gui():
        top = tk.Toplevel()
        top.title("选择列")
        label_x = tk.Label(top, text="X 列:")
        label_x.grid(row=0, column=0)
        entry_x = tk.Entry(top)
        entry_x.grid(row=0, column=1)
        label_y = tk.Label(top, text="Y 列:")
        label_y.grid(row=1, column=0)
        entry_y = tk.Entry(top)
        entry_y.grid(row=1, column=1)
        label_z = tk.Label(top, text="Z 列:")
        label_z.grid(row=2, column=0)
        entry_z = tk.Entry(top)
        entry_z.grid(row=2, column=1)
```

```python
            label_value = tk.Label(top, text="值列:")
            label_value.grid(row=3, column=0)
            entry_value = tk.Entry(top)
            entry_value.grid(row=3, column=1)
            submit_button = tk.Button(top, text=" 提 交 ", command=lambda:
on_submit(file_path, entry_x.get(), entry_y.get(), entry_z.get(), entry_value.get()))
            submit_button.grid(row=4, columnspan=2, pady=10)
     def on_submit(file_path, column_x, column_y, column_z, column_value):
         try:
             column_x = int(column_x) - 1
             column_y = int(column_y) - 1
             column_z = int(column_z) - 1
             column_value = int(column_value) - 1
             plot_3d_scatter_from_file(file_path, column_x, column_y, column_z,
column_value)
         except ValueError:
             print("请输入有效的列数。")
     def xuanzeduixiangjiemian():
         framexuanze = tk.Toplevel(root, bd=5, relief=tk.RAISED)
         framexuanze.geometry("400x600+600+350")
         root.columnconfigure(0, weight=1)
         root.rowconfigure(0, weight=1)
         Label(framexuanze, text='选择模块', bg='light grey', font=('宋体', 20), justify=
"center").grid(row=0, column=0, columnspan=2, padx=(5, 5), pady=1)
         buttongongjing = Button(framexuanze, text="温度", command=wendu, bg=
'skyblue', font=(18), height=8)
         buttongongjing.grid(row=1, column=0, padx=(5, 5), pady=1, sticky="nsew",
columnspan=1)
         buttonxichu = Button(framexuanze, text="析出相长径比", command=changjingbi,
bg='skyblue', font=(18), height=8)
         buttonxichu.grid(row=1, column=1, sticky="nsew", padx=(5, 5), pady=1,
columnspan=1)
         buttongongjing = Button(framexuanze, text="面积分数", command=mianjifenshu,
bg='skyblue', font=(18), height=8)
         buttongongjing.grid(row=2, column=0, sticky="nsew", padx=(5, 5), pady=1,
columnspan=1)
         buttonxichu = Button(framexuanze, text="数量密度", command=shuliangmidu,
bg='skyblue', font=(18), height=8)
         buttonxichu.grid(row=2, column=1, sticky="nsew", padx=(5, 5), pady=1,
columnspan=1)
         buttongongjing = Button(framexuanze, text="析出相平均长度", command=
pingjunchangdu, bg='skyblue', font=(18), height=8)
```

```
            buttongongjing.grid(row=3, column=0, sticky="nsew", padx=(5, 5), pady=1,
columnspan=1)
            buttonxichu = Button(framexuanze, text="自选择", command=create_column_
input_gui, bg='skyblue', font=(18), height=8)
            buttonxichu.grid(row=3, column=1, sticky="nsew", padx=(5, 5), pady=1,
columnspan=1)
        for i in range(7):
            framexuanze.rowconfigure(i, weight=1)
        for i in range(2):
            framexuanze.columnconfigure(i, weight=1)
    file_path = filedialog.askopenfilename(title="选择一个 txt 文件", filetypes=[("Text
files", "*.txt")])
    if file_path:
        print("文件路径:", file_path)
        xuanzeduixiangjiemian()
    root.mainloop()
def daorujiemian():
    global frame1
    framedaoru = tk.Toplevel(root, bd=5, relief=tk.RAISED)
    framedaoru.geometry("600x400+600+350")
    root.columnconfigure(0, weight=1)
    root.rowconfigure(0, weight=1)
    Label(framedaoru, text=' 选 择 模 块 ', bg='light grey', font=(' 宋 体 ', 20),
justify="center").grid(row=0, column=0, columnspan=2, padx=(5, 5), pady=1)
    buttongongjing = Button(framedaoru, text=" 共 晶 模 块  ", command=yuntu,
bg='skyblue', font=(18), height=8)
    buttongongjing.grid(row=1, column=0, sticky="nsew", columnspan=2)
    buttonxichu = Button(framedaoru, text="析出模块", command=yuntu2, bg='skyblue',
font=(18), height=8)
    buttonxichu.grid(row=2, column=0, sticky="nsew", columnspan=2)
    for i in range(9):
        framedaoru.rowconfigure(i, weight=1)
    for i in range(2):
        framedaoru.columnconfigure(i, weight=1)
# 创建主窗口
def resize1(event):
    global photo, new_size
    window_width = root.winfo_width()
    window_height = root.winfo_height()
    new_size = (window_width, window_height)
    image_resized = image.resize(new_size, Image.LANCZOS)
    photo = ImageTk.PhotoImage(image_resized)
```

```
1    image_label.config(image=photo)
2    image_label.image = photo
3  root = tk.Tk()
4  root.configure(bg='white')
5  root.title("ZL118 合金多尺度信息叠加软件")
6  menubar = Menu(root)
7  file_menu1 = Menu(menubar, tearoff=1, font=('宋体', 10))
8  file_menu1.add_command(label="新建项目", accelerator='Ctrl+N', command=New_projet)
9  root.bind('<Control-n>', lambda event: New_projet())
10 file_menu2 = Menu(menubar, tearoff=1, font=('宋体', 10))
11 file_menu2.add_command(label="导入数据", accelerator='Ctrl+I', command=daorujiemian)
12 root.bind('<Control-i>', lambda event: daorujiemian())
13 file_menu6 = Menu(menubar, tearoff=0, font=('宋体', 10))
14 file_menu6.add_command(label="帮助", command=help_txt)
15 file_menu6.add_command(label="联系我们", command=team_txt)
16 menubar.add_cascade(label="文件(F)    ", menu=file_menu1)
17 menubar.add_cascade(label="导入数据(D)    ", menu=file_menu2)
18 menubar.add_cascade(label="帮助(H)    ", menu=file_menu6)
19 root.config(menu=menubar)
20 # 获取当前脚本的目录
21 current_dir = os.path.dirname(os.path.abspath(__file__))
22 # 使用相对路径
23 relative_path = '图片 2.png'
24 image_path = os.path.join(current_dir, relative_path)
25 image = Image.open(image_path)
26 # 初始图片大小
27 screen_width = root.winfo_screenwidth()
28 screen_height = root.winfo_screenheight()
29 new_size = (screen_width, screen_height)
30 image_resized = image.resize(new_size, Image.LANCZOS)
31 photo = ImageTk.PhotoImage(image_resized)
32 image_label = tk.Label(root, image=photo, bg='white')
33 image_label.grid(row=0, column=0, sticky='nsew')
34 root.grid_rowconfigure(0, weight=1)
35 root.grid_columnconfigure(0, weight=1)
36 root.bind('<Configure>', resize1)
37 root.mainloop()
```

致　　谢

　　首先，我们衷心地感谢用户提出的这次任务。

　　从 2023 年 5 月开始接受之前完全不相识的用户的初步联系、选择和考察，到确定合作意向用了半年时间，2023 年 11 月下旬签订合同到 2024 年 6 月底结题验收也是半年时间。由于包含春节寒假在内，具体实施任务时间是六个月。这样，督促我们在短时间内完成了这项原本就一直想做、却一直拖着的事情。跟用户的合作，也经历了从完全陌生到逐步熟悉、从各种疑问到完全信任的过程。相场软件质量也得到了用户的惊喜认可和肯定。

　　这次任务工作，从一个具体铝硅合金凝固时效组织相场模拟软件设计案例的角度，反映了作者基于自己从事了 25 年的相场研究工作所提出的"多层级序参量统一相场建模"的观点。本次相场模拟任务涉及凝固枝晶-凝固共晶、固溶共晶和时效析出过程的相场模拟，各个层级相场模型之间通过初始条件参数和模型参数建立关联。

　　这次任务工作，完成了铝硅合金气缸盖铸件从材料级到构件级的相场设计。将多层级相场模拟结果插值扩展到铸件的宏观尺度部位，预测了气缸盖铸件的构件级共晶相、析出相的组织分布和数量统计。

　　这次任务工作，根据用户要求开发了铝硅合金车辆发动机气缸盖的铸造凝固共晶组织相场模拟软件、热处理时效析出组织相场模拟软件和气缸盖多尺度信息叠加软件，并将软件封装为可执行的集成化实用化软件。

　　这次任务工作中达成多个预期目标。

　　（1）功能实现。

　　相变组织相场模拟：实现了多层级序参量调控的铝硅合金凝固共晶相和时效析出相组织的关联相场模拟。

　　数据处理及可视化：实现了共晶相长径比、析出相平均长度等数据统计，可以实时查看共晶相、析出相等分布状态。

　　多模态数据导入导出：支持文档导入。支持多种数据输出格式，包括图像、表格和文档等。

　　（2）用户体验。

　　界面设计：用户界面直观、友好。用户可以通过拖拽、选择等方式轻松设置模拟条件，操作难度低。

案例和文档：提供了详细的用户手册和案例，包括操作指南、案例分析和常见问题解答，帮助用户快速上手解决实际问题。

（3）准确性验证。

验证对比：与实验数据+理论分析进行对比，验证软件模拟结果的准确性一致性。

（4）个性化定制。

提供了定制化和个性化服务：根据用户需求提供定制化模拟方案和个性化技术支持。

（5）安全和隐私保护。

设计了软件系统的安全性和数据隐私保护措施，防止数据泄露和恶意攻击，保障用户数据的安全和隐私。

总之，这是多层级序参量统一相场软件设计和应用于企业的第一次初步尝试。由于任务时间紧迫，存在不少我们已经认识到、但尚未解决的问题，在接下来的工作中，我们会继续修改、调整和完善。需要指出的是，出于对用户的尊重和避免引起不必要问题，书中隐去了合作企业名称和相关人员名字。

相信随着相关领域的相场建模、热力学和动力学数据库、数值求解技术、计算机软件硬件的快速发展，以及人工智能技术的日新月异，本书提出的"多层级序参量统一相场建模"研究也将不断地突破技术和应用的界限，进一步获得更精确的模型和物性数据、提升算法性能、发展代理模型、扩展应用场景、加强用户支持和促进跨学科合作，为科学研究和工程实践提供更精确、更高效、更实用的工具。

这次任务要求的时间紧迫并且跨越寒假春节，中北大学课题组的**陈伟鹏博士、杨文奎、裴嘉琪、王凯乐、雷鹏亚和王庆渝等博士生同学**分别在凝固组织相场模拟、时效析出相场模拟、相场软件开发设计、软件加密设计等方面负责和完成了相应的工作，**在此感谢同学们的辛苦付出**，也感谢多年来课题组全体师生为提高团队的研究水平和研究成果的应用转化所做的持续不懈的努力！特别感谢西北工业大学陈铮教授和美国宾夕法尼亚州立大学 Long-Qing Chen 教授长期以来的支持、鼓励和培养。

最后，再次衷心地感谢用户方提供的相场模拟软件的需求，感谢他们真诚的合作支持和耐心的督促配合，帮助我们的相场研究成果得到了顺利的应用！

赵宇宏

2024 年 12 月 26 日

作者简介

赵宇宏，中北大学/北京科技大学教授、博士生导师。主要讲授材料热力学、计算材料学、凝固原理和金属学课程。中国材料研究学会凝固科学与技术分会常务理事，中国半固态、挤压铸造专业委员会常务理事。教育部山西省共建铝镁材料研发应用协同创新中心主任，轻合金智能铸造山西省重点实验室主任，山西省金属学会副会长，山西省铸造学会副理事长。入选国家"万人计划"科技创新领军人才、全国优秀教师、国家百千万人才和科技部中青年科技创新领军人才，享受国务院政府特殊津贴。

紧密围绕凝固时效相变多尺度研究、高性能轻合金及其智能铸造技术，长期致力于采用多层级相场序参量来统一调控从相场理论建模、到高性能合金设计及其挤压液态成型、以及液态成型过程宏微观数智化的研究。主持科技部、基金委、国防科工局等课题，在 *Sci Adv*、*Prog Mater Sci*、*npj Comput Mater*、*Acta Mater*、*IJP*、*JMST*、*JMA*、*MRS Bulletin*、*MGE Advances* 及 *Corros Sci* 等期刊发表学术论文300余篇，获得省部级及行业科技奖励一等奖6项。

二十多年来，课题组形成四项主要成果：一、相场建模和铸造过程数值模拟及自主研发国产相场和铸造软件 EasyPhase 和 EasyCast；二、设计制备高强韧高模量镁基材料、高导热镁合金；三、多功能挤压铸造、新型"半固态注射+挤压铸造"设备、工艺与智能化；四、材料及液态成型数智化设计。相关技术和产品已经应用于多家企业、科研院所的材料组织和成分设计、铸造工艺优化、以镁代铝铸件和大型镂空薄壁复杂铸件的生产等。